CNC 가공법

CNC machining process

윤여권 · 조대희 공저

북스힐

머리말

소비자가 요구하는 품질이 높아지고 다양해짐에 따라 기계공업 부문에서도 눈부신 발전을 거듭해 가고 있다. 그에 따라 다양한 CNC 공작기계를 이용하여 보다 정밀한 제품을 신속하게 대량생산할 수 있는 기반을 마련할 수 있게 되었다.

NC를 이용한 공작기계는 20세기 중반에 첫선을 보인 후 발전을 거듭해 왔으며, 컴퓨터 관련 산업의 발달과 더불어 기능과 호환성이 뛰어난 CNC 공작기계가 거의 모든 제조분야에서 폭넓게 사용되고 있다. 이러한 CNC 공작기계는 생산 자동화를 구성하는 기본적인 필수요소로써 대부분의 기업에 활용이 확대되고 있는 실정이다.

저자들은 다년간의 산업체 근무를 통해 느꼈던 경험과 오랜 동안 학생들을 지도한 경험을 토대로 현장실무와 이론을 모두 아우를 수 있는 교재가 될 수 있도록 노력하였다.

본 교재는 CNC 공작기계 중에서 가장 많이 사용되는 CNC 선반과 CNC 머시닝 센터를 운용하기 위한 프로그램 작성방법과 기계조작법을 다루었다. 프로그램 형식과 기계조작 방법은 국내에서 가장 많이 보급되어 있는 FANUC System을 중심으로 구성되어 있으며, FANUC System과 호환되는 기종의 제어 System에 적용할 수 있다.

그리고 풍부한 프로그램 예제를 실어 이론과 실무를 쉽게 이해할 수 있도록 하였고, CNC와 관련된 국가기술자격을 준비하는 수험생들에게 도움이 될 것으로 생각된다.

본 교재가 CNC 공작기계를 처음 접하는 초보자에게는 충실한 학습서로, 국가기술자격을 준비하는 수험생에게는 알찬 수험서로, 현장 기술자에게는 참고서로 조금이나마 도움이 되길 바라는 마음입니다.

저자 씀

차 례

Part 1
CNC의 개요

Chapter 1
CNC의 구성 및 특징

1-1. CNC 개요

CNC란 Computerized Numerical Control의 약자로서 컴퓨터를 이용한 수치제어라는 의미이다. 그리고 CNC 공작기계란 가공에 필요한 수치정보를 컴퓨터가 내장된 기계에 전달하여 가공과정을 수치로 제어하는 공작기계를 일컫는다.

즉, 도면으로 나타난 제품의 형상과 크기를 기계가 인식할 수 있는 명령어와 수치로 이루어진 프로그램을 기계의 제어장치에 입력시켜 실행시킴으로써 기계를 제어하는 것이다. 이러한 CNC 공작기계는 CNC 선반, CNC 밀링, CNC 연삭기를 비롯하여 다양한 종류의 CNC 공작기계가 있으며, 리드타임(lead time)을 감소시킬 수 있기 때문에 생산성이 높아서 제조현장에서 많이 사용되고 있다.

1-2. CNC 공작기계의 변천

NC에 대한 개념을 1947년 미국에서 T. Parson이 처음 고안하였고, 미국 공군은 1948년 Parson 회사에 대해, NC에 관한 가능성을 검토하였고, 1949년 MIT 공과대학의 연구팀이 3년 동안의 연구 끝에 1952년 밀링 머신에 NC 장치를 설치한 것이 최초의 진공관식 NC 공작기계이다. 일본에서는 1955년에 동경공업대학에서 NC공작기계에 관한 연구개발을 시작하여 1957년에 NC 선반을 개발하는 데 성공하였고, 우리나라는 1973년 KIST(한국과학기술원)에서 NC에 대한 연구를 진행하여 1976년에 NC선반 시제품 1호기를 제작하게 되었다. 이후 국내에서는 1977년부터 (주)화천기계에서 NC 선반을 제작하기 시작하여, 1981년 (주)통일중공업에서 머시닝센터를 제작하였다.

이와 같이 우리나라는 다른 공업선진국에 비해 NC에 관한 연구개발은 늦게 시작하였으나, 활발한 기술개발을 통해 현재는 수준 높은 CNC 공작기계 제작기술을 보유하게 되었으며, 여러 종류의 CNC 공작기계들의 해외수출도 늘어나고 있다.

1-3. CNC 공작기계의 종류

범용 공작기계에서 CNC 공작기계로의 짧은 변천기간에도 불구하고 다품종 소량생산과 품질의 균질성 확보와 생산성 향상 등 시장의 변화와 요구에 따라 많은 종류의 범용공작기계가 CNC 공작기계화될 수 있을 만큼 발전되어 왔다. 또한 품질과 생산성 향상을 위한 꾸준한 연구로 복합화, 고속화, 고정밀화 분야로의 급속한 발전이 이루어지면서, 생산제조현장에서 CNC 공작기계의 활용 비중이 점점 커지고 있다.

특히, 고속가공용 머시닝센터가 개발되면서 기계, 금형공업 분야 등에서 고정도의 절삭가공이 가능하여, 후 공정을 감소시킬 수 있을 정도로 높은 정밀도와 함께 생산성 향상을 꾀할 수 있게 되었다. 현재 사용하고 있는 CNC 공작기계를 분야별로 간단히 정리하면 다음과 같다.

① **절삭가공 분야** : CNC 선반, CNC 밀링, 머시닝센터, CNC 드릴링머신, CNC 보링머신, CNC 호빙머신, CNC 연삭기 등

② **방전가공 분야** : CNC 방전가공기, CNC 와이어컷 머신, CNC 형조각기 등

③ **특수가공 분야** : CNC 초음파가공기, CNC 워터젯가공기, CNC 레이저가공기 등

1-4. CNC 공작기계의 특징

(1) CNC 공작기계 도입의 장단점

최근 기계 소재부품 산업은 고정밀화 추세에 따라 더욱 복잡 다양해지고 있다. 아울러 제품의 수명주기가 점점 짧아지고, 소품종 대량생산에서 다품종 소량생산체제로의 변화가 필요하게 되었다. 또한 범용 공작기계를 능숙하게 다룰 수 있는 상급 기능인력의 부족에 따른 인건비 상승, 생산비 증가 등을 극복하기 위한 경쟁력 강화를 위해 생산방식을 자동화하기 위한 노력이 이루어지고 있다. 이러한 이유로 생산제조현장에서는 자동화를 이루기 위해 CNC 공작기계의 사용을 확대해 나가고 있으며, CNC 공작기계의 도입은 점점 증가될 것으로 예측된다.

이러한 CNC 공작기계를 도입할 경우에 장점과 단점을 정리하면 다음과 같다.

1) 장점

① 복잡한 형상의 고정도의 가공이 가능하다.
② 균일 품질의 제품을 대량생산할 수 있다.
③ 다품종 소량생산에 유연하게 대처할 수 있다.
④ 리드타임과 불량률 감소로 생산성을 향상시킨다.
⑤ 설계변경 등으로 인한 생산의 유연성에 신속한 대처가 가능하다.
⑥ 작업자의 피로 감소와 안전사고 예방에 유리하다.

2) 단점

① 유지, 보수에 필요한 비용이 증대된다.
② 프로그래밍 작업 등에 고급 엔지니어가 필요하다.
③ CNC 장비가격이 고가이므로 초기 투자비용이 많이 소요된다.

(2) CNC 가공의 작업순서

CNC 공작기계를 사용하여 제품을 제작할 때에는 필요한 CNC 공작기계와 공구 등을 선정하고 그에 따른 공작물을 준비하여야 한다. 또한 작업자는 공작물의 형태에 따라 공구의 선택과 가공경로 설정 및 가공 조건을 선정하여야 한다.

이와 같이 CNC 공작기계를 사용하여 제품을 가공하고자 할 때의 작업순서는 다음과 같다.

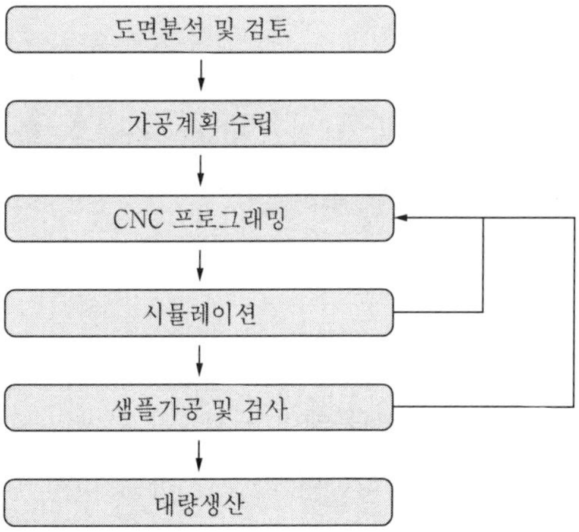

그림 1-1 CNC 가공 작업순서도

1) 도면분석 및 검토

가공할 제품의 재질과 형상을 분석하고, 충분한 검토를 통해 도면을 이해한다.

2) 가공계획 수립

가공에 필요한 CNC 공작기계를 선정하고 필요한 공구와 소재를 준비하는 단계이다. 준비된 공구를 사용하여 가공하므로 가공에 필요한 조건을 결정하는 단계이기도 하다.

① CNC 공작기계의 선정 및 가공범위를 결정한다. 경우에 따라 범용 공작기계로 1차 가공을 한 후, CNC 공작기계로 2차 가공할지 여부를 고려한다.
② 소재의 고정방법을 결정하고, 필요한 경우 치공구를 준비한다.
③ 공구 준비 및 가공에 필요한 공구경로를 결정한다.
④ 황삭, 정삭, 잔삭에 필요한 가공조건을 결정한다.

3) CNC 프로그래밍

수립된 가공계획에 따라 CNC 프로그램을 작성한다. 프로그램을 작성할 때 다음 사항을 유의한다.

① 가급적 수립된 가공계획에 준하여 프로그램한다.
② 제품의 표면 거칠기, 공구 파손 등을 고려하여 1회당 절삭깊이, 이송속도, 공구간격, 정삭가공 여유 등을 결정한다.
③ 공구와 공작물의 경도, 강성, 절삭유의 사용유무 등을 고려한다.
④ 도면에 나타난 치수를 보고 프로그래밍에 필요한 좌표를 계산하여 공구와 공작물의 이동 위치, 이동량 등을 정확히 산출한다.

4) 시뮬레이션

프로그래밍 오류로 인한 제품의 불량률 감소는 물론, 작업자와 공작기계의 안전을 위해 컴퓨터를 이용하여 CNC 가공 시뮬레이션 검증을 통해 프로그래밍 오류를 확인한 후 CNC 공작기계에 프로그램을 입력하여 가공을 하는 것이 좋다.

5) 샘플가공 및 검사

샘플가공 후 검사를 실시하여 제품의 형상과 치수에 대한 이상 유무를 확인해야 한다. CNC 프로그램에서 오류가 발견되지 않았더라도 공작물의 형상과 공구의 특징을 무시한 가공조건은 요구되는 부품의 정밀도와 표면 거칠기 등을 벗어날 수 있으므로 대량생산하기 전에 샘플가공 및 검사를 필요로 한다. 샘플 검사에서 이상이 발견되면 프로그램을 수정하고 샘플가공 및 검사를 다시 실시해야 한다.

6) 대량생산

샘플가공 및 검사에서 이상이 발견되지 않고, 요구되는 제품의 품질을 충족할 경우에 대량생산을 실시한다.

(3) CNC 가공정보의 전달과 처리과정

작업자는 NC 공작기계를 이용하여 도면과 같은 제품을 생산할 수 있도록 모든 준비를 갖추어야 한다. 도면에 나타난 품질을 만족하는 제품을 가공할 수 있도록 짜여진 프로그램을 CNC 공작기계에 저장하거나 직접 전송하는 방법으로 CNC 컨트롤러가 인식하도록 하여 그 정보를 서보기구에 전달한다. 그에 따라 CNC 프로그래밍에 의해 공작기계는 운전되고 제품을 가공하게 된다.

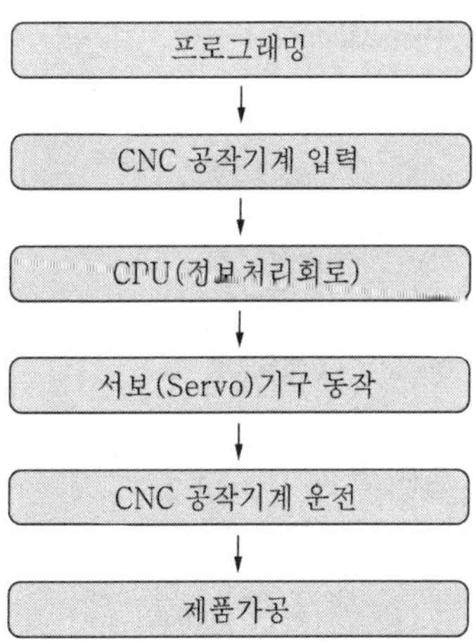

그림 1-2 가공정보의 전달 및 처리

Chapter 2
CNC 제어

2-1. CNC 제어기능

(1) CNC 제어기능의 종류

CNC 프로그램이 컨트롤러에 전송되면 CNC에서 두뇌 역할을 하는 정보처리 회로에서 손과 발의 역할을 하는 서보기구로 지령을 보내 CNC 메커니즘을 구동하게 한다.

서보기구는 모든 가공정보가 들어가 있는 프로그램 정보에 의해 위치결정 제어(Positioning control), 직선절삭 제어(Straight cutting control), 윤곽절삭 제어(Contour cutting control)와 같은 3가지 제어기능을 실행한다.

1) 위치결정 제어(Positioning control)

공구를 현재 위치에서 지정한 다른 위치로 신속하게 이동하도록 제어하는 기능이다. 이동 중에는 가공을 하지 않고 지정한 위치로 이동만 하므로 드릴링, 스폿용접, 펀치 프레스 등과 같은 작업에 적용되는 제어기능이다. 필요한 위치를 찾아 이동만 하면 되는 기능이므로 PTP(point to point) 제어라고도 한다. 예를 들면 드릴을 이용하여 다수의 구멍작업을 할 경우 하나의 드릴링 작업을 완료한 후, 다른 구멍을 가공하기 위해 지정된 좌표로 신속하게 이동할 때 필요한 기능이다.

2) 직선절삭 제어(Straight cutting control)

공구가 지정된 위치까지 일정한 이송속도로 직선으로 이동하면서 절삭가공 하는 기능이다. 이 기능은 직선절삭 이외에는 가공할 수 없으며, 선반, 밀링, 보링머신 등에 적용한다. 단, 직선절삭 제어만으로는 구배각도가 있는 테이퍼 가공은 할 수 없다.

3) 윤곽절삭 제어(Contouring cutting control)

공구가 2개 이상의 축 방향으로 이송하면서 위치와 속도를 제어하는 기능이다. 그러므로 대각선, S 곡선, 컴퓨터 마우스와 같은 3차원 곡면의 가공경로 등을 공구가 자유자재로 이송하면서 연속적으로 윤곽을 절삭할 수 있는 기능이다. CNC 공작기계의 제어기능 중 가장 복잡한 기능으로서 위치결정 제어, 직선절삭 제어를 수행할 수 있으므로 CNC 공작기계는 대부분 이 방식을 적용하고 있다.

(2) CNC 제어기능의 원리

CNC 공작기계에서 수치제어의 기본원리는 테이블 구동나사에 서보모터(Servo Motor)를 연결하고 서보모터에 전기적 펄스(Pulse)를 보내 일정량만큼 회전시켜 테이블의 이송을 제어한다. 예를 들어 1펄스에 서보모터는 1° 회전하고 이에 대하여 테이블은 0.001 mm 이동한다고 가정하면 수치제어에 의하여 최소 이송 단위는 0.001 mm가 된다. 이와 같이 전기적신호 1펄스당 테이블의 최소이송 단위를 기본이송 단위(BLU : Basic Length Unit)라 하며 정보처리회로에서 펄스화된 정보를 처리하여 임의의 위치에 소요된 속도로 테이블을 이송시켜주는 기구를 서보기구(Servo mechanism)라 한다.

예를 들어 테이블을 1 mm 이송시키기 위해서는 1,000개의 전기적 펄스를 발생시켜야 한다. 그림 2-1에서 정보처리회로에서 받은 펄스는 비교회로(Comparator)에 전부 기억 저장되고 DAC에 순차적으로 보내어 저장된 전기적 펄스의 수에 비례하는 전압을 순차적으로 발생시키고 증폭시켜 직류 서보모터를 회전시킨다. 이때 서보모터의 회전량만큼 검출기에서 펄스가 발생된다.

이 전기적 펄스가 피드백(Feed Back)되어 비교회로에 저장된 입력 펄스를 하나씩 감소시켜 비교회로에 저장된 전기적 펄스가 0이 되면 서보모터가 정지하게 된다.

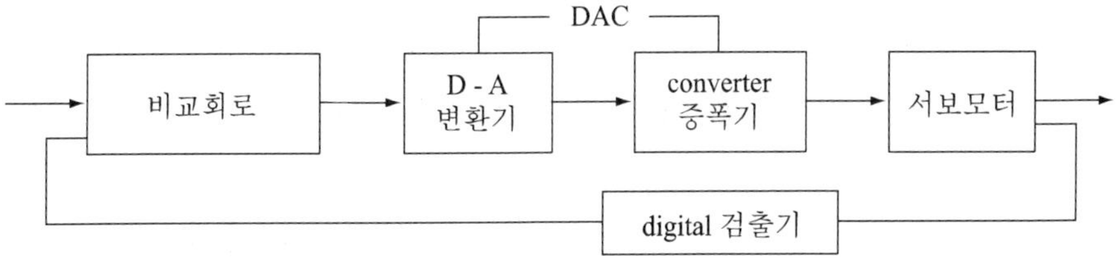

그림 2-1 서보구동회로

이와 같은 서보기구의 제어방식은 검출기의 부착 위치 및 피드백 방법에 따라 다음과 같이 분류할 수 있다. 이 중에서 반폐쇄회로 방식이 가장 널리 사용되고 있으며, 고정밀도가 요구되는 경우에는 폐쇄회로 방식이나 복합회로 방식이 사용된다.

① 개방회로 방식(Open Loop System)
② 반폐쇄회로 방식(Semiclosed Loop System)
③ 폐쇄회로 방식(Closed Loop System)
④ 복합회로 방식(Hybrid Servo System)

2-2. 서보기구 제어방식

NC 프로그램이 컨트롤러에 전송이 되면 사람의 두뇌 역할을 하는 정보처리 회로로부터 서보기구로 보내진다. 사람의 손과 발의 역할을 하는 서보기구는 CNC 공작기계에서 매우 중요한 기능을 수행하는 것으로서 테이블 등 운전부에는 위치 검출기가 부착되어 단위 이동량에 대한 펄스(pulse)를 발생시킨다. CNC 공작기계의 동작은 발생된 펄스정보의 피드백(feed back)을 통해 입력부에 되돌아온 운전정보를 계속 감시하며 제어한다. CNC 공작기계의 정밀한 운전은 서보기구의 정확한 제어 때문에 가능한 것이다.

CNC 공작기계는 각각의 축이 독립한 메커니즘을 가지며, 각각이 독립한 피드백 기구를 갖추고 있다. 예를 들면, XYZ축을 가지는 NC 프라이즈반이라면, X축, Y축, Z축 각각의 방향으로 슬라이드 축을 가져, 독립한 서보기구를 가지고 있다. 즉 X방향으로 100.0 mm 움직이는 지령이 나오면, X축의 엔코더(encoder)에 의해, X방향으로 100.0 mm 이동하는 것이 보증되고 있다.

(1) 개방회로 방식(Open Loop System)

그림 2-2와 같이 검출기나 피드백 회로는 없고 스텝모터를 이용하여 지령펄스로 구동하는 형식으로 스텝모터의 정밀도와 볼나사의 정밀도에 직접 영향을 받는다.

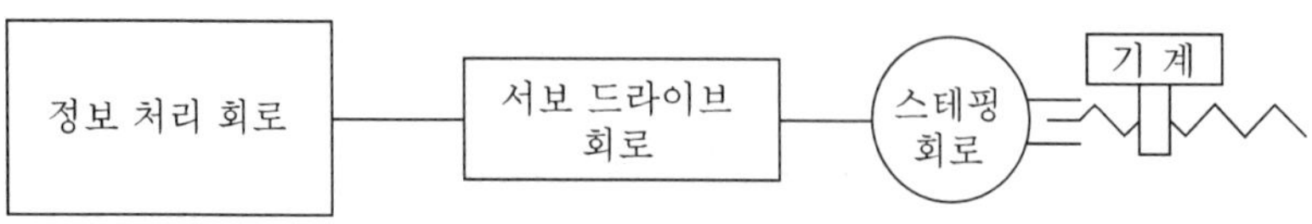

그림 2-2 개방회로 방식

(2) 반폐쇄회로 방식(Semiclosed Loop System)

그림 2-3과 같이 서보모터에 위치검출기와 속도검출기가 부착되어 서보모터의 회전량과 회전속도를 디지털인 전기적 펄스로 비교회로에 보내어 서보모터를 지령 펄스의 주파수에 해당하는 속도와 지령펄스의 양만큼 회전시킨다.

이 회로 방식을 사용하는 기계의 위치 정밀도는 구동나사인 볼나사의 정밀도에 의존된다.

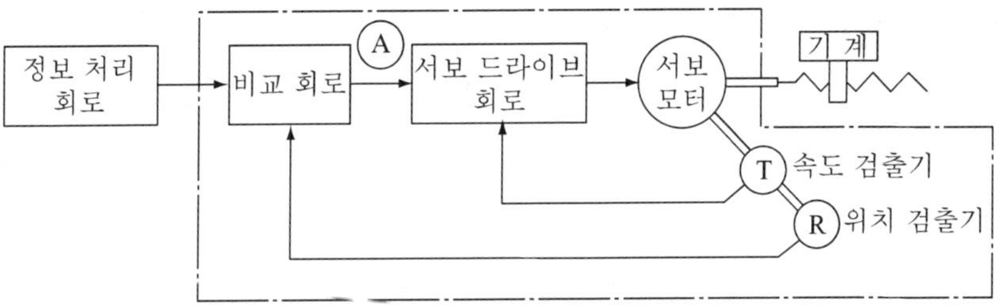

그림 2-3 반폐쇄회로 방식

(3) 폐쇄회로 방식(Closed Loop System)

그림 2-4와 같이 기계의 테이블에 직접 위치검출기를 붙여서 이동방향을 검출하여 피드백시켜 위치를 비교하는 형식으로 반폐쇄회로에 비교하면 이송 기구의 백 래시에 의한 이송 오차를 보완할 수 있는 형식이나, 기계 본체의 스틱 슬립(Stick Slip)의 서보 특성에 직접 영향을 받는 결함이 있을 수 있으므로 이 방식을 사용할 때는 기계의 공진을 피할 수 있는 높은 회전속도가 필요하다. 따라서 기계의 강성을 높이고 운동면의 마찰계수를 줄이는 등 동력손실을 줄일 수 있어야 한다.

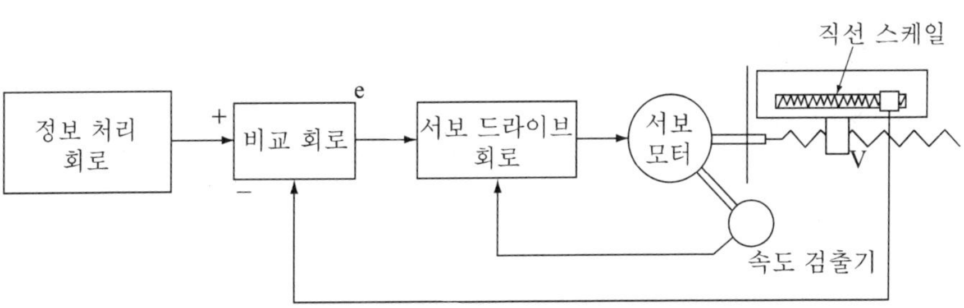

그림 2-4 폐쇄회로 방식

(4) 복합회로 방식(Hybrid Servo System)

이 방식은 반폐쇄회로와 폐쇄회로를 복합한 방식으로 그림 2-5에서와 같이 기계제어계가 반폐쇄회로 방식에 포함되어 있지 않아 기계진동이나 스틱슬립의 영향을 받지 않는다. 그러므로 서보모터는 정확하게 회전할 수 있고 반폐쇄회로에서 제어되지 않는 기계오차를 보정하여 위치 정밀도를 향상시킬 수 있다.

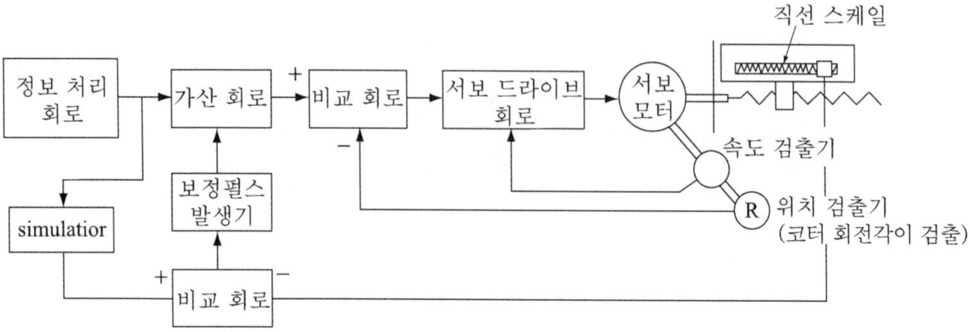

그림 2-5 복합회로 방식

2-3. 서보기구 제어장치

(1) 스테핑 모터(Stepping Motor)

스테핑 모터는 전기적 펄스를 디지털 상태로 직접 받아들이는 모터로 1개의 펄스가 주어지면 일정한 각도만큼 회전한다. 즉, 전기적 펄스를 이에 비례되는 전기적 반응으로 변화시키는 장치이다.

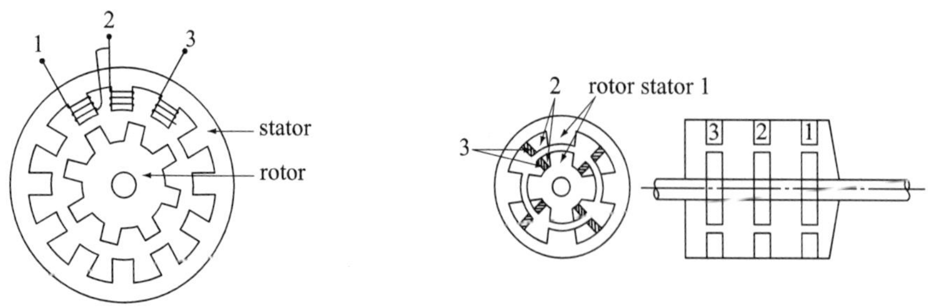

(a) 단면 (b) 형상

그림 2-6 스테핑 모터

스테핑모터는 디지털 입력을 받아들이기 때문에 구조가 간단하여 고정밀도를 필요로 하지 않는 개방회로에 이용되고 있다.

(2) 직류 서보모터(DC Servo Motor)

DC모터는 기동토크(Torque)가 크고 속도 제어가 쉬우며 효율이 높은 이점에서 널리 사용되고 있다. 직류전원 또는 교류를 직류로 변환하는 파워(Power)변환 회로를 필요로 하고 극성(極性)을 변환함으로써 모터의 회전방향을 변화시킨다. 속도제어는 계자제어(界磁制御) 방식과 전압제어 방식이 있다. 구동방식에는 사이리스터(Thyristor) 방식과 트랜지스터(Transistor) 방식이 있는데, 트랜지스터 방식은 속도의 안전성, 고정도의 위치결정 등에서 여러 가지 점이 우수하다. 그림 2-7은 주제어 회로에 트랜지스터를 사용하여 직류로 변환된 전압을 펄스 폭 변조(PWM : Pulse Wide Modulation)시켜 모터의 전압을 제어하는 방식이다.

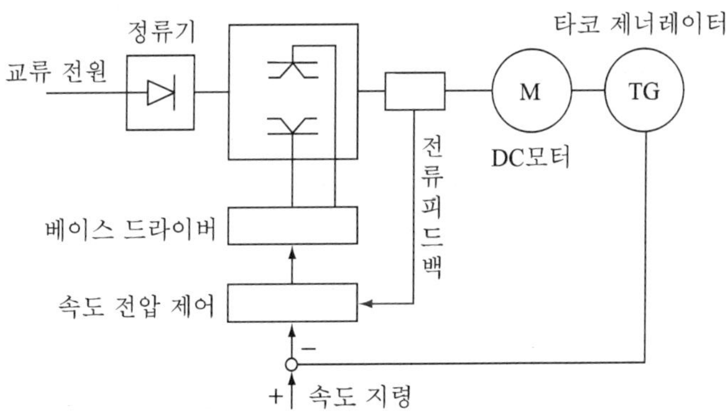

그림 2-7 트랜지스터 PWM 방식

Chapter 3
CNC 공작기계와 자동화

3-1. CAD/CAM

CAD는 Computer Aided Design의 약어로 컴퓨터를 이용한 설계를 의미하고 CAM은 Computer Aided Manufacturing의 약어로 컴퓨터를 이용한 제작을 의미한다. 3차원 곡면 등을 포함한 복잡한 형상의 제품을 3D CAD 소프트웨어를 이용하여 모델링한 후, CAM 소프트웨어를 이용하여 모델링한 제품을 가공하기 위한 가공조건을 부여하여 CNC 가공을 위한 프로그램을 생성시킨다. 이와 같이 생성된 NC 데이터는 CNC 공작기계에 DNC 전송시켜 가공을 수행하게 된다. 제품의 형상이 단순하여 좌표값을 정확히 얻을 수 있는 경우에는 절삭조건 등을 고려하여 작업자가 직접 NC 프로그래밍하는 것은 어려운 일이 아니다. 그러나 공정이 복잡하거나 도면에 곡면 등이 포함되어 있는 경우에는 작업자가 직접 좌표값을 찾아서 NC 프로그램을 작성하는 것은 매우 어려운 일이며 꽤 긴 시간을 필요로 한다. 이런 경우에는 CAD 모델링을 CAM에서 변환하여 가공 조건에 적합한 파라미터를 설정하면 불과 몇 초 만에 컴퓨터가 자동으로 NC 프로그래밍 작업을 완료할 수 있는 장점이 있다. 또한 전문 NC 프로그래머가 아니더라도 쉽게 작업이 가능하여 매우 편리하다. 현재 다양한 종류의 CAD, CAM 소프트웨어가 시장에서 판매되고 있으며 제품특성에 적합한 CAD/CAM 소프트웨어를 구매하여 사용할 수 있다.

3-2. DNC(Directed Numerical Control)

DNC는 Directed Numerical Control 또는 Distributed Numerical Control의 약어이며, 한 대의 중앙컴퓨터에서 전송되는 NC 데이터(NC 프로그램)에 의해 다수의 CNC 공작기계가 직접 제어되는 통합제어시스템이다. 컴퓨터에서 전송된 NC 데이터는 CNC 공작기계가 전송받는 동시에 가공을 실행할 수 있다. 특히, 가공 형상이 복잡하여 NC 데이터가 대용량일 경우에는 CNC 공작기계에 전송된 NC 데이터를 저장시키지 않고 작업할 수 있어 매우 효과적이다. 이것은 CNC 공작기계의 생산성 향상을 개선하는 효과가 있을 뿐만 아니라 공장자동화에 필수 요건이다. DNC를 위해서는 DNC 소프트웨어가 내장된 중앙컴퓨터와 CNC 공작기계와의 인터페이스가 선행되어야 한다.

3-3. FMC(Flexible Manufacturing Cell)

한 대의 CNC 공작기계에 자동 공작물 공급장치, 공작물의 착탈장치, 자동 공구 교환장치(Automatic Tool Changer), 가공품의 자동측정 및 감시 장치, 그리고 이들을 제어하기 위한 자동제어장치 등을 유기적으로 결합함으로써 소수 작업인원만으로도 무인생산이 가능한 자동화를 구성하는 최소단위 생산방식이다.

3-4. FMS(Flexible Manufacturing System)

일명 유연생산시스템이라고 일컫는 이 방식은 다수의 FMC와 자동 파렛 교환장치(Automatic pallet changer), 자동운송시설, 자동화된 창고 등 제반시설을 갖추고 있으며 모든 제조공정을 중앙컴퓨터에서 통합 제어하는 관리방식이다. 가공변수 등 생산을 위한 모든 조건이 데이터베이스화되어 중앙컴퓨터에서 최적의 조건으로 제어할 수 있다. 이와 같은 방식은 제품에 대한 고객의 요구가 급변하는 시장에 신속히 대응할 수 있어 다품종 소량생산에 유연하게 대처할 수 있는 공장자동화를 구성하기 위한 시스템이다.

3-5. CIM(Computer Integrated Manufacturing)

기업체 각 부서의 정보와 제품의 흐름에 이르기까지 컴퓨터를 이용한 통합생산시스템이다. 이것은 사업계획, 영업, 구매, CAD/CAM, DNC 및 공정의 자동화 등 기업 활동에 필요한 일련의 활동을 통합 관리하는 시스템이다. 경영관리에 이르기까지 모든 것을 컴퓨터에 의해 통합 관리하여 기업의 관리 능력과 생산성 향상을 목적으로 하며 다음과 같은 장점이 있다.

① 급변하는 시장수요에 대한 신속한 대응이 가능하다.
② 자재, 설비 및 인원 관리가 용이하다.

③ 관리능력이 향상되어 재고를 줄일 수 있다.
④ 최적 공정으로 인한 제품의 품질을 향상시킨다.
⑤ 경영관리가 용이하여 사업계획 수립에 기여한다.

Part 2
CNC 선반

Chapter 1

CNC 선반의 구조

CNC 선반은 보통 범용선반에 비해 수치제어장치와 소형컴퓨터를 부착하여 가공명령을 프로그래밍하고 자동공구 교환 및 주축 무단회전 자기진단제어 등의 첨단기능으로 가공 작업을 변화시킨 차원 높은 공작기계이다. 그러므로 2축이 동시 제어되는 원호 가공, 나사 가공 등의 공작물을 쉽게 가공할 수 있게 되어 대량생산은 물론 고정밀도를 요하는 다품종 소량생산에도 이용되고 있다.

구조는 범용선반과 대체로 비슷하나 다음 부분이 차이가 있다.

① 주축대 : 자동 무단 변속을 할 수 있어 공구와 공작물 사이의 상대속도를 일정하게 유지함으로써, 가공물의 표면거칠기를 향상시킬 수 있다.

② 공구대 : 절삭에 필요한 공구를 고정 순서대로 장착하여 해당 공구 교환을 지령할 수 있으며 소형 CNC 선반의 경우는 보통 10개 정도의 공구포트(Port)가 있고 공구대는 드럼(Drum) 방식과 터릿(Turret) 방식이 많이 사용된다.

③ 척(Chuck) : CNC 선반에 사용하는 척은 대부분 연동척이며 유압으로 제어할 수 있도록 되어 있어 별도의 유압장치가 필요하고, 착탈이 쉽게 되어 있다. 척의 조(Jaw)는 소프트 조(Soft Jaw)가 많이 이용되며 조의 자동범위 제한으로 직경차가 큰 공작물을 장착하는 데 다소 불편한 점이 있다.

④ 조작반 : 범용선반에 없는 기능으로 작업자가 기계의 어떤 명령을 주고 기계는 명령받은 상태를 각종키(Key)와 스위치(Switch) MDI(Manual Data Input) 패널, CRT(Cathode Ray Tube) 화면을 통하여 의사를 소통한다.

이 밖에 서보(Servo)기구와 제어반(Controller) 등이 있다.

그림 1-1 CNC 선반

Chapter 2
프로그램 구성

2-1. 프로그램의 개요

프로그램을 작성하는 작업을 프로그래밍(Programming)이라 하고 작성하는 사람을 프로그래머(Programmer)라 한다. 프로그래밍에는 다음과 같이 2가지가 있다.

(1) 수동프로그래밍

가공부품도면을 보고 제반사항을 결정하여 규정된 언어로 프로그래머가 직접 손으로 작성하는 것을 말한다.

(2) 자동프로그래밍

부품의 형상이 복잡해지면 공구의 위치 산출도 어려워지고, 일일이 수동으로 프로그램하려면 시간과 노력이 많이 필요하게 되어 프로그래밍하기가 불가능할 수도 있다. 따라서 컴퓨터와 소프트웨어를 이용하여 자동프로그래밍을 하게 된다.

2-2. NC 프로그램의 구성

(1) 블록의 구성

워드 1개 이상이 모여서 하나의 블록(Block)을 만든다. 즉, 하나의 워드가 하나의 블록을 만들 수도 있고 여러 개의 워드가 하나의 블록이 될 수도 있다. 한 블록의 워드 수는 제한이 없으며 블록 끝(End of Block) 표시로 블록을 구분한다.

절삭행정에서 1개의 블록은 기계동작의 단위, 즉 1개의 동작을 나타낸다. 표 2-1은 여러 종류의 워드가 한 블록을 구성할 경우, 일반적인 워드의 순서를 나타낸 것이다.

표 2-1 블록의 구성

N_	G_	X_	Y_	Z_	F_	S_	T_	M_	;
시퀀스 번호	준비기능	좌표어			이송기능	주축기능	공구기능	보조기능	E O B

(2) 프로그램 구성

프로그램은 프로그램번호 "O____"로 시작하여 프로그램을 끝낼 때는 M02나 M30, 보조 프로그램의 경우는 M99로 끝맺음을 한다.

2-3. 좌표계의 종류

CNC 선반에 사용되는 좌표계의 종류에는 기계 좌표계, 공작물 좌표계, 상대 좌표계가 있다.

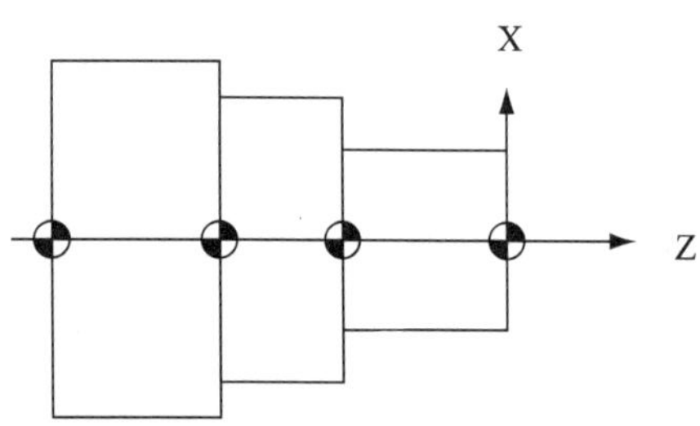

그림 2-1 공작물 좌표계 원점의 예

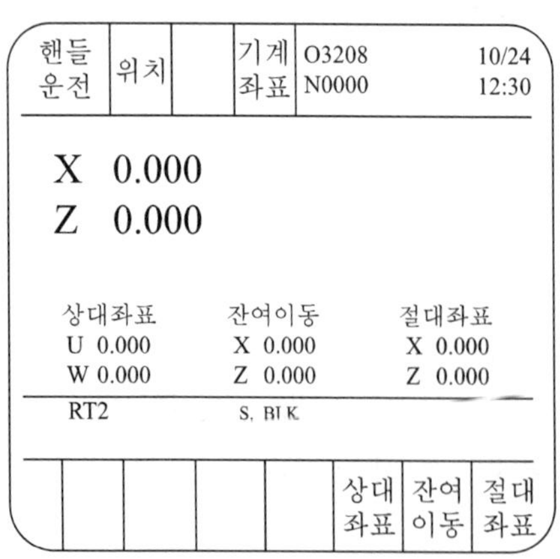

그림 2-2 CNC 선반의 좌표계 화면

기계 좌표계의 원점(Machine Coordinate System)은 기계제작자가 파라미터(Parameter)로 정하며, 보통 X, Z축상에서 척으로부터 멀리 떨어진 끝점("+" 방향)을 설정한다. 기계 원점은 고정점으로 제2원점(공구 교환점)의 기준이 되며, 공작물 좌표계 원점 설정 및 행정제한 영역 설정 등의 기준점으로 사용자가 임의로 변경해서는 안 된다. 기계 좌표계의 설정은 전원을 투입 후 기계 원점으로 복귀시키면 완료된다. 공작물 좌표계(Work Coordinate System)란 도면에 따른 프로그램을 쉽게 작성하기 위하여 공작물 중심의 한 점을 원점으로 정한 좌표계이다. 그림 2-1은 공작물 좌표계의 원점으로 설정한 점을 나타낸다. 공작물 좌표계를 절대 좌표계(Absolute Coordinate System)라고도 한다. 보통 기계 원점을 기준으로 프로그램을 작성할 수도 있으나, 각점의 좌표값을 계산하기가 매우 어려워 공작물 좌표계를 설정한다.

상대 좌표계(Relative Coordinate System)는 공구를 보정할 때나 공작물 측정 또는 정확한 거리로 이동을 필요로 할 때 일시적으로 현 위치를 원점으로 설정한 좌표계이다. CNC 선반에서 기계 좌표계나 공작물 좌표계에서 사용하는 좌표어는 X, Z이지만, 상대 좌표계에서 사용하는 좌표어는 U, W이다. 그림 2-2는 CNC 선반 좌표계 화면을 나타낸 것이다.

2-4. 반경지령과 직경지령

CNC 선반에서 가공하는 공작물은 대부분 단면이 원형 형상이거나, 프로그램할 때는 공작물 원점이 중심선상의 한 점을 지정하는 것이 일반적이다. X축상의 이동은 공작물 중심방향으로 이동, 즉 반지름 방향의 이동에 해당되며, 5 mm만 이동하여도 회전하는 실제공작물의 변화는 10 mm가 된다. 여기서 이동량인 5 mm를 지령하는 방식을 반경지령이라 하고, 직경변화량인 10 mm를 지령하는 방식을 직경지령이라 하는데 (ECOS10에서 직경지령을 사용함) 선반프로그램은 공작물의 최종 치수를 그대로 적용시키는 직경지령방식을 사용하면 편리하다.

2-5. 어드레스와 지령치 범위

(1) CNC 선반용 어드레스

CNC 프로그램에 사용되는 어드레스(Address)와 그 의미는 다음 표 2-2와 같다.

표 2-2 CNC 선반용 어드레스와 의미

어드레스	기 능	의 미	비 고
O	프로그램 번호	프로그램 이름에 해당	CNC 컨트롤러의 종류에 따라 각 어드레스의 기능과 용도가 다른 경우가 있음.
N	시퀀스 번호	블록의 번호	
G	준비기능	기계를 동작시키기 위한 준비	
X, Z	좌표어	좌표축의 이동지령(절대지령)	
U, W	좌표어	좌표축의 이동지령(증분지령)	
R	원호반경	원호의 반경지령	
I, K	원호 및 모따기	원 및 원호중심좌표나 모따기량 지령	
C	모따기	모따기량 지령	
F	이송기능	이송속도나 나사의 리드 지령	
S	주축기능	주축 회전 속도 지령	
T	공구기능	공구 번호나 보정 번호 지령	
M	보조기능	기계의 보정장치 ON/OFF 지령	
P	보조 프로그램 번호	보조 프로그램 번호 및 횟수 지령	
P, U, X	드웰(Dwell) 지정	공구의 이송 정지 시간 지령	
P, Q	고정 사이클 전개 번호	복합고정 사이클의 시작, 종료번호	
R	테이퍼 값	고정 사이클에서 테이퍼량	

(2) 어드레스의 지령치 범위

각 어드레스는 다음의 지령 수치 범위 내에서 그 기능에 따라 차이가 있다. 기계동작을 제어하는 준비, 공구, 보조기능은 모두 0~99까지이고 좌표어 다음의 수치는 단위계가 미터계(Metric Units)인지 인치계(Inch Units)인지에 따라 다르다.

다음 표 2-3은 각 어드레스의 지령치 범위를 나타낸 것이다.

표 2-3 각 어드레스의 지령치 범위

기능	어드레스	미터 단위계	인치 단위계
프로그램 번호	O	0.001~999	0.001~9999
시퀀스 번호	N	1~Z999	1~9999
준비기능	G	0~99	0~99
좌표어	X, Z, U, W R, I, K, C	±99999.999 mm	±9999.9999 inch
이송기능	F	0.0001~2400 mm/min 0.00001~500 mm/rev	0.00001~960 inch 0.000001~20 inch
주축기능	S	0~999 rpm	0~9999 rpm
공구기능	T	0~99	0~99
보조기능	M	0~99	0~99
보조 P/G 호출	P	0.001~9999	0.001~9999
드웰	P, U, X	0~99999.999 sec	0~99999.999 sec
고정 사이클 전개 번호	P, G	1~9999	1~9999

Chapter 3

준비기능(G Function)

프로그램을 작성하기 위해서 먼저 다음 사항을 알아야 한다.

(1) CNC 공작기계의 사양

사용하는 CNC 공작기계의 최소 설정단위, 이송속도, 최대가공능력 등에 관한 사항은 Catalogue나 Manual을 참조한다.

(2) 준비기능(G기능)

G기능은 NC지령의 블록에 있어서 제어기능의 종류를 나타내는 것인데 이 지시에 의하여 제어장치는 그 기능을 발휘하기 위한 동작의 준비를 완료하므로 준비기능이라고도 한다.

표 3-1 G-Code의 종류

유형(Type)	의미(Meaning)
One Shot G-Code (1회 유효 지령)	지시된 블록에서만 G-Code가 유효
Modal G-Code (연속 유효 지령)	같은 Group의 다른 G-Code가 나올 때까지 다른 블록에서도 유효

Address G에 연속되는 2행의 수치(G00~G99)로 지시하며, G-Code에는 다음의 2종류가 있다.

```
G96 S_ ;
G01 X_ Z_ ;
    X_ Z_ ;                    → Modal G-Code
G97 S_ X_ ;
G00 X_ Z_ ;
-----------------------------------------------
G96 ;
G96 G01 ;
G96 G01 ;                      → One Shot G-Code
G97 G01 ;
G97 G00 ;
```

표 3-2 표준 준비기능

G-Code	Group	기능설명
▶G00	01	위치결정
G01	01	직선보간
G02	01	시계방향 회전 원호보간
G03	01	반시계방향 회전 원호보간
G04	00	일시정지(Dwell)
G27	00	원점 복귀 체크
G28	00	자동원점 복귀
G29	00	원점으로부터의 복귀
G30	00	제2원점 복귀
G32	01	나사 절삭
▶G40	07	인선 R 보정 취소
G41	07	인선 R 좌측 보정
G42	07	인선 R 우측 보정
G50	00	좌표계 및 주축 최고 회전속도 설정
G90	01	내외경 가공사이클
G92	01	나사 가공사이클
G94	01	단면 가공사이클
G96	02	주속 일정제어

표 3-2 표준 준비기능(계속)

G-Code	Group	기능설명
▸G97	02	주속 일정제어 Cancel 및 직접 회전수 지정
G98	05	시간당 이송(min)
▸G99	05	회전당 이송(rev)

표 3-3 선택 준비기능

G-Code	Group	기능설명
G10	00	Offset 설정
G20	06	Inch 단위 설정
G21	06	Metric 단위 설정
▸G22	09	금지영역 설정
G23	09	금지영역 해제
G70	00	정삭 사이클
G71	00	외경 황삭 사이클
G72	00	단면 황삭 사이클
G73	00	형상반복 정삭 사이클
G74	00	단면 홈가공 사이클
G75	00	내외경 홈가공 사이클
G76	00	나사 절삭 사이클

1. Group란에 Alphabet가 있는 G-Code는 Modal G-Code이고 00그룹의 G-Code는 One Shot G-Code이다.
2. Group란에 있는 Alphabet에서 같은 Group을 동일 블록에 지령할 수 없으나 Group에 다른 G-Code는 동일 블록에 지령할 수 있다.
   G96 G42 G00 X_ Z_ I_ S_ M_ ; 가능
   G00 G90 X_ Z_ ; 불가능
3. ▸ 표시가 된 G-Code는 전원 공급 시 바로 유효한 초기상태의 Modal G-Code이다.

3-1. 보간기능(G기능)

(1) 급속위치결정(Positioning) G00

G00은 공구를 지령한 좌표점의 위치로 급속 이송시키기 위한 위치결정기능이다.

공구가 설정된 좌표계 내의 (X, Z)점 또는 현재의 위치 점으로부터 U, W만큼 떨어진 점에 축이 독립적으로 결정된 위치로 급속 이송속도로 움직인다. 급송 이송속도는 기계 Maker에 따라 결정되며, 이송량(F_)의 지정은 필요없다.

[지령 형식]

G00 $\begin{bmatrix} X\_ \\ U\_ \end{bmatrix} \begin{bmatrix} Z\_ \\ W\_ \end{bmatrix}$;

[지령 워드 의미]

X, Z : 이동 종점의 절대좌표

U, W : 이동 종점의 증분좌표

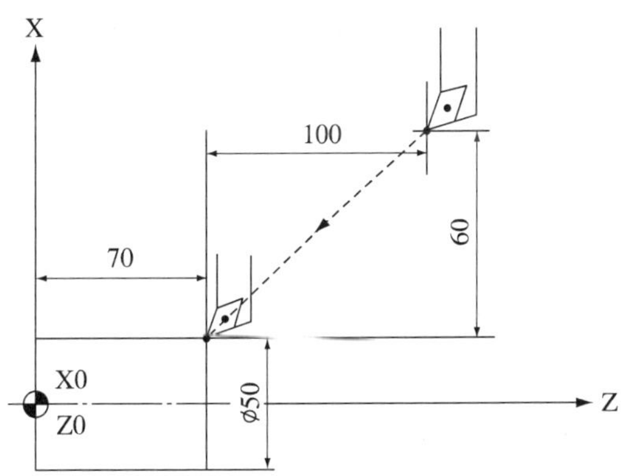

[지령방법]
1. G00 X50. Z70. ;
2. G00 X50. W-100. ;
3. G00 U-120. Z70. ;
4. G00 U-120. W-100. ;

그림 3-1 직선 보간

위와 같이 절대지령과 증분지령을 같은 블록에 혼용해서 사용해도 된다.

(2) 직선보간(Liner Interpolation) G01

공구가 설정된 좌표계에서 (X, Z)점까지 또는 현재의 위치 점에서 U, W만큼 떨어진 점까지 이송속도 (F)로 직선으로 이송하여 절삭하게 된다. 만일 이송속도 (F)가 지령되어 있지 않으면 이송속도는 0(Zero)가 된다. 즉, 각축의 이송은 정지된다.

[지령 형식]

$$G01 \begin{bmatrix} X\_ \\ U\_ \end{bmatrix} \begin{bmatrix} Z\_ \\ W\_ \end{bmatrix} F\_ \;;$$

[지령 워드 의미]

X, Z : 이동 종점의 절대좌표

U, W : 이동 종점의 증분좌표

F : 이송속도(mm/rev)

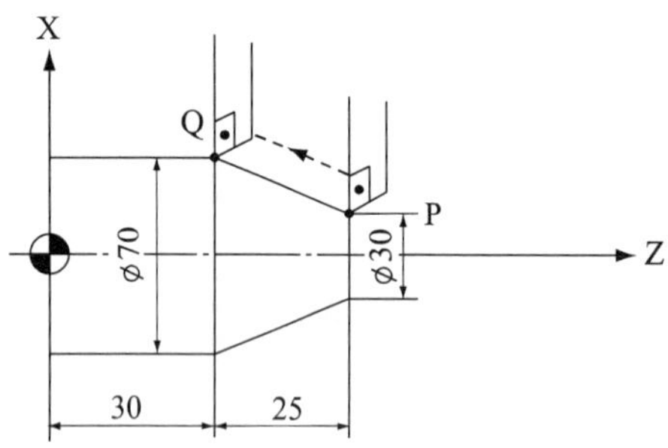

[지령방법]

1. G01 X70. Z30. F0.2 ;
2. G01 X70. W-25. F0.2 ;
3. G01 U40. Z30. F0.2 ;
4. G01 U40. W-25. F0.2 ;

그림 3-2 P점 → Q점으로 직선 가공

(3) 원호보간(Circular Interpolation) G02, G03

공구가 지령된 종점 위치까지 지령된 이송속도와 방향으로 반경 R의 원호를 가공하는 기능으로 원호 가공을 할 때에는 공구의 회전방향이 시계방향(G02)와 반시계방향(G03)으로 구분하여 지령한다.

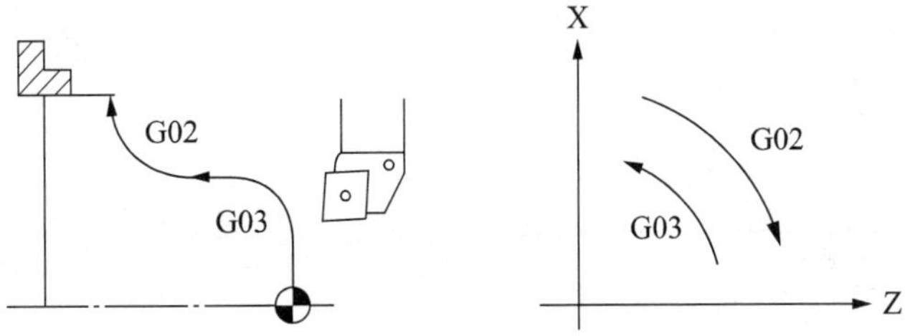

그림 3-3 원호보간 방향

1) 원호 R 지령 : 원호 반지름 지령에 의한 원호 작성

공구는 현재의 위치에서 지령된 종점의 위치까지 이송속도 F로 이동하면서 반경 R의 원호를 가공한다. 시점과 종점의 좌표를 반경 R로 연결하여 가공하며 일반적으로 많이 사용하는 방법이다.

R지령에서 반지름이 "+"값으로 입력되면 원호의 내각이 180° 이하의 원호가 가공되며, "−"값으로 입력되면 원호의 내각이 180° 이상의 원호가 가공된다.

[지령 형식]

G02 $\begin{bmatrix} X\_ \\ U\_ \end{bmatrix} \begin{bmatrix} Z\_ \\ W\_ \end{bmatrix}$ R_ F_ ;

G03 $\begin{bmatrix} X\_ \\ U\_ \end{bmatrix} \begin{bmatrix} Z\_ \\ W\_ \end{bmatrix}$ R_ F_ ;

[지령 워드 의미]

X, Z : 이동 종점의 절대좌표

U, W : 이동 종점의 증분좌표

R : 원호의 반지름

F : 이송속도(mm/rev)

2) 원호 I, J 지령 : 원호의 시작점에서 중심점까지 거리 지령에 의한 원호 작성

원호의 반지름 대신 원호의 시작점에서 원호의 중심점까지 X, Z축 방향으로 떨어진 거리를 지령하여 원호를 가공하는 방식으로 원호의 중심점의 위치를 지령하여 원호를

가공한다.

[지령 형식]

$$G02\begin{bmatrix}X\_\\U\_\end{bmatrix}\begin{bmatrix}Z\_\\W\_\end{bmatrix}I\_\ \ J\_F\_\ \ ;$$

$$G03\begin{bmatrix}X\_\\U\_\end{bmatrix}\begin{bmatrix}Z\_\\W\_\end{bmatrix}I\_\ \ J\_F\_\ \ ;$$

[지령 워드 의미]

X, Z : 이동 종점의 절대좌표

U, W : 이동 종점의 증분좌표

I : 원호의 시작점에서 중심점까지의 X축 방향 거리

K : 원호의 시작점에서 중심점까지의 Z축 방향 거리

F : 이송속도(mm/rev)

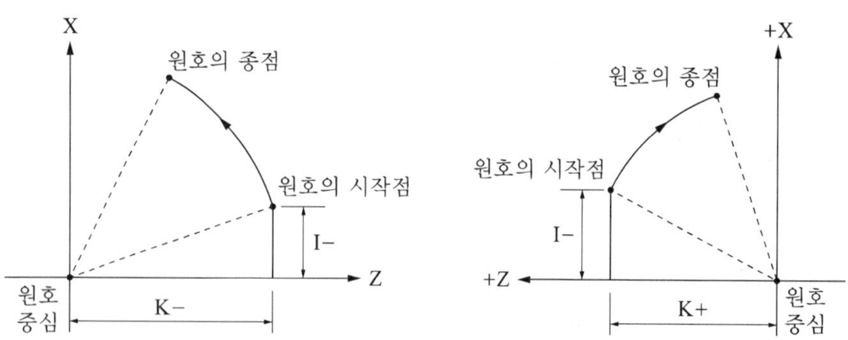

그림 3-4 원호의 시작점에서 중심점의 변위

예제 1 다음 도면과 같은 공작물을 가공하는 프로그램을 작성하시오. 프로그램의 경로는 공구가 ① A → B, ② B → A지점으로 이동하는 프로그램을 절대지령, 증분지령, 혼합지령 방식으로 프로그램을 작성하시오(단, 이송속도는 0.15 mm/rev이다).

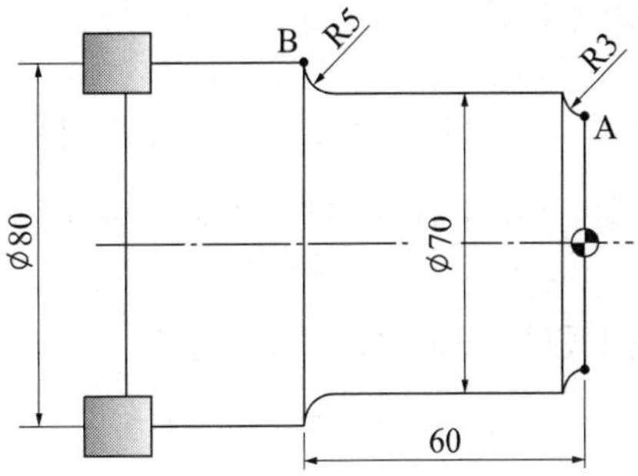

그림 3-5 CNC 선반 가공 도면

① A → B지점으로 가공

절대지령 방식	G02 X70. Z-3. R3. F0.15; G01 Z-55.; G02 X80. Z-60. R5.;
증분지령 방식	G02 U6. W-3. R3. F0.15; G01 W-52.; G02 U10. W-5. R5.;
혼합지령 방식	G02 X70. W-3. R3. F0.15; G01 Z-55.; G02 X80. W-5. R5.;

② B → A지점으로 가공

절대지령 방식	G03 X70. Z-55. R5. F0.15; G01 Z-3.; G03 X64. Z0. R3.;
증분지령 방식	G03 U-10. W5. R5. F0.15; G01 W52.; G03 U-6. W3. R3.;
혼합지령 방식	G03 X70. W5. R5. F0.15; G01 Z-3.; G03 U-6. W3. R3.;

(4) 자동 모따기 가공

G01 기능으로 가공하면서 두 개의 직선이 이루는 45° 각도의 선을 자동 모따기[면취(面取)]하는 기능으로 직선 가공과 모따기를 하나의 블록으로 프로그램한다.

1) 공구가 Z축으로 이동하면서 모따기를 하는 경우

그림 3-6과 같이 공구는 교점 b에서 Z축으로 i만큼 앞선 위치(시점 d)로부터 X축으로 ±i거리의 위치(종점 c)까지를 45° 각도로 이동하면서 모따기를 한다.

[지령 형식]

$$\text{G01} \begin{bmatrix} \text{Z}\ \underline{\text{b}} \\ \text{W}\ \underline{\text{b}} \end{bmatrix} \begin{bmatrix} \text{C}\ \underline{\pm\text{i}} \\ \text{I}\ \underline{\pm\text{i}} \end{bmatrix} \text{F\_\_}\ ;$$

[지령 워드 의미]

Z : 교점 b의 Z축 절대좌표

W : 교점 b의 Z축 증분좌표

C : 모따기(면취)량 ±i

I : 모따기(면취)량 ±i

F : 이송속도(mm/rev)

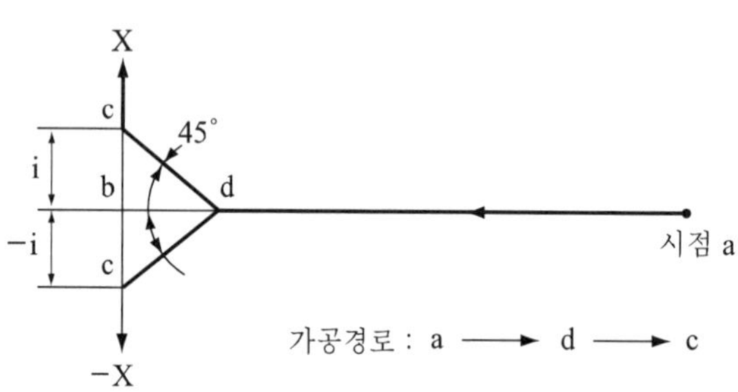

그림 3-6 공구가 Z축으로 이동하면서 면취가공

2) 공구가 X축으로 이동하면서 모따기를 하는 경우

그림 3-7과 같이 공구는 교점 b에서 X축으로 k만큼 앞선 위치(시점 d)로부터 Z축으로

±k 거리의 위치(종점 c)까지를 45° 각도로 이동하면서 면취한다.

[지령 형식]

$$\text{G01} \begin{bmatrix} \text{X}\ \underline{\text{b}} \\ \text{U}\ \underline{\text{b}} \end{bmatrix} \begin{bmatrix} \text{C}\ \underline{\pm \text{k}} \\ \text{K}\ \underline{\pm \text{k}} \end{bmatrix} \text{F}\_\ ;$$

[지령 워드 의미]

X : 교점 b의 X축 절대좌표

U : 교점 b의 X축 증분좌표

C : 모따기(면취)량 ±k

K : 모따기(면취)량 ±k

F : 이송속도(mm/rev)

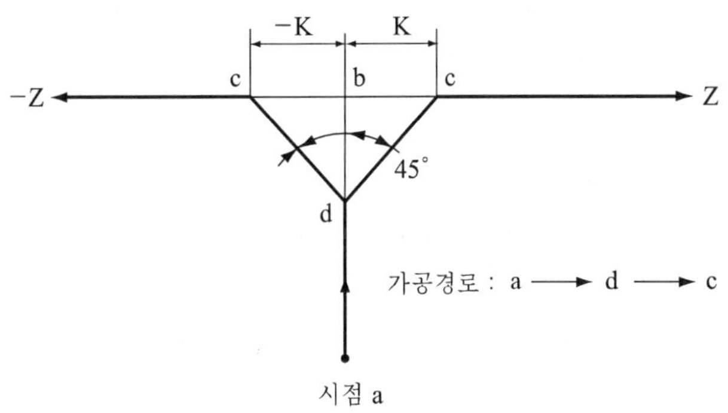

그림 3-7 공구가 X축으로 이동하면서 면취가공

(5) 자동 코너 원호 가공

G01 기능으로 가공하면서 두 개의 직선으로 이루어진 모서리를 자동 라운드 가공하는 기능으로 직선 가공과 원호 가공을 하나의 블록으로 프로그램한다.

1) 공구가 Z축으로 이동하면서 코너 R 가공을 하는 경우

그림 3-8과 같이 공구는 교점 b에서 Z축으로 r만큼 앞선 위치(시점 d)로부터 X축으로 ±r거리의 위치(종점 c)까지 반경 ±r의 원호를 가공한다.

[지령 형식]

$$G01 \begin{bmatrix} Z\,\underline{b} \\ W\,\underline{b} \end{bmatrix} R\,\underline{\pm r}\;F\_\;;$$

[지령 워드 의미]

Z : 교점 b의 Z축 절대좌표

W : 교점 b의 Z축 증분좌표

R : 코너 원호의 반지름 ±r

F : 이송속도(mm/rev)

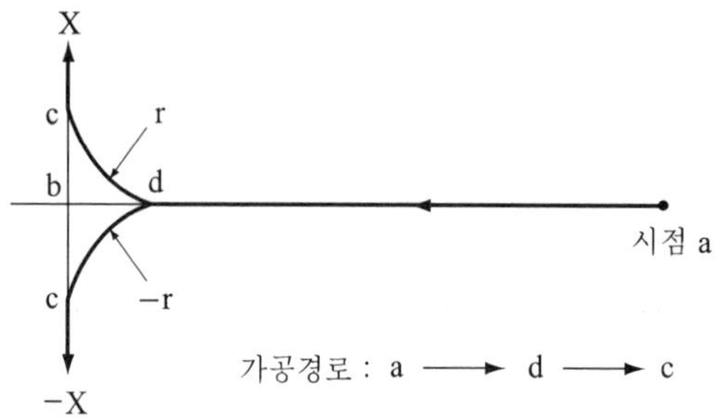

그림 3-8 공구가 Z축으로 이동하면서 원호 가공

2) 공구가 X축으로 이동하면서 코너 R 가공을 하는 경우

그림 3-9와 같이 공구는 교점 b에서 X축으로 r만큼 앞선 위치(시점 d)로부터 Z축으로 ±r거리의 위치(종점 c)까지 반경 ±r의 원호를 가공한다.

[지령 형식]

$$G01 \begin{bmatrix} X\,\underline{b} \\ U\,\underline{b} \end{bmatrix} R\,\underline{\pm r}\;F\_\;;$$

[지령 워드 의미]

X : 교점 b의 X축 절대좌표

U : 교점 b의 X축 증분좌표

R : 코너 원호의 반지름 ±r

F : 이송속도(mm/rev)

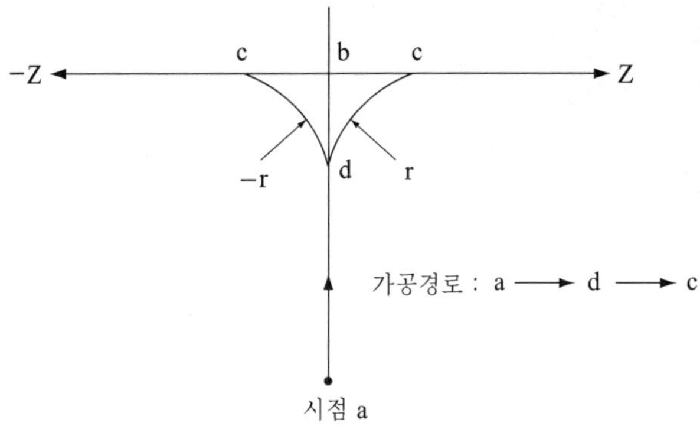

그림 3-9 공구가 X축으로 이동하면서 원호 가공

3-2. 일시정지 기능(Dwell) G04

공구의 이송을 일시정지시키는 기능으로 홈 가공이나 드릴작업 등에서 표면을 깨끗하게 하거나 긴 칩(Chip)을 제거하여 공구를 보호하고자 할 때 유용하게 사용할 수 있다.

[지령 형식]

$$G04 \begin{bmatrix} P\_ \\ X\_. \\ U\_. \end{bmatrix} \begin{bmatrix} Z\_ \\ W\_ \end{bmatrix} ;$$

[지령 워드 의미]

P : 소수점 사용불가

U, X : 소수점 사용

최대 지령시간 : 9999.999(sec)

[적용의 예]

G04 P1000;　　　　공구는 1초간 이송이 일시정지된다.
G04 U1.;　　　　　※ 어드레스 U, X는 좌표 어드레스와 혼돈될 수 있어 어드레스
G04 X1.;　　　　　　P를 주로 사용한다.

[일시정지 회전수 계산]

$$\text{정지 시간(초)} = \frac{60 \times \text{일시정지 회전수}}{\text{주축 회전수(rpm)}} = \frac{60 \times n(\text{회})}{N(\text{rpm})}$$

예) 2.5초의 Dwell

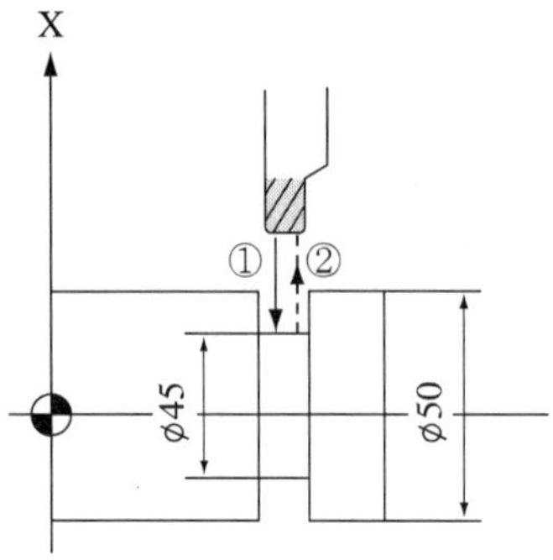

G04 X(t) ; 또는 G04 U(t) ; 또는 G04 P(t) ;
G04 X2.5 ; G04 U2.5; G04 P2500(Address P는 소수점 지령이 불가능하다.)

그림 3-10 CNC 선반 가공 도면

지령된 시간 동안 공작물은 회전을 하면서 공구의 이송이 정지되는 기능이다.

CNC 선반에서 일반적으로 홈 가공을 할 때, 홈 바이트는 홈 종점의 좌표까지 이송했다가 바로 후퇴하면 진원을 얻기가 힘들어 종점 좌표에서 공작물이 최소 2~3회전하는 동안 이송이 일시적으로 정지하였다가 다음 블록으로 진행시킨다.

종점의 좌표에서 공구를 일시정지시키지 않고 다음 블록이 실행되면 홈의 진원도 오차가 다소 크게 발생하여 정밀가공이 안 된다.

3-3. 원점 복귀

CNC 공작기계는 전원이 OFF되면 기계 원점을 삭제된다. 그러므로 CNC 공작기계에 전원을 ON하면 원점 복귀를 하여야 기계 원점을 인식한다. 또한 비상스위치를 눌렀을 경우에도 기계 원점 복귀를 해야 한다.

1) 수동원점 복귀

CNC 조작판의 조작 스위치를 조작하여 원점 복귀를 한다. 조작판의 조작모드(Mode)를 원점복귀(ZRN)에 위치시키고 JOG 버튼을 이용하여 X축을 먼저 기계 원점으로 복귀시키고 Z축을 기계 원점에 복귀시킨다.

2) 자동원점 복귀

CNC 프로그램을 작성하여 프로그램의 실행으로 원점 복귀를 한다. 조작 모드를 자동(Auto) 또는 반자동(MDI) 모드에 위치시키고 G28기능을 이용하여 공구를 X축과 Z축을 기계 원점에 복귀시킨다.

(1) 자동원점 복귀(G28)

[지령 형식]

$$G28 \begin{bmatrix} X\_ \\ U\_ \end{bmatrix} \begin{bmatrix} Z\_ \\ W\_ \end{bmatrix} ;$$

[지령 워드 의미]

X, Z : 중간 경유점의 절대좌표
U, W : 중간 경유점의 증분좌표

지령된 블록을 중간점이라 부르고 급속 이송속도로 중간점을 경유하여 원점 복귀한다.

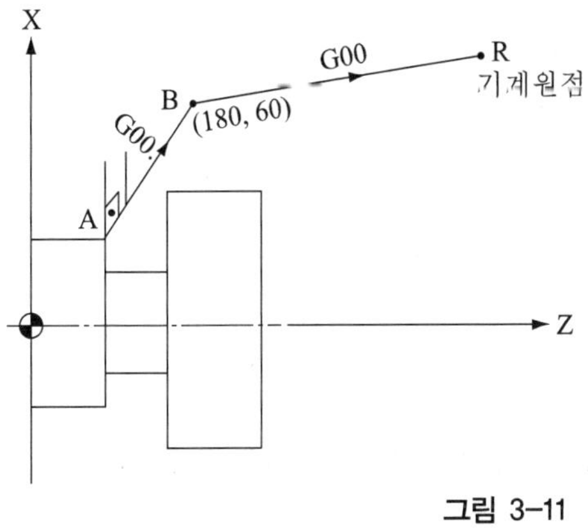

G28 X180. Z60. ; (A점 → B점→ R점)

그림 3-11 원점 복귀

G28지령에 의한 중간점 설정은 공구와 공작물 간에 간섭을 피하기 위한 것이며, 이 지령 이전에 공구 인선 R 보정, Offset 양은 반드시 취소하여야 한다.

G28 지령시 G50에 설정된 좌표치와 동일하게 지령하면 G27과 같이 된다.

(2) 원점 복귀 확인(G27)

G27은 기계 원점(Reference Point)에 가도록 작성한 프로그램이 정확하게 원점에 복귀했는지를 확인하는 기능이다.

[지령 형식]

$$G27 \begin{bmatrix} X\_ \\ U\_ \end{bmatrix} \begin{bmatrix} Z\_ \\ W\_ \end{bmatrix};$$

위의 지령에 의해 공구는 급속 이송속도로 지령된 위치에 도달된다. 이때 기계조작반의 원점 복귀 Lamp가 점등하게 되는데, 만약 1μ이라도 원점에 도달하지 못하면 알람이 발생한다. 또한 G27 지령시 반드시 Offset을 취소시켜야 한다.

(3) 제2원점 복귀(G30)

제2원점은 일반적으로 공구의 교환 위치로 사용되나, 자동 공작물 교환 장치 또는 자동 측정 장치가 설치된 기계에서 공구의 회피 위치로 사용되기도 한다. 즉, 공기계 조작의 편리를 위해 작업자가 설정한 제2, 제3, 제4원점의 위치로 공구를 복귀시키는 기능이다.

[지령 형식]

$$G30 \begin{bmatrix} P2 \\ P3 \\ P4 \end{bmatrix} \begin{bmatrix} X\_ \\ U\_ \end{bmatrix} \begin{bmatrix} Z\_ \\ W\_ \end{bmatrix};$$

[지령 워드 의미]

P2, P3, P4 : 각각 제2, 제3, 제4원점을 의미한다. P를 생략하면 제2원점으로 선택된다.

X, Z : 중간 경유점의 X축 절대좌표

U, W : 중간 경유점의 Z축 증분좌표

위 지령에 의해 축을 제2원점에 자동으로 복귀시킬 수 있다. 제2원점은 미리 기계 원점으로부터 떨어진 거리를 증분치로 입력시켜야 한다.

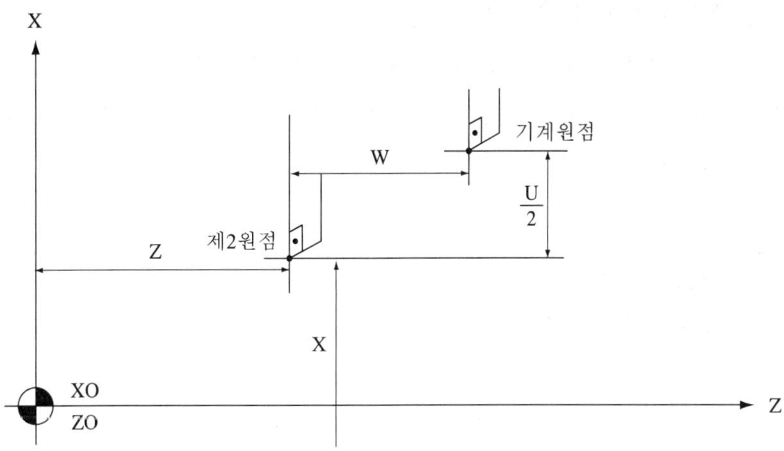

그림 3-12 제2원점

제2원점을 사용할 때, G50 좌표계 설정은 프로그램 원점에서 제2원점까지의 거리로 정한다.

3-4. 좌표계 설정(G50)

기계 원점을 기준으로 프로그램을 작성하게 되면 좌표점이 복잡해진다. 그러므로 공작물의 한 지점을 공작물 원점으로 지정하여, 프로그래밍할 때 좌표의 기순이 되는 섬을 공작물 좌표계라고 한다.

공작물 좌표계의 원점은 공작물에 따라 작업자가 지정하고 공작물의 크기와 형태 또는 공작물의 고정위치에 따라 프로그램하기 쉬운 점을 기준으로 설정해 주어야 한다.

현재 공구의 위치는 지령된 X, Z 좌표점의 위치로 인식한다.

또한 G50은 CNC 선반의 주축 최고 회전수를 지정할 수도 있다.

[지령 형식]

$$G50 \begin{bmatrix} X\_ \\ U\_ \end{bmatrix} \begin{bmatrix} Z\_ \\ W\_ \end{bmatrix};$$

[지령 워드 의미]

X, Z : 공작물 원점에서 공구위치까지의 X, Z축 절대좌표

U, W : 공작물 원점에서 공구위치까지의 X, Z축 증분좌표

U, W로 지령하게 되면 이미 설정된 공작물 좌표계의 위치로부터 X축과 Z측으로 지령된 수치만큼 이동된 좌표계를 적용한다.

예제 2 공작물의 단면과 외경을 가공한 후 공구가 다음 도면과 같이 위치해 있을 때 공작물 원점 설정을 위한 프로그램을 작성하시오.

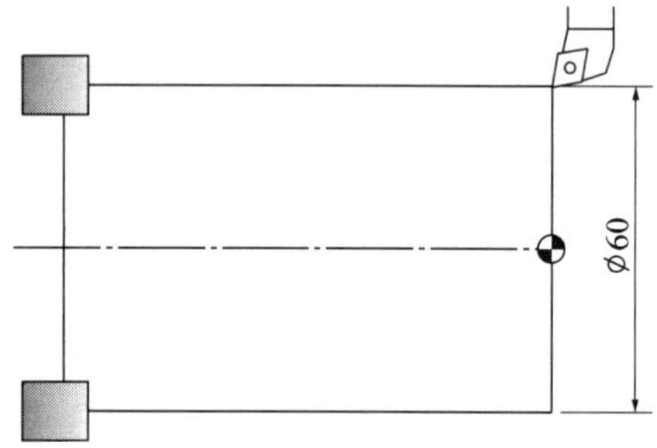

그림 3-13 CNC 선반 가공 도면

□ 프로그램

```
G50 X60. Z0.;
```

3-5. 주축기능(Spindle Speed Function)

Address에 연속된 4자리 숫자로서 주축 회전수를 지령한다.

S기능 보통 M03(M04)과 동일 블록에 사용되며, M05에 의하여 주축 회전이 정지된다.

주축의 속도 변환은 G-Code로 지령하며 다음과 같다.

G-Code	의미	단위
G96	주속 일정제어	m/min
G97	주속 일정제어 취소 및 주축 회전수 직접 지령	rpm

(1) 주속 일정제어(G96)

주속 일정제어는 주속(절삭속도 또는 공작물 표면속도 : 공구와 공작물 간의 상대속도)에 프로그램된 절삭속도가 항상 일정하도록 주축속도가 자동으로 제어되는 기능으로, 주축 회전수가 공작물 직경에 따라 무한 변속된다.

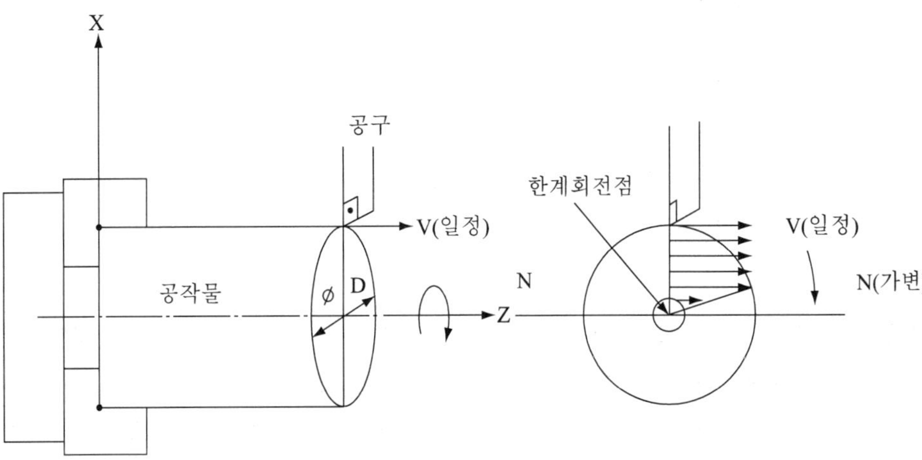

그림 3-14 주속 일정제어

G96 S • • • • M03
→ 주속(절삭속도) : m/min

주로 G96은 단차가 많은 단 가공 시에 사용하며 주로 회전수와 절삭속도와의 상대관계는 $N = \dfrac{1000\,V}{\pi D}$ 이다.

그림 3-14에서, 단면을 가공할 때 D가 0으로 접근하면 $\lim_{D \to 0} \dfrac{1000\,V}{\pi D} = \infty$ 이므로 회전수(N)이 무한대(∞)로 변화된다.

이는 절삭속도가 일정하므로 고른 단면을 얻을 수 있다. 그러나 공작물 중심에 접근할수록 주축 회전수는 무한대가 되어, 실제상 불가능하므로 주축 최고 회전수를 제한하여 줄 필요가 있다. 프로그램상 G50(좌표계 설정 및 주축 최고회전수 지정) S에 최고 회전수를 설정하여 그 이상의 회전수는 발생되지 않는다.

G50 X250. Z200. S2500 T0100 ;

G96 S150 M03 ;

G96 X104. T0101 ;

G96 X0. F0.25 ; (2500 rpm으로 회전)

이때 X0 가공 시 rpm은 무한대가 되나 G50에 S2500으로 고정되어 있으므로 회전수는 2500 rpm을 넘지 않는다.

절삭속도 v를 구하는 식은 다음과 같다.

$$v = \frac{\pi d N}{1000} \text{(m/min)}$$

d : 공작물의 지름(mm)

N : 회전수(rpm)

절입량을 주어 반복적으로 가공하면 공작물의 지름은 감소한다. 위 식에서와 같이 지름이 감소하면 절삭속도는 작아지는데 이때 이에 대응하여 자동으로 회전수를 증가시키면 절삭속도를 일정하게 제어할 수 있다. 주속 일정제어란 이와 같이 절삭속도를 일정하게 제어하기 위한 기능으로 주속 일정제어 ON이라고도 한다. 공작물 지름의 변화가 큰 부품을 가공할 때 G96 기능을 사용하면 절삭저항의 변동이 거의 없고 공작물의 표면거칠기를 균일하게 할 수 있어 편리하다. 실제 가공은 공구가 하므로 절삭공구의 위치 변화에 따라 회전수가 변화된다.

공작물을 정회전 또는 역회전시키면서 지령된 절삭속도를 유지한다.

[지령 형식]

$$\text{G96 S\_} \begin{bmatrix} \text{M03} \\ \text{M04} \end{bmatrix} ;$$

[지령 워드 의미]

S : 절삭속도(m/min)

M03 : 주축 정회전(시계방향 회전)

M04 : 주축 역회전(반시계방향 회전)

예제 3 다음 프로그램 블록을 설명하시오.
G96 S120 M03 ; ⇨ 공작물을 정회전으로 절삭속도 120 m/min으로 유지

(2) 주속 일정제어 취소(G97)

G97은 주속 일정제어 취소는 가공에 의해 공작물 지름이 감소되어도 이에 상관없이 공작물의 1분당 회전수를 일정하게 지령하는 기능으로 주축 회전수 지정이라고도 하며 나사 가공, 드릴 가공, 직선 내・외경 가공에 사용한다.

[지령 형식]

$$G97\ S\_\ \begin{bmatrix} M03 \\ M04 \end{bmatrix};$$

[지령 워드 의미]

S : 1분당 회전수(rev/min(rpm))

M03 : 주축 정회전(시계방향 회전)

M04 : 주축 역회전(반시계방향 회전)

예제 4 다음 프로그램 블록을 설명하시오.
G97 S600 M03 ; ⇨ 공작물을 정회전으로 매분 600회전시킨다.

(3) 주축 최고 회전수 지정(G50)

주축 회전수 지정을 주속 일정제어(G96)로 지령하면 공작물의 지름이 작아질수록

회전수는 증가하다가 공구가 공작물의 중심에 이르면 회전수는 무한대가 되어 주축 모터의 최고 회전수를 넘어가게 된다. 그러므로 주축모터를 안정적으로 회전시킬 수 있는 최고 회전수를 설정하여 이 한계를 넘지 않도록 하는 주축의 최고 회전수를 제한하는 기능이다.

G50 지령은 공작물 좌표계 설정도 있으며, 공작물 좌표계 설정과 최고 회전수 지정을 같이 사용한다.

[지령 형식]

```
G50 S_;
```

[지령 워드 의미]

S : 최고 회전수(rpm)

예제 5 다음 프로그램 블록을 설명하시오.
G50 S2000; ⇨ 공작물의 최고 회전수를 2000 rpm으로 제한한다.

3-6. 이송기능(Feed Rate Function)

(1) 분당 이송(G98)

공구가 1분 동안 이동거리를 F값으로 지령한다. 분당 이송기능은 머시닝센터에서 전원 투입 시 기본으로 설정되며 주축이 정지한 상태에서도 지령할 수 있다.

[지령 형식]

```
G98 F_ ;
```

[지령 워드 의미]

F : 공구의 분당 이송거리(mm/min)로 F1~F15000까지 지령 가능

그림 3-15에서 1분 동안 바이트의 이동거리가 100 mm일 경우 이송속도는 100 mm/min이다.

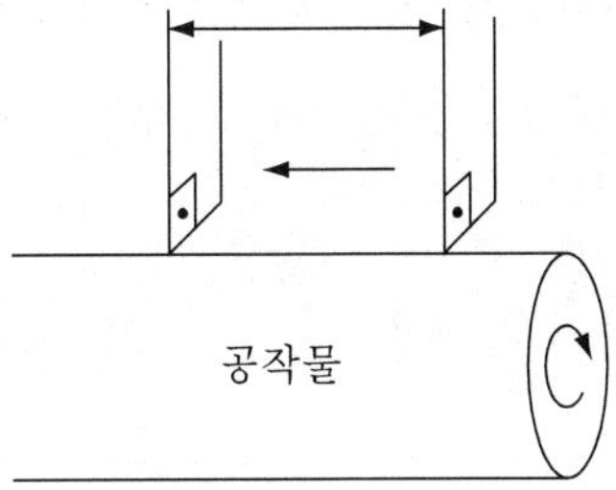

분당 공구 이동거리(mm/min, inch/min)

그림 3-15 공구의 분당 이송

(2) 회전당 이송(G99)

공구의 이동거리를 주축이 1회전하는 동안 이동거리로 지령한다. 일반적으로 G99 기능은 CNC 선반에서 전원 투입 시 기본으로 설정된다.

[지령 형식]

```
G99 F__ ;
```

[지령 워드 의미]

F : 주축 1회전당 공구의 이동거리(mm/rev)로 F0.001 ~ F500까지 지령 가능

그림 3-16에서 공작물이 1회전하는 동안 바이트의 이동거리가 0.2 mm일 경우 이송속도는 0.2 mm/rev이다.

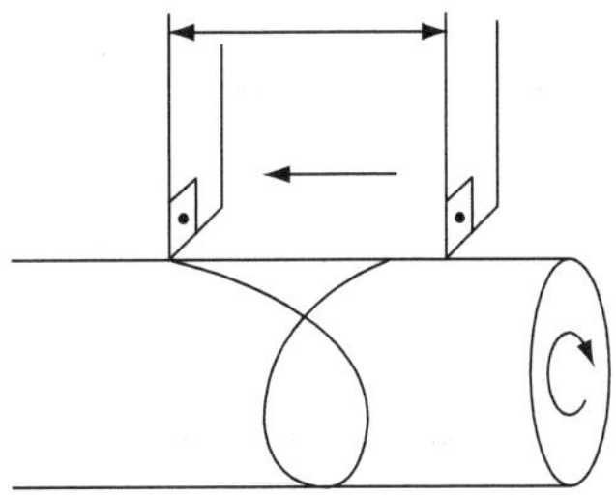

주축 1회전당 공구 이동거리(mm/rev, inch/rev)

그림 3-16 회전당 이송

3-7. 나사 가공(G32)

G32지령에 의해 현재 위치에서 지령된 나사 가공 종점의 위치까지 주어진 F의 이송속도(나사의 리드)로 가공한다. 가공형태는 직선나사, 테이퍼 나사, 정면 나사, 다중 나사를 가공한다.

[지령 형식]

$$\text{G32} \begin{bmatrix} X\_ \\ U\_ \end{bmatrix} \begin{bmatrix} Z\_ \\ W\_ \end{bmatrix} \text{F}\_ \ ;$$

[지령 워드 의미]

X, Z : 나사 가공 종점의 X축 절대좌표

U, W : 나사 가공 종점의 Z축 증분좌표

F : 이송속도(mm/rev) 또는 나사의 리드(lead)

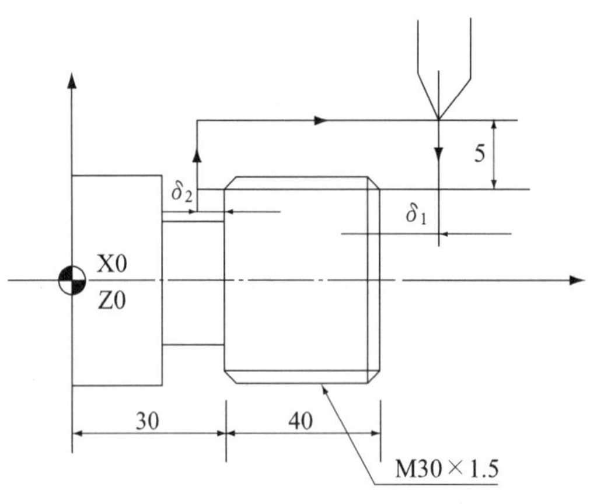

나사 리드 : 1.5 mm
δ1 : 1.5 mm 이상
δ2 : 1.5 mm

```
G00 X40. Z71.5. ;
    X31.5 ;
G32 Z28.5 F1.5 ; (첫 번째 절입)
G00 X40. ;
    Z71.5 ;
    X30. ;
G32 X26.(F1.5) ; (두 번째 절입)
```

그림 3-17 CNC 선반 가공도면

일반적으로 나사 가공 시에는 황삭에서 정삭가공까지 몇 번이라도 동일한 통로로 나사 절삭한다.

시작은 주축에 연결되어 있는 포지션 코더(Position Coder)*로부터 1회전 신호를

* 포지션 코더(Position Coder) : CNC 공작기계에서 진동, 벨트전동시 미끄러짐, 절삭 저항의 갑작스런 증가로 공구의 위치가 변화되었을 때 보정해주는 장치

검출하면서부터 이동을 시작하기 때문에 여러 번 나사 절삭을 해도 동일한 시작점에서 작업되어 가공경로는 동일하게 된다. 따라서 황삭에서 사상까지 주축 회전수는 일정하여야 한다. 또한 나사 가공시 Servo 계통의 가·감속 시간 관계로 생기는 불완전 나사부는 1리드만큼 떨어진 곳에서 시작하고 1리드만큼 더 가공하면 되는 δ2는 홈 폭에 따라서 그 양을 조절하면 된다.

[공구 이동경로]

CNC 선반에서 나사를 가공할 때 나사 바이트는 다음 그림 3-18과 같이 ①→②→③→④→①의 순서로 이동한다.

① → ② 급속이송(G00으로 절입)
② → ③ 지령된 F조건으로 이송(G32로 나사절삭)
③ → ④ 급속이송(G00으로 절삭 후 이탈)
④ → ① 급속이송(G00으로 초기점 복귀)

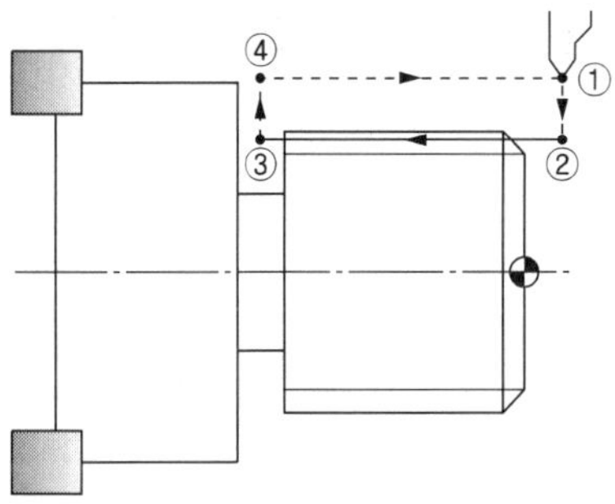

(a) 직선나사 가공

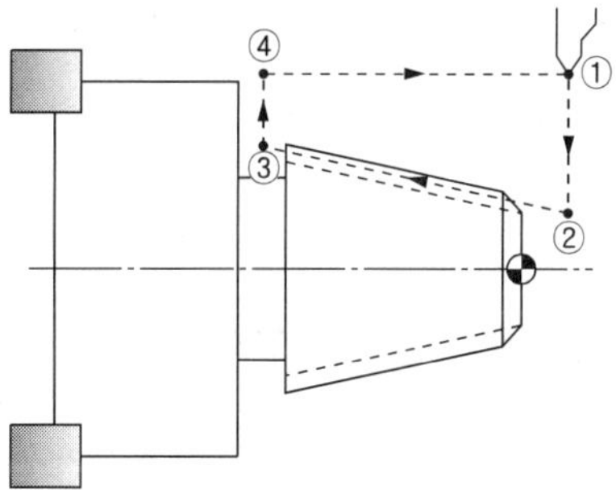

(b) 테이퍼나사 가공

그림 3-18 나사 가공 공구이동 경로

[테이퍼 나사를 가공할 때 좌표계산 방법]

그림 3-19는 그림 3-18(b)의 테이퍼 부를 확대하여 나타낸 것이다. 테이퍼 나사부를 가공할 때에는 공구의 초기 사이클 시점에서의 절입량과 나사 가공 종점에 대한 Z 좌표값을 산출하여 프로그램해야 한다.

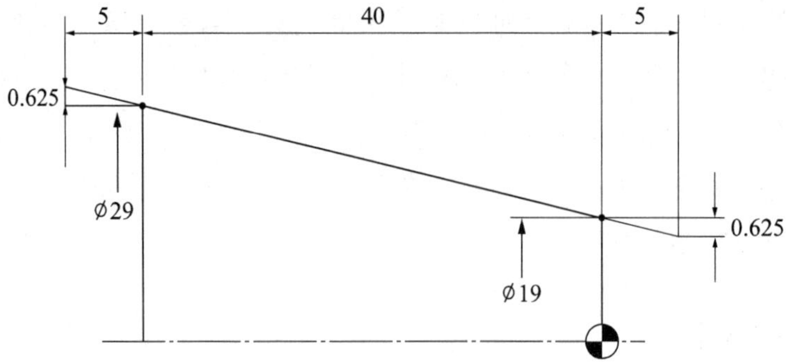

그림 3-19 나사 가공 공구이동 거리 계산

1회 절입량 0.5 mm에 대한 직경 변화량은 1 mm이므로 1회 가공으로 실제 나사 가공 시작부와 끝나는 지점에 대한 골 지름은 그림과 같이 ∅19와 ∅29가 되어야 한다. 테이퍼 나사부는 선형 비례관계식에 따라 다음과 같이 계산한다.

$$40 : 5 = 5 : x \qquad x = \frac{5 \times 5}{40} = 0.625 \text{ mm}$$

그러므로 공구의 현재 위치에서 나사 가공 1회 절입을 위한 X 좌표값은 다음과 같이 계산한다.

$$\text{X 좌표값} = 19 - (0.625 \times 2) = 17.75\,\text{mm}$$

또한 나사 가공 종점의 X 좌표값은 다음과 같다.

$$\text{X 좌표값} = 29 + (0.625 \times 2) = 30.25\,\text{mm}$$

Chapter 4 공구기능(T Function)

자동 공구 교환과 공구 보정을 행하는 기능으로, T-Code로 연속되는 4행의 숫자로써 지령한다.

[지령 형식]

```
T□□△△ ;
```

□□ : 선택할 공구 번호(두 자리 숫자)

△△ : 공구 보정 번호(00은 공구번호 취소)

적용 예

T0101 : 1번 공구로 교환, 1번 보정 번호에 입력된 치수로 보정

T0100 : 1번 공구에 보정 취소

T0202 : 2번 공구로 교환, 2번 보정 번호에 입력된 치수로 보정

T0200 : 2번 공구에 보정 취소

(1) 공구선택 번호

터릿(ATC : Automatic Tool changer)에 설치된 공구에 각각 번호를 지령하여, 가공부에 따라 알맞은 공구를 선택하는 것이다.

(2) 공구 Offset 번호

① 선택된 그 번호에 대응하는 Offset 양을 MDI(Manual Data Input) Unit로써 Offset Memory에 입력시키면 Offset 기능이 개시된다.

② Offset 취소는 개개의 공구마다 작업이 끝나면 해주어야 하는데 Offset 양이 00이면 Offset 양이 0(Zero)로 간주되어 이미 Offset을 취소시킨다(예: T0100).

표 4-1 Offset 값의 지정 범위

	미터계 입력	인치계 입력
Offset	0~±999.999 mm	0~±99.999 inch

③ 공구보정에는 T-Code로 지정하는 공구마다 공구마모 Offset과 공구형상 Offset이 있으며 G-Code로 지정하는 인선 R보정이 있다.

4-1. 공구보정(Tool Offset)

(1) 공구마모 보정(Tool Wear Offset)

공구 날 끝의 마모를 보정하는 것으로 Offset 양이 작은 것이 일반적이다.

(2) 공구형상 보정(Geometry offset)

프로그램상에서 가정한 공구의 G50 좌표계에 대하여 실제 사용하는 공구가 다른 경우, 그 차를 보정하는 기능으로 다음 두 가지 경우에 사용하는 것이 좋다(이는 Option으로 이 Option을 선택할 경우 Tool Wear Offset과 Geometry Offset으로 구분된다).

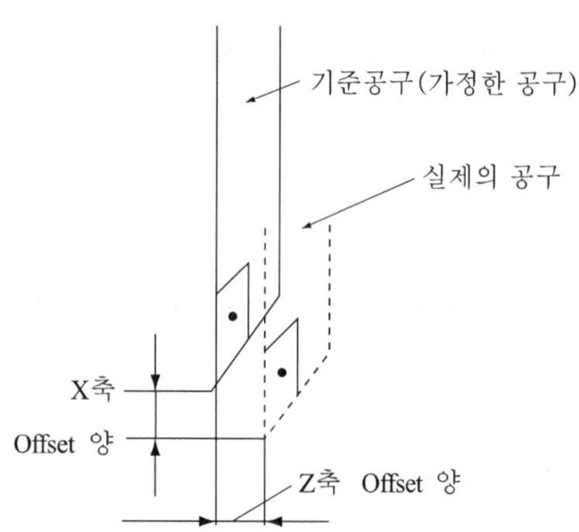

그림 4-1 공구 보정

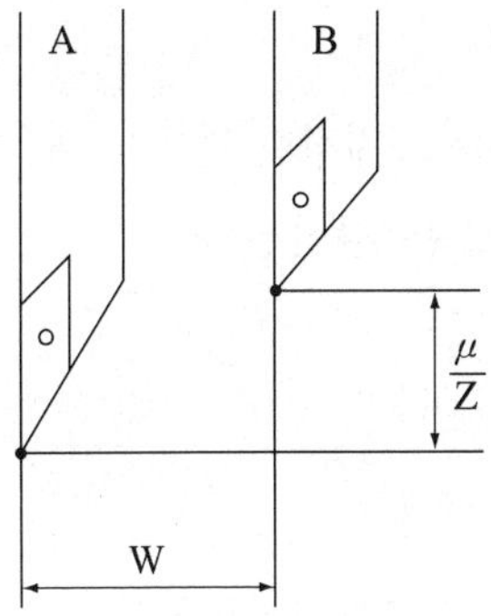

G50 U(u) W(w) ;
의 값을 Geometry Offset에 지령하여도 가능하며 각 공구에 대한 마모량은 Tool Wear Offset에 지령한다.

그림 4-2 공구들의 설치 위치가 다를 때

Offset 번호	OFX	OFZ	OFR	OFT
01	−0.02	−0.05	0.8	3
02	000.000	000.000	000.000	0
03	000.000.	000.000.	000.000	0
.	.	.	.	.
.	.	.	.	.

대체적으로 공구 Offset은 Tool Wear Offset과 Geometry Offset, 둘로 나누어서 설정하는 방법과 Tool Wear Offset 하나로 설정하는 방법이 있다. Tool Wear Offset 하나로 공구보정을 행할 때는 공구 날 끝을 시점으로 하는 좌표계 설정이 유리하며 Tool Wear Offset 양은 작게 사용하는 것이 일반적이다.

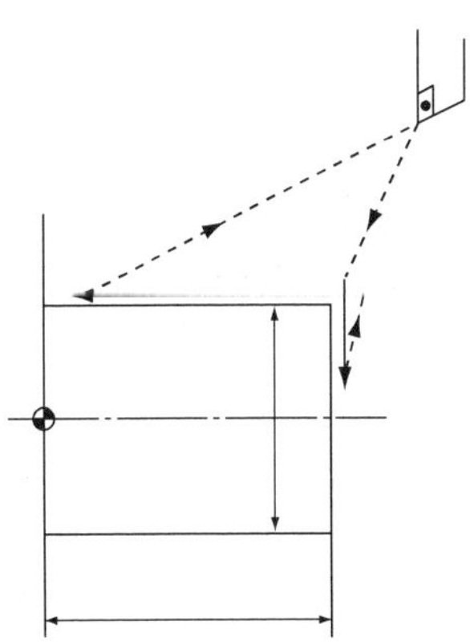

좌측 그림에서
외경 가공치 : 50.02(측정결과)이고
단면 가공치 : 70.05(측징결과)라면
프로그램된 도면치수보다 X0.02가 크고 Z는 0.05가 크므로 X−0.02 Z−0.05인
Offset 양 = 프로그램 지령 치수 − 실 가공치이다.

그림 4-3 공구 Offset

[Offset Vector]

프로그램된 통로에 대하여 X, Z의 Offset된다. 즉, T-Code로 지정한 번호에 대응하는 Offset 양만큼, 프로그램한 각 블록의 종점위치에 가산 또는 감산된다.

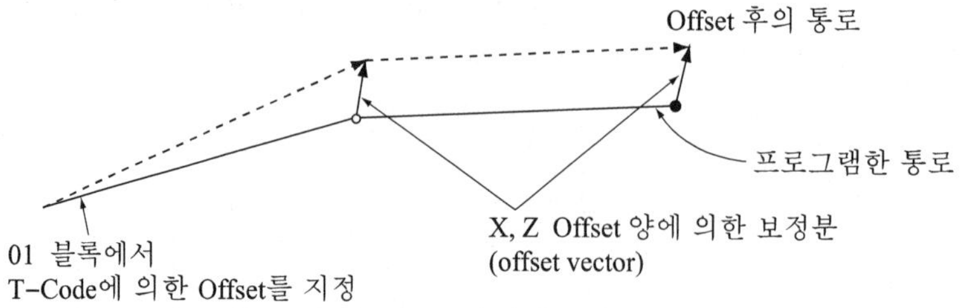

그림 4-4 Offset Vector

상기 그림에서 X, Z의 Offset 양을 성분으로 하는 Vector를 Offset Vector라 한다.

4-2. 공구 인선반경(R) 보정(G41, G42)

공구 인선은 Round를 가지고 있으므로 Taper 절삭이나 원호 절삭 시에 공구 Offset만으로는 보정시킬 수 없는 경우가 있다. 이 오차량을 자동으로 보정하는 것이 인선 R 보정이다. 다음 그림과 같이 인선 R 보정을 하지 않으면 과절삭 현상이 생겨 원하는 대로 제품 형상을 만들 수 없다.

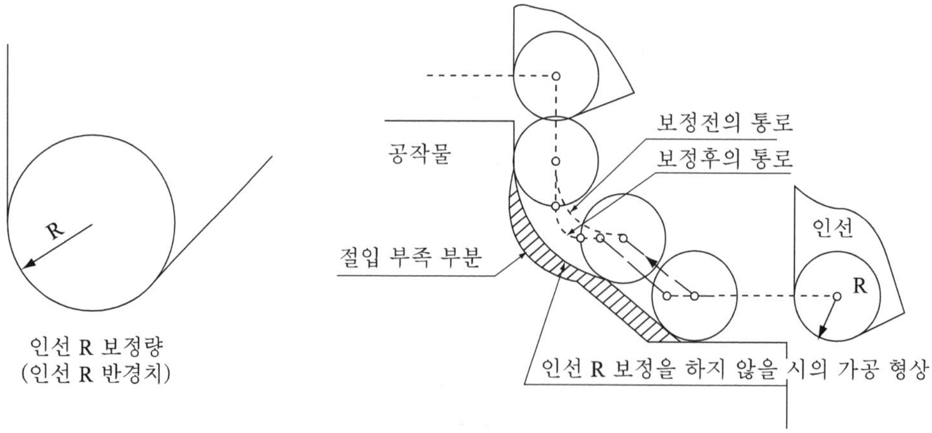

그림 4-5 인선 R 공구 보정 통로

표 4-2 공구형상 보정

Geometry Offset No	OFGX (X축 보정량)	OFGZ (Z축 보정량)	OFGR (인선 R 보정량)	OFT (가상 인선 번호)
G01	010.040	050.020	0.4	1
G02	020.060	030.030	0	2
G03	0	0	0.2	0
·	·	·	·	·
·	·	·	·	·
·	·	·	·	·
·	·	·	·	·

표 4-3 공구마모 보정량

마모 Offset NO	OFWX (X축 보정량)	OFWZ (Z축 보정량)	OFWR (인선 R 보정량)	OFT (가상 인선 번호)
W01	010.040	0.020	0	1
W02	020.060	0.030	0	2
W03	0	0	0.2	6
W04	·	·	·	·
·	·	·	·	·
·	·	·	·	·
·	·	·	·	·
·				

이때 실행 시의 인선 R 보정량은 공구형상 보정과 공구마모 보정을 합친 것이 된다.

동일한 바이트를 사용하여 단면과 외경을 가공할 때 그림 4-6과 같이 공작물과 접촉하는 바이트 선단의 위치에는 각각의 차이가 존재한다. 이때 공작물과 접촉하는 공구 선단은 모두 공작물 좌표계 설정 즉, 공작물 원점을 설정할 때 기준이 되는 위치이므로 X 또는 Z방향으로만 공구가 이송하여 부품을 가공할 때에는 문제가 되지 않는다.

그러나 테이퍼(taper) 또는 원호를 가공할 때에는 공작물과 접촉되는 공구 선단의 위치가 위에서 설명한 것과는 다른 위치에 놓이게 된다. 이것은 공구의 인선반경(노즈반경) R값이 존재하기 때문이다. 따라서 인선반경 R값의 차이로 인한 가공 오차를 공작기계가 보상해주지 않으면 부품을 가공할 때에 그림 4-5와 같이 과대절삭 또는 과소절삭이 발생한다. 공구 인선 R 보정은 이와 같은 인선반경 R값의 차이로 인한 가공 오차를 자동으로 보상해 주는 기능이다. 인선반경 R값의 보정은 테이퍼 또는 원호를 가공할 때 필요로 한다. 그러므로 테이퍼 또는 원호 가공의 이전 블록이나 공구가 가공 시작점으로 이동할 때 지령해야 하고 가공 완료 후 제2원점으로 복귀할 때 인선반경을 취소한다. 인선반경 R값은 몇 가지로 구분되어 있으며 공구 인선반경 보정지령을 하기 전에 사용하는 공구의 인선 R값이 공작기계에 설정되어 있어야 한다.

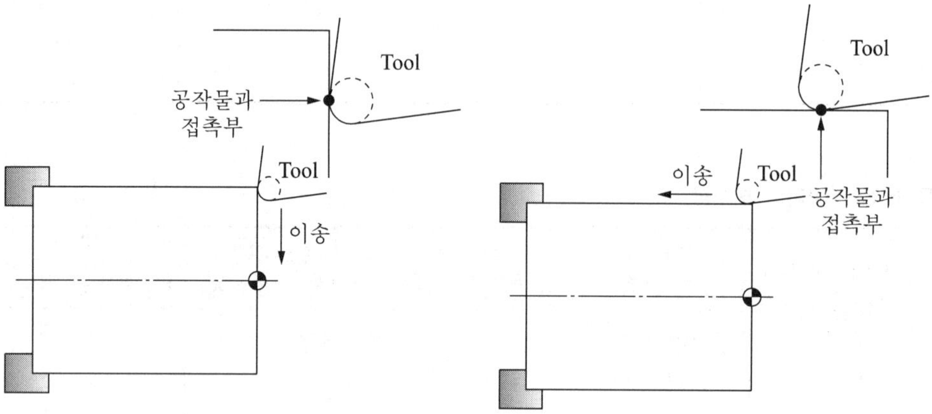

(a) 단면 가공 (b) 외경 가공

그림 4-6 단면과 외경 가공 시 공작물과 접촉하는 바이트 선단면

[지령 형식]

$$\begin{bmatrix} G41 \\ G42 \end{bmatrix} \begin{bmatrix} X\_ \\ U\_ \end{bmatrix} \begin{bmatrix} Z\_ \\ W\_ \end{bmatrix};$$

[지령 워드 의미]

G41 : 공구 인선반경 좌측 보정

G42 : 공구 인선반경 우측 보정

X, Z : 공구이동 종점의 절대좌표

U, W : 공구이동 종점의 증분좌표

1) G41 : 공구 인선반경 좌측 보정의 공구의 실제 이동경로

그림 4-7(a)와 같이 공작물에 대하여 공구가 좌측으로 이송하면서 가공할 때에는 공구 인선반경 좌측 보정에 해당하므로 G41기능을 이용하여 보정한다.

2) G42 : 공구 인선반경 우측 보정 공구의 실제 이동경로

그림 4-7(b)와 같이 공작물에 대하여 공구가 우측으로 이송하면서 가공할 때에는 공구 인선반경 우측 보정에 해당하므로 G42기능을 이용하여 보정한다.

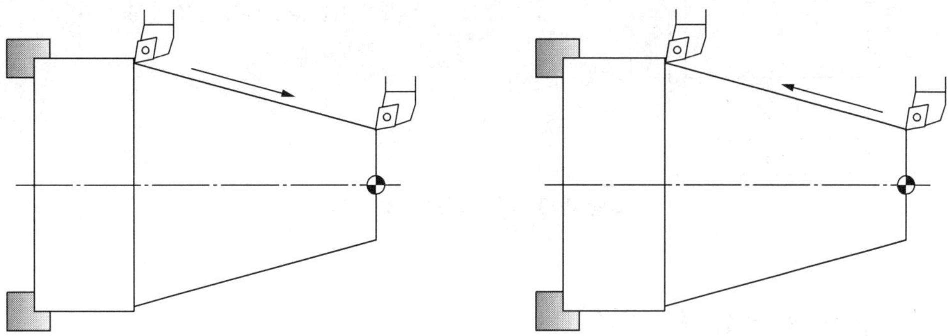

(a) 좌측 보정(G41)　　(b) 우측 보정(G42)

그림 4-7 공구의 이송방향과 인선반경 좌측 보정

[보정 시작점]

G40 Mode에서 G41이나 G42 Mode로 시작되는 Block을 Start Up Block이라 한다.

G40 X_ Z_ :

G41(G42) X_ Z_ ; Start Up Block

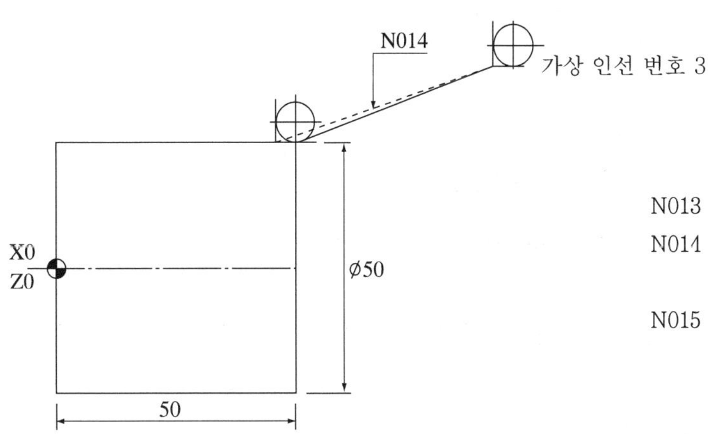


```
N013 X_  Z_ ;
N014 G42 G01 X50. ;
     Z50. F0.3 ;
N015 X_ Z_ ;
```

그림 4-8 외경 가공 보정 시작점

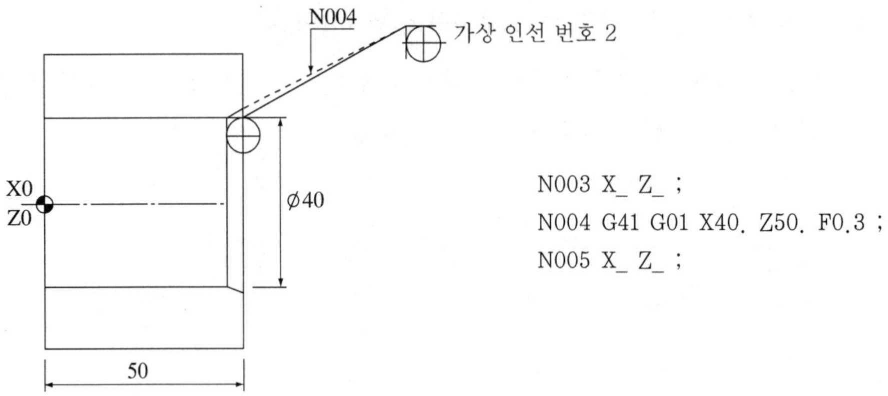

그림 4-9 내경 가공 보정 시작점

4-3. 인선 R 보정 취소(G40)

G40으로 지령하여 인선 R 보정량을 취소할 필요가 있다.

다음 그림은 소재 형상에서 공구 인선 R 보정량을 취소하고 공구를 빼내는 경우이다.

```
G40 X_  Z_  I_  K_ ;
```

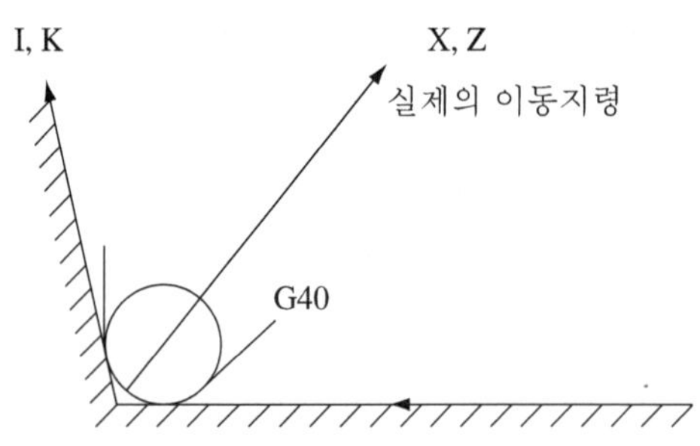

그림 4-10 보정 취소 시 실제 이동

위의 I, K값은 다음 블록의 소재 형상의 방향으로 증분치로 반경지령을 한다. I, K값은 G40과 동일 블록에 지령하여야 한다. G40이 지령되어 있지 않은 G01이 있는 블록에 I, K값을 지령하면 모따기 가공 지령이 된다. 특히 G02 G03에 I, K값을 지령하면 원호보간 지령이 된다.

```
G40 X_ Z_ I_ K_ ;
G01 X_ K_ F_ ;
G01 Z_ I_ F_ ;
G40 G02 X_ Z_ I_ K_ F_ ;
```

Offset Cancel Block에 G00(G01)같이 I, K가 지령되면 I, K값은 무시되고 방향만 나타낸다.

```
G40 G01 X_ Z_ ;
```

G40 G00 X_ Z_ I_ K_ ; 인선 R 보정이며 의미는 없고 방향만 나타낸다.

G00 X_ Z_ I_ K_ ; G40이 없고 I, K값이 지령되어 있으므로 모따기 지령이 되는데 G00 이송으로 모따기는 할 수 없고 format이 맞지 않으므로 알람이 발생한다.

1) I, K값 지령의 인선 R 보정 취소 예

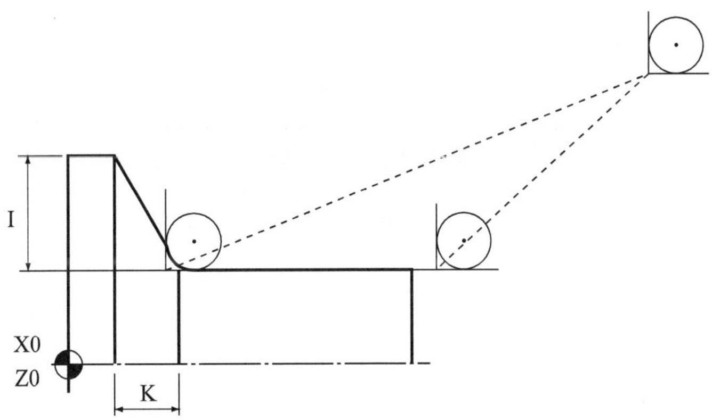

그림 4-11 I, K값 지령의 인선 R 보정 취소

```
G40 G00 X_ Z_ ;
G01       Z_ F_ ;
G40 G00 X_ Z_ I_ K_ ;
```

2) I, K값 지령치 않는 경우 보정 취소 예

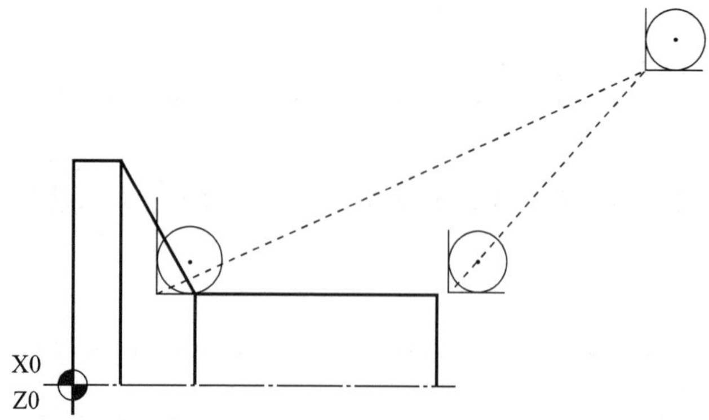

그림 4-12 I, K값 지령치 않는 경우 보정 취소

```
G42 G00 X_ Z_ ;
G01     Z_ F_ ;
G40 G00 X_ Z_ ;
```

□ 보정예제 1

가상 인선 번호	인선 보정량
3	0.8

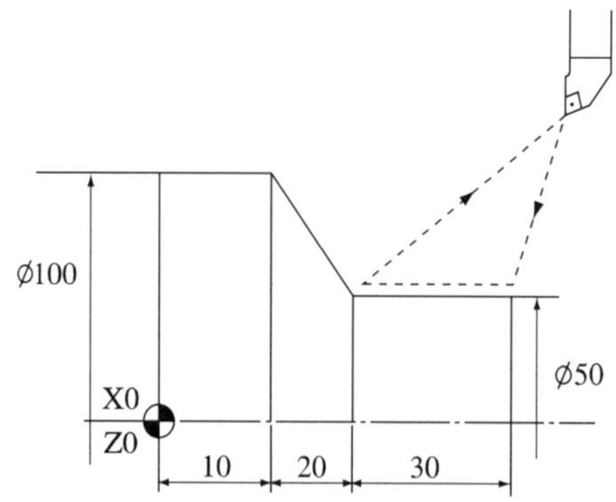

그림 4-13 공구 보정

□ 프로그램

```
G50 X150. Z150. S1200 T0100 ;
G96 S180 M03 ;
G42 G00 X50. Z65. T0101 ;
G01 Z30. F0.3 ;
G40 G00 X100. Z100. I25. K-20. ;
G27 X150. Z150. M01 ;
```

□ 보정예제 2

가상 인선 번호	인선 보정량
3	0.4

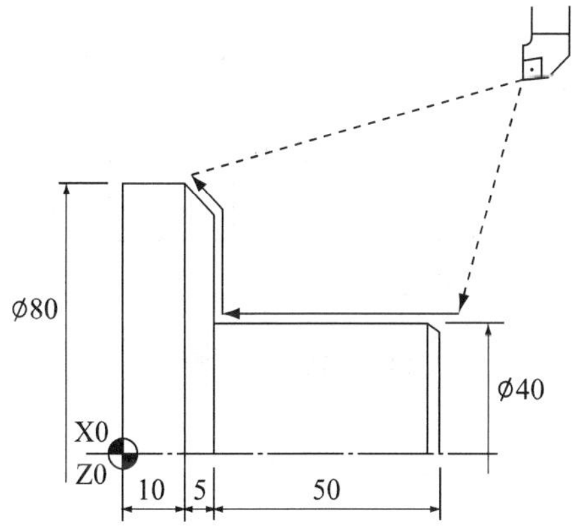

그림 4-14 공구 보정

□ 프로그램

```
G50 X150. Z100. S2500 T0100 ;
G96 S180 M03 ;
G42 G00 X40. Z65. T0101 ;
G01 X40. Z15. F0.3 ;
X70. ;
```

```
X70. ;
X80. Z10. ;
G40 G00 X100. Z90. ;
G27 X150. Z100. T0100 M05 ;
M30 ;
```

□ 보정예제 3

가상 인선 번호	인선 보정량
3	0.8

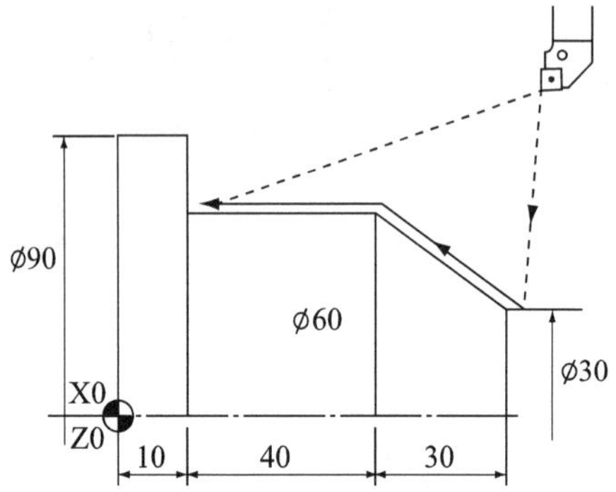

그림 4-15 공구 보정

□ 프로그램

```
G50 X150. Z100. S2300 T0100 ;
G96 S180 M03 ;
G42 G00 X30. Z80. T0101 ;
G01 X60. Z50. F0.3 ;
Z10. ;
G40 G00 X100. Z85. K15. ;
G28 U0. W0. T0100 M01 ;
```

□ 보정예제 4

가상 인선 번호	인선 보정량
3	0.8

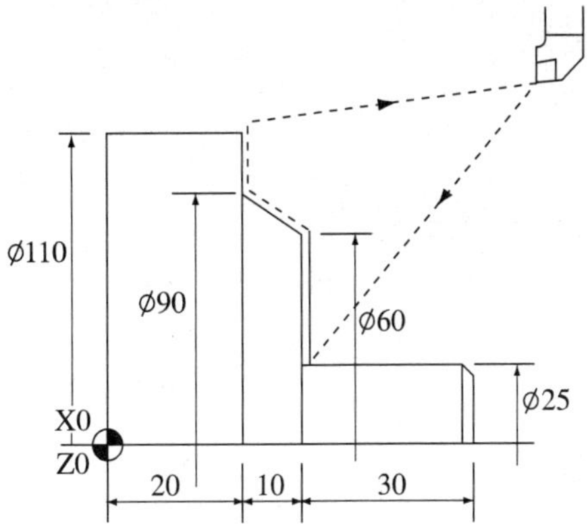

그림 4-16 공구 보정

□ 프로그램

```
G30 U0. W0. ;
G50 X130. Z100. S1500 T0100 ;
G96 S180 M03 ;
G42 G00 X25. Z30. T0101 ;
G01 X60. F0.3 ;
X90. K-10. ;
G01 X110. ;
G40 G00 X115. Z80. ;
G30 U0. W0. T0100 M05 ;
M30 ;
```

□ 보정예제 5

가상 인선 번호	인선 보정량	가공 방법
3	0.3	사상

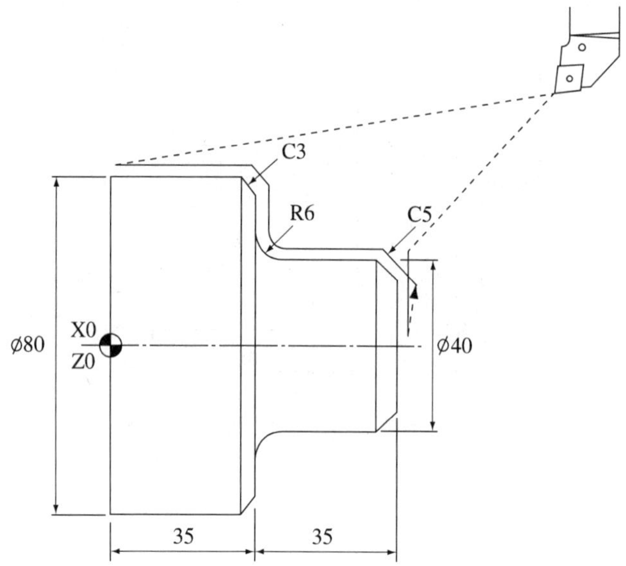

그림 4-17 공구 보정

□ 프로그램

```
O0001 ;
G28 U0. W0. ;
G50 X270. Z220. S3000 T0100 ;
G96 S180 M03 ;
G00 X45. Z70. T0101 M08 ;
G01 X0. F0.3
G42 G00 X26. Z72. ;
G01 X40. Z65. ;
Z41. ;
G02 X46. Z35. R6. ;
G01 X74. ;
```

```
X80. Z32. ;
Z5. ;
G40 G00 X85. K-1. M09 ;
G28 X270. Z220. T0100 M05 ;
M30 ;
```

□ 보정예제 6

가상 인선 번호	인선 보정량	가공 방법
2	0.4	사상

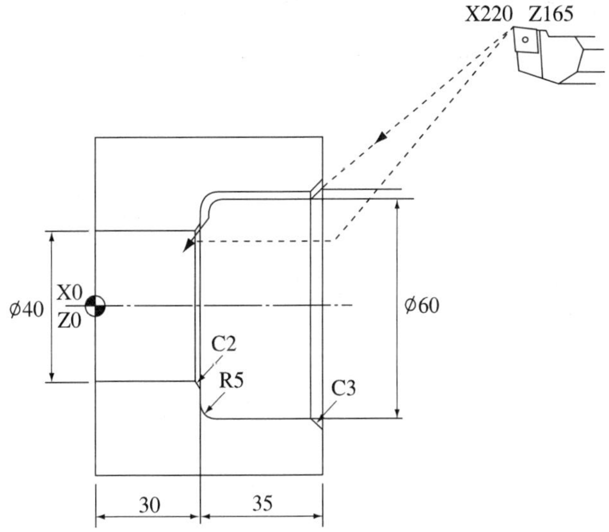

그림 4-18 공구 보정

□ 프로그램

```
O0002 ;
G30 U0. W0. ;
G50 X220. Z165. S1300 T0200 ;
G96 S160 M03 ;
G41 G00 X72. Z68. T0202 M08 ;
```

```
G01 X60. Z62. F0.25 ;
Z35. ;
G02 X50. Z30. R5. ;
G01 X44. ;
X38. Z27. ;
G40 G00 Z70. K-1. M09 ;
G30 X220. Z165. T0200 M06 ;
M30 ;
```

□ 보정예제 7

가상 인선 번호	인선 보정량	가공 방법
3	0.8	사상

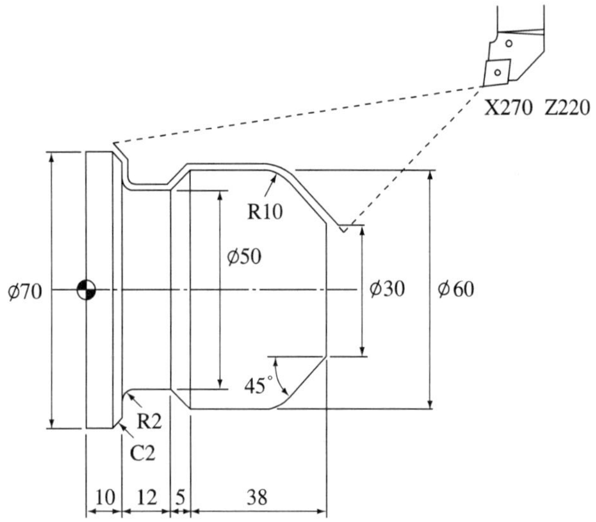

그림 4-19 공구 보정

□ 프로그램

```
O0003 ;
G28 U0. W0. ;
G50 X270 Z220. S1900 T0100 ;
G96 S180 M03 ;
G42 G00 X20. Z70. T0101 M08 ;
G01 X54.140  Z52.93 F0.3 ;
G03 X60. Z47.07 R10. ;
G01 Z27. ;
X50. Z22. ;
Z10. R2. ;
X74. K-4. ;
G01 Z6. ;
G40 G00 X15. Z150. K-1. M09 ;
G28 U0. W0. T0100 M05 ;
M30 ;
```

4-4. 공구의 가상 인선

가상 인선이란 실제로는 존재하지 않는 점으로 프로그램에 의해 공구가 지령된 좌표의 위치로 이동할 때 그 기준이 되는 공구의 기준점을 공구의 가상점이라 한다. 가상 인선은 프로그램에서의 이동경로와 실제 공구의 노즈 반경에 의한 공작물과의 실제 접촉 위치가 달라지므로 이를 보정하여 일치시켜야 한다.

가상점의 위치는 공구의 인선에 접하는 가상의 수평선과 수직선이 만나는 교점이며 인선반경 R의 크기와는 무관하나 R값이 큰 공구일수록 가상전과 공구 인선과의 거리는 더 멀어진다.

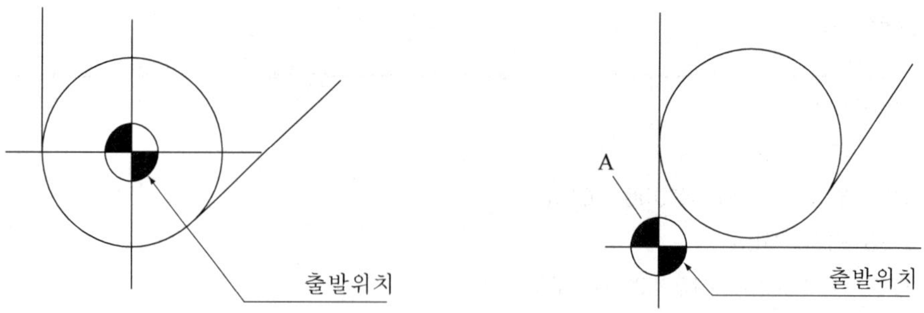

인선 중심을 출발점 위치에 일치시킨 경우 / 인선을 출발점 위치에 일치시킨 경우

그림 4-20 인선의 출발점

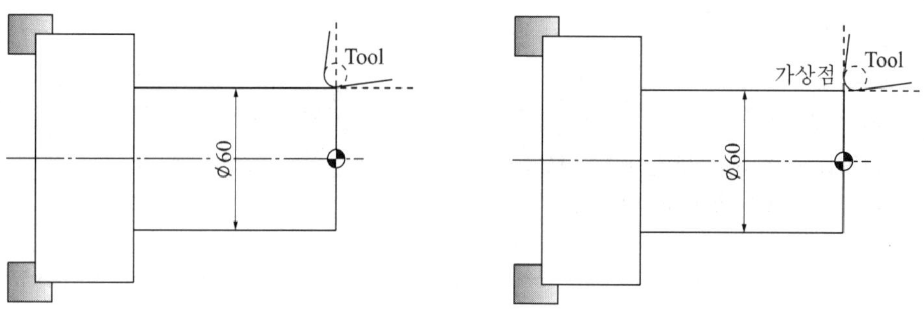

(a) 인선반경 보정(G41, G42) / (b) 인선반경 미보정(G40)

그림 4-21 공구의 인선반경(R)의 보정 여부에 따른 공구의 위치

다음은 가상 인선에 따른 가상 인선 번호를 의미한다.

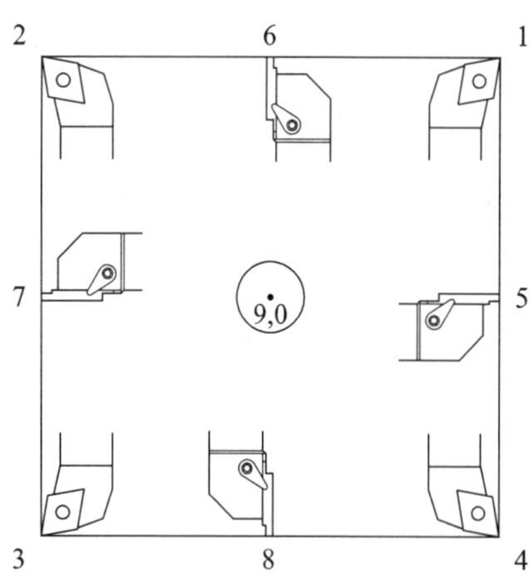

그림 4-22 공구의 인선방향과 번호

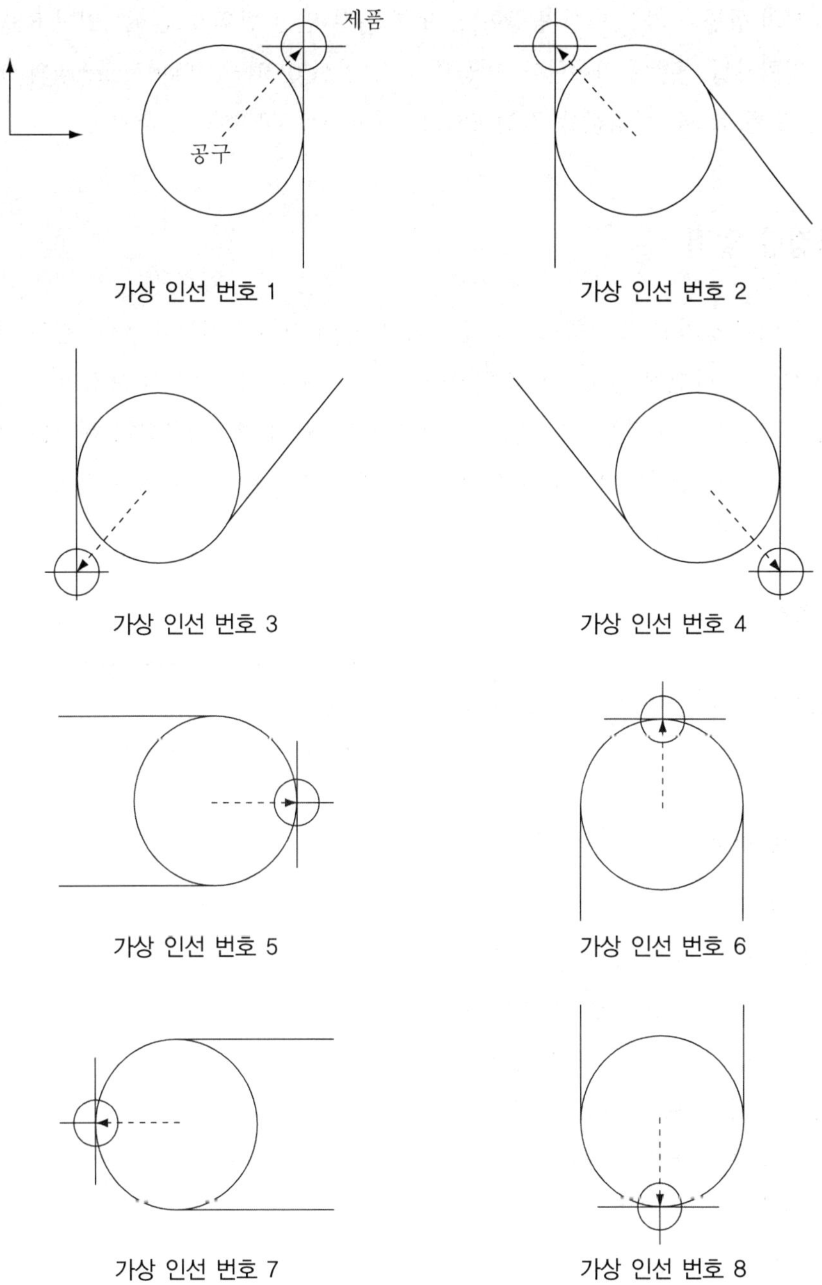

그림 4-23 인선 중심을 출발점

인선 R 중심에서 본 가상 인선의 방향은, 절삭 시의 공구 방향에 따라 결정되므로 보정량과 같이 미리 설정한다. 가상 인선의 방향은 이상의 8가지 가운데서 선택하며 화살표 표시의 방향이 가상 인선 방향이다. 또한 가상 인선 번호 0 및 9는 인선 R 중심을 출발점에 일치시킬 경우에 사용한다. 이들의 가상 인선 0-9를 Offset Memory의 OFT에 설정한다. 또한 Nose 반경값을 직접 Offset Memory OFR에 설정한다.

4-5. 보정량 입력

터릿 공구대에 장착된 모든 공구는 기준 공구와 길이 차이를 갖는다. 이와 같은 차이로 인한 가공오차를 사전에 방지하여 정밀가공을 하기 위해서는 각각의 보정번호에 기준 공구와의 차이값만큼 보정량으로 설정해주어야 한다. 이때 보정량을 설정해주는 방법은 공작기계의 옵셋(보정)화면에 작업자가 직접 수동 입력하는 방법과 다음과 같이 프로그램 지령에 의한 방법이 있다.

[지령 형식]

$$G10\ P\_\ \begin{bmatrix} X\_ \\ U\_ \end{bmatrix} \begin{bmatrix} Z\_ \\ W\_ \end{bmatrix} \begin{bmatrix} R\_ \\ C\_ \end{bmatrix} Q\_\ ;$$

[지령 워드 의미]

P : 보정번호
X : X축 방향의 보정(옵셋)량 절대치
Z : Z축 방향의 보정(옵셋)량 절대치
U : X축 방향의 보정(옵셋)량 증분치
W : Z축 방향의 보정(옵셋)량 증분치
R : 공구의 인선반경 절대치
C : 공구의 인선반경 증분치
Q : 공구의 가상 인선 번호

Chapter 5
보조기능(M Function)

보조기능은 기계의 보조장치들을 제어하는 기능과 프로그램을 제어하는 기능이 있다. 어드레스 M에 연속하여 2행의 숫자로 지령하며, 프로그램을 제어하는 기능으로는 M01, M02, M30, M98, M99 등이 있다. M Code는 한 블록에 1개씩만 유효하며 2개 이상 지령되면 뒤에 지령한 M기능이 유효하게 지령됨을 유의해야 한다.

이동지령과 M Code를 한 블록에서 지령했을 경우, 지령 수행방법은 다음 2가지가 있다.

① 이동지령과 보조기능을 동시에 개시

② 이동지령이 종료된 후 보조기능 개시

G01 U-100. W50. M05 ; (주축 정지기능)

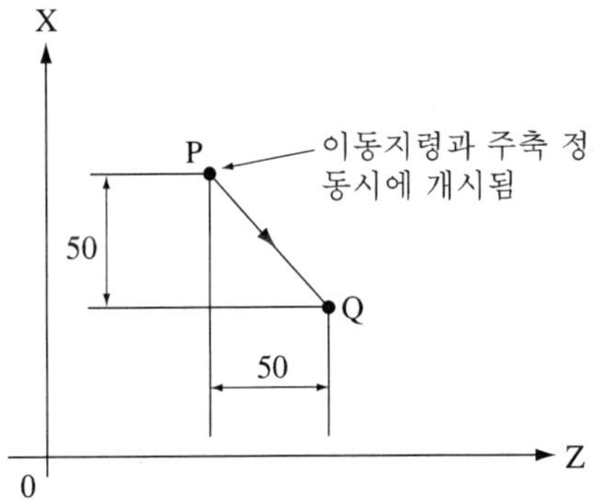

그림 5-1 ①의 예

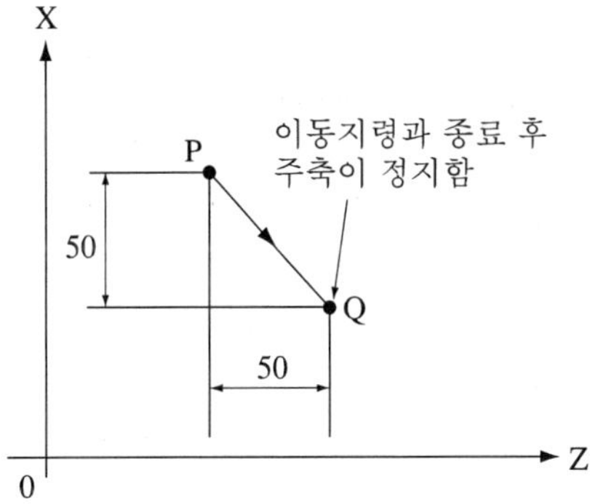

그림 5-2 ②의 예

보조기능의 종류는 표 5-1과 같다.

표 5-1 보조기능

M Code	기능	의미
M00	Program Stop	자동운전 중 M00이 지령되면 자동운전이 정지된다. Single Block 정지와 같이 Modal 정보는 계속 유효하며, Cycle start Button을 누름으로써 자동이 계속 진행된다.
M01	Optional Stop	M00기능과 동일하며, 이 기능은 유효한 스위치(Option Stop Switch)를 ON으로 했을 때 유효하다. Switch를 넣지 않을 경우 이 지령은 무시된다.
M02	End of Program	프로그램의 종료를 나타내는 지령으로, 그 블록의 동작이 완료된 후 주축 및 절삭유는 정지된다. Reset Button을 누르므로 프로그램 선두가 나타난다.
M03	Spindle Forward	주축 정회전
M04	Spindle Reverse	주축 역회전
M05	Spindle Stop	주축 정지
M06	Tail Stock Advance	심압대 전진
M07	Tail Stock Retreat	심압대 후진
M08	Coolant On	절삭유 ON
M09	Coolant Off	절삭유 OFF
M10	Spindle Forward & Coolant On	주축 정회전과 절삭유 ON
M11	Spindle Reverse & Coolant On	주축 역회전과 동시 절삭유 ON
M12	Spindle Forward & Coolant Off	주축 정지 및 절삭유 OFF
M13 M14	Bar Feeder Advance Bar Feeder Reverse	척 클램핑 척 언클램핑
M22	Auto Door Open	도어가 자동으로 열림
M23	Auto Door Close	도어가 자동으로 닫힘
M28 M29	2nd Spindle Selection 2nd Spindle Cancel	주축은 정지하여 고정되고 기계는 운전을 개시할 준비가 된다. 주축은 Lock이 풀리고 기계는 회전을 멈춘다.
M30	End Of Tape(Program) Tape Rewind	프로그램이 종료됨과 동시에 프로그램은 동시에 첫머리로 복귀한다.
M41 M42	Low Gear High Gear	기어 저속, 황삭 가공에 사용되는 회전수 범위 (20~1090 rpm) : ECO2 기준 기어 고속 사상 가공의 회전수 범위 (480~3200 rpm) : ECO2 기준

표 5-1 보조기능(계속)

M Code	기능	의미
M50 M51 M52 M52 M54	Tool Counter 1 Tool Counter 2 Tool Counter 3 Tool Counter 4 Tool Counter 5	가공 ITEM에 대해 Tool 수명 한계값을 Setting하여 일정한 시기에 공구를 교환하게 하는 기능
M60 M61	Rest Clamp Rest Unclamp	방진 구 Clamp 방진 구 Unclamp
M63	Auto Loader Call	Auto Loader를 호출하는 기능
M68 M69	Chuck Tighten Chuck Loosen	Chuck Jaw가 공작물을 문다. Chuck Jaw가 공작물을 풀어 준다.
M70 M71	Orientation Command Orientation Cancel	Spindle을 정지시킬 때 항상 제 위치에 도달하도록 하는 기능
M98 M99	Sub Program Call End Of Sub Program	Main Program 도중 Sub program을 호출하는 기능 Sub program 종료 시 사용하며, 계속 반복한다.
M94	Automatic Offset Call	자동 Offset 보정 Call(외부 측정기)

Chapter 6

고정 사이클

선삭 가공에서 보통 3~4블록 이상으로 지령해야 하는 일련의 과정을 1블록으로 지령할 수 있다. 동일한 형태의 가공이 반복되는 경우에 변경되는 좌표위치만 지령함으로써 프로그램을 간략하게 작성하는 데 고정 사이클은 매우 유용하게 편리한 기능을 제공한다.

6-1. 내 · 외경 절삭 사이클(G90)

프로그램에 지령된 절입량만큼 공구가 절입되어 내 · 외경면을 자동으로 반복가공한다. 공구는 지령된 절입 깊이(X방향)만큼 급속 이송하고, 지령된 절삭 길이(Z방향)만큼 이송속도 F로 이동하면서 가공한다.

테이퍼 가공을 할 때에는 테이퍼량에 따라 R지령을 포함하여 지령한다.

[지령 형식]

$$\text{G90} \begin{bmatrix} \text{X\_} \\ \text{U\_} \end{bmatrix} \begin{bmatrix} \text{Z\_} \\ \text{W\_} \end{bmatrix} \text{R\_ F\_ ;}$$

[지령 워드 의미]

X, Z : 가공 종점의 절대좌표

U, W : 가공 종점의 증분좌표

R : 테이퍼 가공 시 테이퍼량(±, 반경값)

F : 이송속도(mm/rev)

[공구 이동경로]

그림 6-1과 같이 공구는 가공 초기점 ①에서 절입하여 사이클을 시작하고 다시 가공

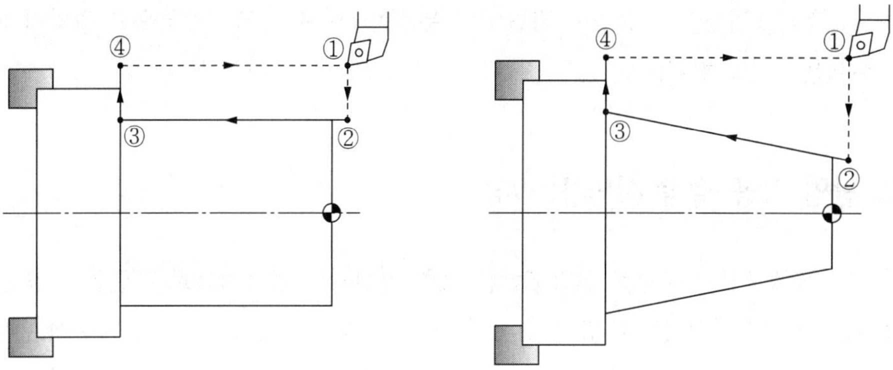

(a) 수평가공 시　　　(b) 테이퍼 가공 시

그림 6-1 내·외경 절삭 사이클 시 공구의 이동경로

초기점 ①로 복귀하면서 절입, 가공, 이탈, 복귀의 한 사이클을 실행한다. 공구의 이동경로는 ① → ② → ③ → ④ → ①이다. X방향으로 절입량이 계속 지령되면 ②와 ③의 위치만 달라지고 사이클은 반복 실행된다.

① → ② 급속이송
② → ③ 지령된 F로 이송
③ → ④ 지령된 F로 이송
④ → ① 급속이송

[테이퍼 형태에 따른 R지령 부호]

그림 6-2와 같이 테이퍼 가공 종점 ③을 기준으로 하여 ②점의 위치에 따라 절입되는

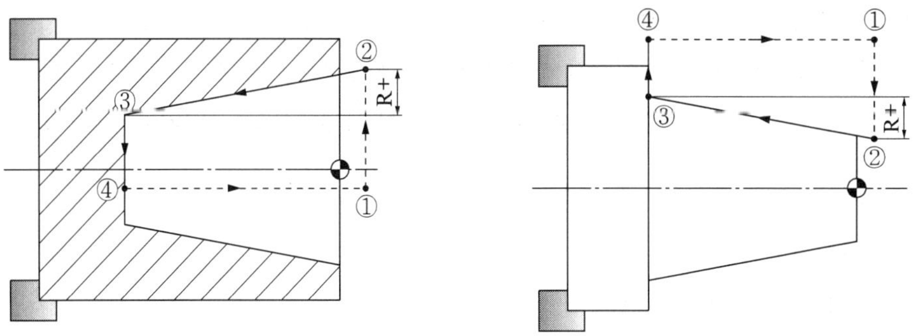

(a) R값이 +인 경우　　　(b) R값이 −인 경우

그림 6-2 테이퍼량 R의 부호

방향이 X축의 +방향으로 절입이 되면 R의 부호는 "+"로 하고 −방향으로 절입이 되면 R의 부호는 "-"로 한다.

6-2. 단면 가공 절삭 사이클(G94)

공구가 프로그램에 지령된 절입량만큼 자동 절입되어 반복적으로 단면을 가공한다.

공구는 지령된 절입 깊이(Z방향)로 급속 이송한 후 이송속도 F로 이동하면서 단면을 반복적으로 가공한다. 테이퍼 단면 가공을 할 때에는 테이퍼량 R을 포함하여 지령한다.

[지령 형식]

$$\text{G94} \begin{bmatrix} \text{X\_} \\ \text{U\_} \end{bmatrix} \begin{bmatrix} \text{Z\_} \\ \text{W\_} \end{bmatrix} \text{R\_ F\_ ;}$$

[지령 워드 의미]

X, Z : 가공 종점의 절대좌표
U, W : 가공 종점의 증분좌표
R : 테이퍼 가공 시 테이퍼량(±, 반경값)
F : 이송속도(mm/rev)

[공구 이동경로]

그림 6-3과 같이 공구가 이동하는 순서는 ① → ② → ③ → ④ → ①이다. 가공 초기점 ①에서 절입을 시작하여 단면 가공 후 다시 초기점 ①로 복귀하면서 한 사이클이 종료된다. 2회, 3회 또는 그 이상의 절입량이 계속 지령되면 자동으로 사이클을 반복한다. 이때 ②, ③, ④ 지점의 위치는 달라지나 초기점 ①의 위치는 변하지 않는다.

① → ② 급속이송
② → ③ 지령된 F로 이송
③ → ④ 지령된 F로 이송
④ → ① 급속이송

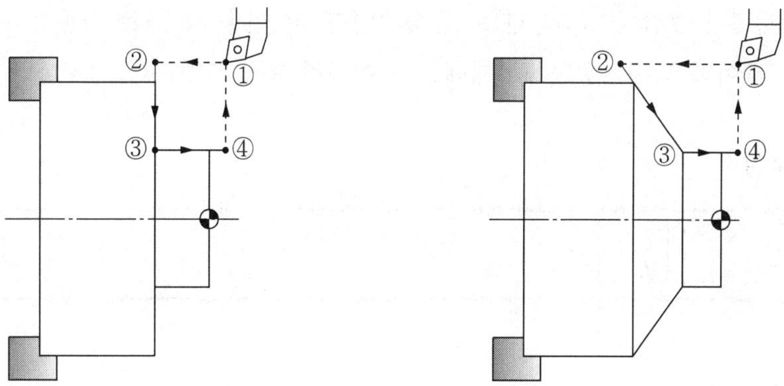

(a) 수직 단면 가공　　　　　(b) 테이퍼 단면 가공

그림 6-3 단면 가공 시 공구의 이동경로

테이퍼량 R의 부호는 테이퍼 가공을 위해 공구가 절입되는 방향에 따라 결정된다. 즉, 그림 6-4와 같이 테이퍼 가공 종점 ③을 기준으로 하여 ②점의 위치에 따라 결정이 된다. 사이클 초기점 ①에서 ②점으로 진행되는 방향이 Z축의 +방향이면 R의 부호는 "+"로 결정되고 -방향이면 R의 부호는 "-"로 결정된다.

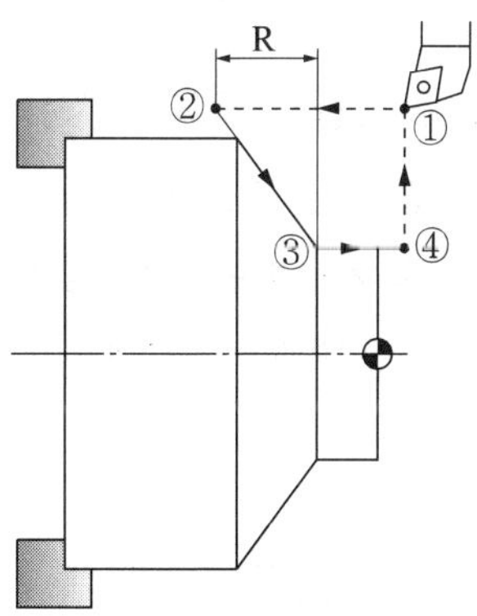

그림 6-4 테이퍼량 R의 부호

6-3. 나사 절삭 사이클(G92)

공구가 프로그램에 지령된 절입량만큼 자동으로 절입되면서 반복적으로 내·외경 나사를 가공한다.

공구는 지령된 절입 깊이(X방향)로 급속 이송한 후 이송속도 F로 이동하면서 나사를 가공한다. 테이퍼 나사가공을 할 때에는 테이퍼량 R을 포함하여 지령한다.

[지령 형식]

$$G92 \begin{bmatrix} X\_ \\ U\_ \end{bmatrix} \begin{bmatrix} Z\_ \\ W\_ \end{bmatrix} R\_ \ F\_ \ ;$$

[지령 워드 의미]

X : 나사가공 종점의 X축 절대좌표(1회 절입 시 나사의 골지름)

U : 나사가공 종점의 X축 증분좌표(1회 절입 시 나사의 골지름)

Z : 나사가공 종점의 Z축 절대좌표

W : 나사가공 종점의 Z축 증분좌표

R : 테이퍼 가공시 테이퍼량(±, 반경값)

F : 이송속도(mm/rev) 또는 나사의 리드

[공구 이동경로]

그림 6-5와 같이 공구는 가공 초기점 ①에서 절입하여 사이클을 시작하고 다시 가공 초기점 ①로 복귀하면서 한 사이클이 종료된다. 공구가 이동하는 경로는 ① → ② → ③ → ④ → ①이다. 절입량이 계속 지령되면 ②와 ③지점의 위치만 달라지고 사이클은 반복 실행된다. 이것은 G90 기능의 공구 이동경로와 동일하다. 단, G92 기능은 나사가공

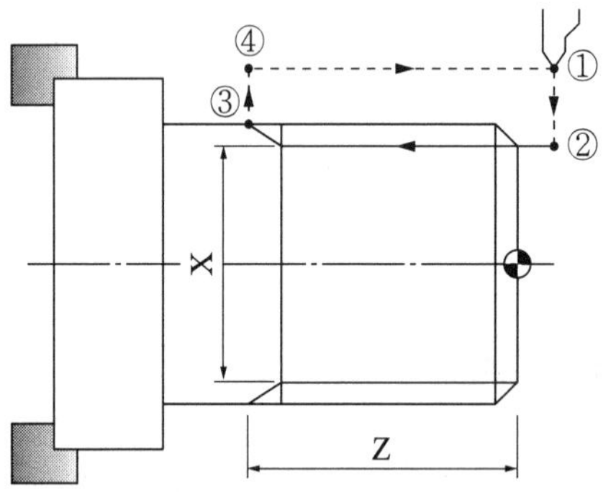

그림 6-5 수평 나사가공 시 공구의 이동경로

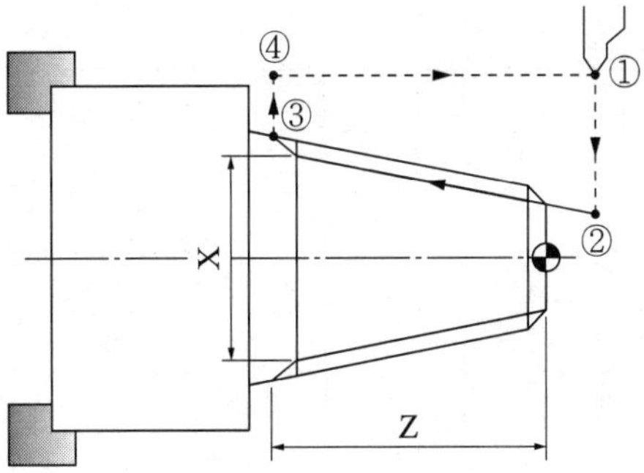

그림 6-6 테이퍼 나사가공 시 공구의 이동경로

의 Z축 방향 종점 ③ 지점을 기준으로 1피치 전에 45° 각도로 빠져나온다. 나사가공은 1회의 절입으로 완성할 수 없기 때문에 반복적으로 절입량을 주어 나사가공을 완성한다. 나사가공의 절입횟수와 절입량은 작업자의 경험 또는 핸드북을 참고로 한다.

① → ② 급속이송
② → ③ 지령된 F로 이송
③ → ④ 급속이송
④ → ① 급속이송

나사 절삭 시 매회당 절입 깊이는 아래 도표와 같이 분할하여 절입하면 적합하다. 절입량은 반경치이므로 직경치로 환산하여 절입하여야 한다.

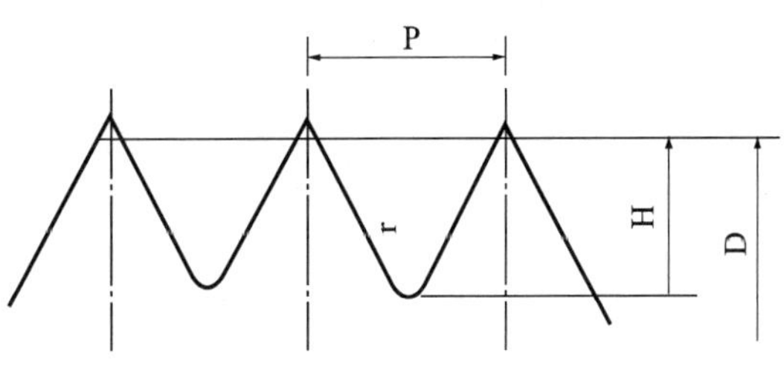

P : Pitch
D : 외경
H : 나사 높이
r : 골부

표 6-1 미터나사

P	1.00	1.25	1.50	1.75	2.00	2.50	3.00	3.50	4.00
H	0.65	0.81	0.97	1.13	1.30	1.62	1.95	2.27	2.60
r	0.11	0.14	0.16	0.22	0.20	0.27	0.33	0.38	0.43
1	0.30	0.30	0.35	0.40	0.40	0.40	0.40	0.40	0.40
2	0.20	0.20	0.20	0.25	0.25	0.30	0.30	0.30	0.30
3	0.10	0.20	0.20	0.25	0.25	0.25	0.25	0.25	0.30
4	0.05	0.06	0.10	0.10	0.20	0.25	0.25	0.25	0.25
5		0.05	0.07	0.08	0.10	0.15	0.25	0.25	0.25
6			0.05	0.05	0.05	0.15	0.20	0.20	0.25
7					0.05	0.07	0.10	0.20	0.25
8						0.05	0.10	0.15	0.20
9							0.05	0.15	0.20
10							0.05	0.07	0.10
11								0.05	0.05
12									0.05

표 6-2 인치나사

T. P. I	24	20	18	16	14	12	10	8	6
P	1.058	1.270	1.411	1.588	1.814	2.117	2.540	3.175	4.233
H	0.68	0.81	0.90	1.02	1.16	1.36	1.63	2.03	2.17
r	0.15	0.17	0.19	0.22	0.25	0.29	0.35	0.44	0.58
1	0.30	0.30	0.35	0.35	0.40	0.40	0.40	0.40	0.40
2	0.20	0.20	0.20	0.25	0.25	0.25	0.30	0.30	0.30
3	0.10	0.20	0.20	0.20	0.25	0.25	0.25	0.25	0.30
4	0.05	0.06	0.10	0.10	0.10	0.20	0.25	0.25	0.25
5	0.03	0.05	0.05	0.07	0.10	0.15	0.15	0.25	0.25
6				0.05	0.06	0.06	0.15	0.20	0.25
7						0.05	0.08	0.15	0.25
8							0.05	0.10	0.20
9								0.08	0.20
10								0.05	0.10
11									0.60
12									0.05
13									

예제 6 아래 도면과 같이 나사가공을 하려고 한다. G92 기능을 사용하여 프로그램을 작성하시오. 단, 제2원점의 좌표 X150. Z200., 회전수 500 rpm, 피치는 2 mm, 3번 공구사용, 1회 절입량 0.5 mm, 2회 절입량 0.25 mm, 3회 절입량 0.25 mm, 4회 절입량 0.19 mm로 한다.

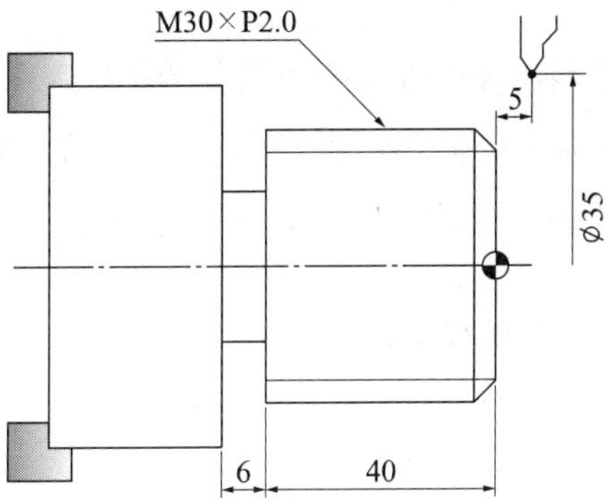

그림 6-7 나사가공

□ 프로그램

```
O0010;
G30 U0. W0.;
G50 X150. Z200. S3000 T0300;
G97 S500 M03;
G00 X35. Z5. T0303 M08;
G92 X29. Z-43. F2.; (1줄 나사, 피치 2 mm이므로 나사의 리드 F는 2 mm)
X28.5;
X28.;
X27.62;
G00 X150. Z200. T0300 M09;
M05;
M02;
```

6-4. 내 · 외경 황삭 사이클(G71)

프로그램을 보다 용이하게 작성하기 위해 여러 종류의 고정 사이클이 사용된다. 제품의 최종형상과 절삭 깊이 등의 절삭조건을 지정하면 자동으로 공구 경로가 결정되어 가공을 수행하게 된다.

지령된 가공조건에 의해 부품의 최종 윤곽을 자동으로 내 · 외경 황삭 가공하는 기능이다. 사이클이 종료될 때까지 공구는 자동으로 절입, 가공, 후퇴, 복귀의 과정을 반복하되 X, Z방향 정삭 여유량은 가공하지 않고 남겨놓는다.

[11T가 아닌 경우의 지령 형식]

```
G71 U△d R e ;
G71 P ns Q nf U △u W △w F f ;
```

[지령 워드 의미]

U△d : X방향 가공 절입량(절삭 깊이)

Re : 1가공 후 후퇴량(도피량)

Pns : 내 · 외경 황삭 가공의 시작 전개번호

Qnf : 내 · 외경 황삭 가공의 종료 전개번호

U△u : X축 방향 다듬질 가공 여유량

W△w : Z축 방향 다듬질 가공 여유량

Ff : 가공 이송속도

[11T의 지령 형식]

```
G71 P ns Q nf U △u W △w D △d F f ;
```

[지령 워드 의미]

Pns : 내 · 외경 황삭 기공의 시작 전개번호

Qnf : 내 · 외경 황삭 가공의 종료 전개번호

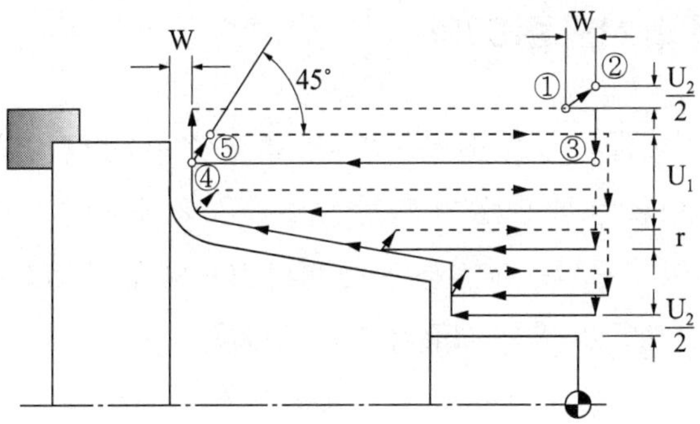

그림 6-8 내 · 외경 황삭가공 사이클의 공구 이동경로

U△u : X축 방향 다듬질 가공 여유량

W△w : W축 방향 다듬질 가공 여유량

D△d : 1회 가공 절입량(절삭 깊이)

Ff : 가공 이송속도

[정삭 여유량 부호]

정삭 여유량의 부호는 정삭가공이 완료된 최종 형상라인을 기준으로 X, Z 각 방향의 여유량이 +방향으로 남아 있으면 "+" 부호를, −방향으로 남아 있으면 "−" 부호로 지령한다.

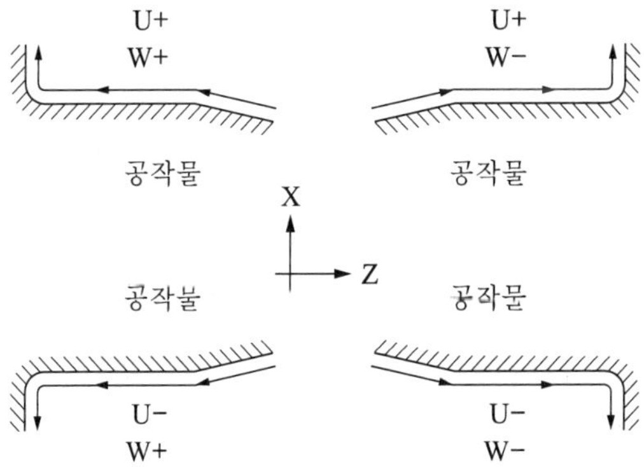

그림 6-9 정삭 여유량의 부호 결정

6-5. 내·외경 정삭 사이클(G70)

G71, G72, G73 사이클 지령을 실행하면 X방향 정삭 여유량과 Z방향 정삭 여유량이 남게 된다. G70 사이클은 남아 있는 정삭 여유량을 가공하는 사이클이다.

내·외경 정삭 사이클 구역을 지정하는 첫 번째 블록의 전개 번호에서 마지막 블록의 전개 번호까지의 X, Z방향 정삭 여유량을 가공한다.

단, 홈가공, 나사가공 등은 별도의 프로그램을 작성하여 실행하여야 한다.

[지령 형식]

```
G70 P ns Q μf F__ ;
```

[지령 워드 의미]

ns : 고정 사이클 구역을 지정하는 첫 번째 블록의 시퀀스 번호

μf : 고정 사이클 구역을 지정하는 마지막 블록의 시퀀스 번호

F : 정삭가공의 이송속도(mm/rev)

[공구 이동경로]

그림 6-10과 같이 공구는 남아 있는 X, Z방향 정삭 여유량을 가공 후 가공 초기점 ① 지점으로 복귀한다.

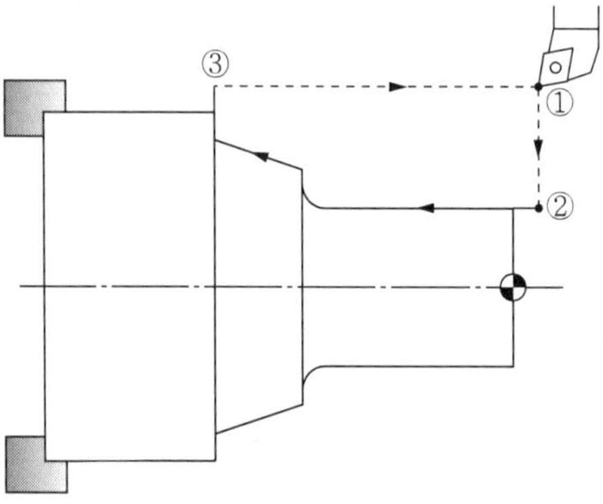

그림 6-10 내·외경 정삭 사이클의 공구 이동경로

예제 7 다음 도면을 보고 내·외경 정삭 사이클로 가공하기 위한 프로그램을 작성하시오.

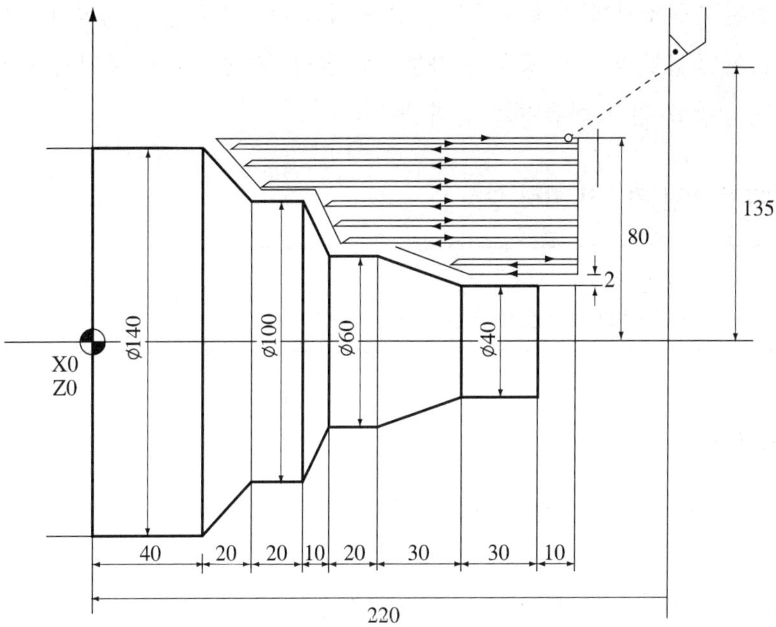

그림 6-11 내·외경 정삭 사이클

□ 프로그램

```
N010 G50 X270. Z220. S2000 T0100 ;
N011 G96 G00 X160. Z180. T0101 S150 M03 ;
N012 G71 U7.0 R1.0 ;
N013 G71 P14 Q20 U4. W2. F0.3 ;
N014 G00 X40. F0.25 ;
N015 G01 W-40. ;
N016 X60. W-30. ;
N017 W-20. ;
N018 X100. W-10. ;
N019 W-20. ;
N020 X140. W-20. ;
N021 G70 P14 Q20 ;
```

6-6. 단면 황삭 사이클(G72)

지령된 가공조건에 의해 부품의 최종 윤곽을 자동으로 단면 황삭가공하는 기능이다. 사이클이 종료될 때까지 공구는 자동으로 절입, 가공, 후퇴, 복귀의 과정을 반복하되 X방향, Z방향 정삭 여유량은 남겨 놓는다.

[11T가 아닌 경우의 지령 형식]

```
G72 W△d R e ;
G72 P ns Q nf U △u W △w F f ;
```

[지령 워드 의미]

W△d : Z방향 가공 절입량(절삭 깊이)

Re : 1가공 후 후퇴량(도피량)

Pns : 내・외경 황삭 가공의 시작 전개번호

Qnf : 내・외경 황삭 가공의 종료 전개번호

U△u : X축 방향 다듬질 가공 여유량

W△w : Z축 방향 다듬질 가공 여유량

Ff : 가공 이송속도

[11T의 지령 형식]

```
G72 P ns Q nf U △u W △w D △d F f ;
```

[지령 워드 의미]

Pns : 내 ・외경 황삭 가공의 시작 전개번호

Qnf : 내・ 외경 황삭 가공의 종료 전개번호

U△u : X축 방향 다듬질 가공 여유량

W△w : W축 방향 다듬질 가공 여유량

D△d : 1회 가공 절입량(절삭 깊이)

Ff : 가공 이송속도

[공구 이동경로]

공구는 ① 지점에서 45° 각도로 ② 지점으로 이동하고 지령된 절입량만큼 ③ 지점으로 급속 이송 후 F 이송속도로 이동하면서 ④ 지점까지 수직 황삭가공한 다음 45° 각도로 공구 도피량 ⑤ 지점까지 후퇴하는 사이클을 반복 실행한다. 가공이 종료되면 공구는 가공 초기점으로 복귀한다.

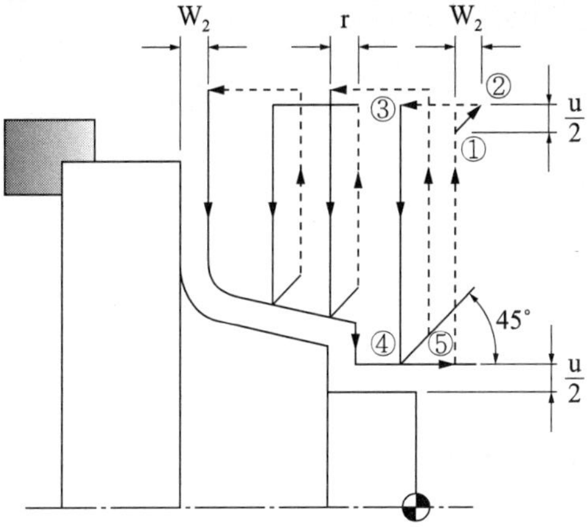

그림 6-12 단면 황삭 사이클의 공구 이동경로

(1) 정삭 여유량 부호

내・외경 황삭 사이클 G71 기능과 동일한 방법으로 결정한다.

예제 8 다음 도면을 보고 단면 황삭 사이클로 가공하기 위한 프로그램을 작성하시오.

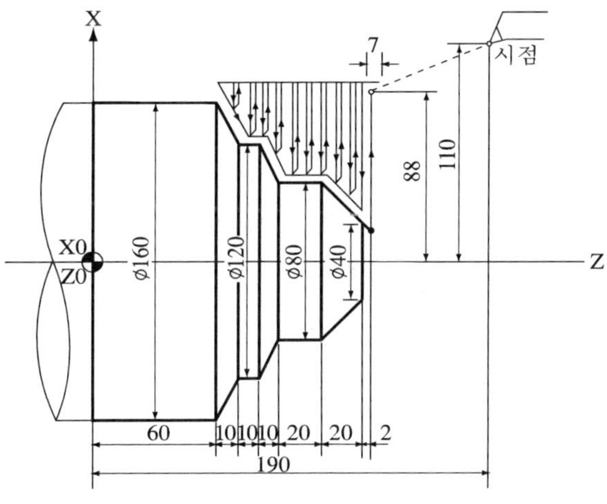

그림 6-13 단면 황삭 사이클

□ 프로그램

```
N010 G50 X220. Z190. S2000 T0100 ;
N011 G96 G00 X176. Z132. S150 T0101 M03 ;
N012 G72 P14 Q019 U4. W2. F0.3 S55 ;
N013 G00 Z60 ;
N014 G01 X120. W10. F0.15 ;
N015 W10. ;
N016 X80. W10. ;
N017 W20. ;
N018 X36. W22. ;
N019 G70 P14 Q19 ;
```

6-7. 복합 절삭 사이클(G73)

[11T가 아닌 경우의 지령 형식]

```
G73 U△d' W△w' Re ;
G73 Pns Qnf U△u W△w Ff ;
```

[지령 워드 의미]

U△d′ : X방향 가공량

W△w′ : Z방향 가공량

Re : 1가공 후 후퇴량(도피량)

Pns : 내・외경 황삭 가공의 시작 전개번호

Qnf : 내・외경 황삭 가공의 종료 전개번호

U△u : X축 방향 다듬질 가공 여유량

W△w : Z축 방향 다듬질 가공 여유량

Ff : 가공 이송속도

[11T의 지령 형식]

```
G73 Pns Qnf Ii Kk U△u W△w D△d Ff ;
```

[지령 워드 의미]

Pns : 내・외경 황삭 가공의 시작 전개번호

Qnf : 내・외경 황삭 가공의 종료 전개번호

Ii : X축 방향 다듬질 가공 여유량

Kk : W축 방향 다듬질 가공 여유량

U△u : X축 방향 다듬질 가공 여유량

W△w : W축 방향 다듬질 가공 여유량

D△d : 1회 가공 절입량(절삭 깊이)

Ff : 가공 이송속도

G73 지령은 일정의 절삭 Pattern을 조금씩 변경시켜 가면서 반복하여 절삭하는 것이다.

[공구 이동경로]

공구는 ① 지점에서 45° 각도로 ② 지점으로 이동한 다음 지령된 절입량만큼 ③ 지점으로 급속 이송 후 지령된 F 이송속도로 ④ 지점까지 황삭가공한 다음 45° 각도로 도피

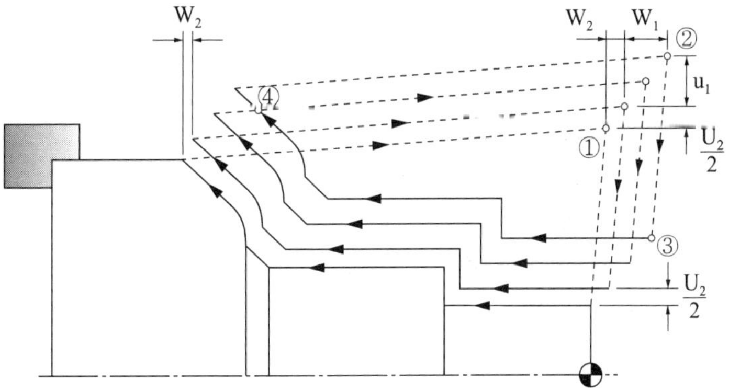

그림 6-14 복합 절삭 사이클의 공구 이동경로

후 급속 이송하여 복귀하는 사이클을 황삭가공 횟수만큼 공작물의 윤곽을 따라 반복 실행한다. 가공이 종료되면 공구는 가공 초기점으로 복귀한다.

[정삭 여유량 부호]

내・외경 황삭 사이클 G71 기능과 동일한 방법으로 결정한다.

예제 9 다음 도면을 보고 복합 절삭 사이클로 가공하기 위한 프로그램을 작성하시오.

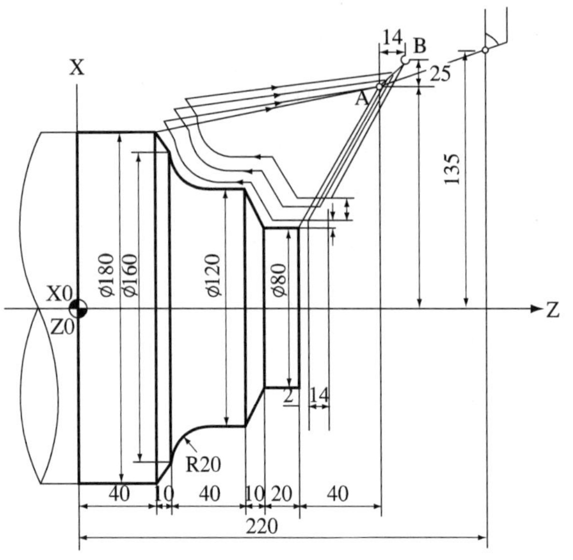

그림 6-15 복합 절삭 사이클

□ 프로그램

```
N010 G50 X270. Z220. S2000 T0100 ;
N011 G96 G00 X220. Z160. T0101 M03 ;
N012 G73 U14. W14. R3. ;
N013 G73 P014 Q019 U4. W2. F0.3 S180 ;
N014 G00 X80. W-40. ;
N015 G01 W-20. F15 S600 ;
N016 X120. W-10. ;
```

```
N016 X120. W-10. ;
N017 W-20. ;
N018 G02 X160. W-20. R20. ;
N019 G01 X180. W-10. S280 ;
N020 G70 P014 Q019 ;
```

6-8. Z방향 팩 드릴링(Peck Drilling), 단면 홈 가공 사이클(G74)

긴 칩이 발생하여 작업을 방해하는 경우 칩을 짧게 잘라야 하는 Z방향 팩 드릴링(Peck Drilling) 가공 또는 단면 홈 가공 등에 적용한다.

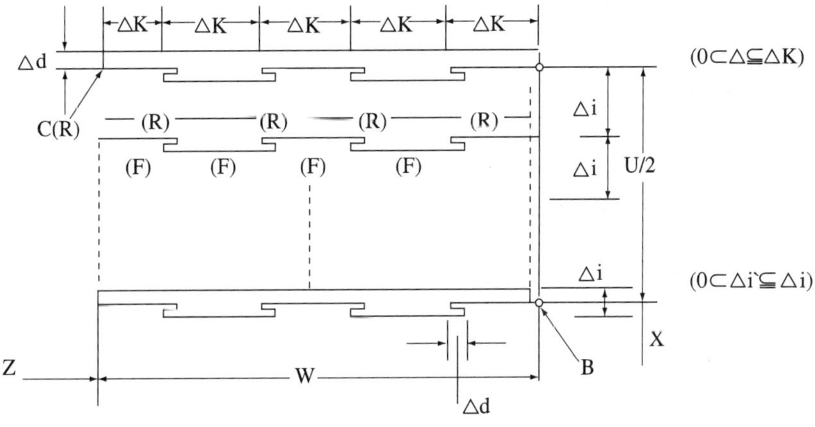

그림 6-16 단면 홈 가공 사이클

[11T가 아닌 경우의 지령 형식]

G74 R_r_ ;

G74 [X_ / U_] [Z_ / W_] P_ Q_ R_r'_ F_ ;

[지령 워드 의미]

R_r_ : 공구의 도피량

X __ : X축 가공 종점의 절대 좌표
Z __ : Z축 가공 종점의 절대 좌표
U __ : X축 가공 종점의 증분 좌표
W __ : Z축 가공 종점의 증분 좌표
P __ : X축 방향의 이동량
Q __ : Z축 방향의 이동량
R r′ : 절삭 이동 끝점에서의 공구 후퇴량
F __ : 절삭 이송속도

[11T의 지령 형식]

$$\text{G74} \begin{bmatrix} \text{X\_} \\ \text{U\_} \end{bmatrix} \begin{bmatrix} \text{Z\_} \\ \text{W\_} \end{bmatrix} \text{I\_K\_D\_F\_;}$$

[지령 워드 의미]

X __ : X축 가공 종점의 절대 좌표
Z __ : Z축 가공 종점의 절대 좌표
U __ : X축 가공 종점의 증분 좌표
W __ : Z축 가공 종점의 증분 좌표
I __ : X축 방향의 이동량
K __ : Z축 방향의 이동량
D __ : 절삭 이동 끝점에서의 공구 후퇴량
F __ : 절삭 이송속도

[공구 이동경로]

그림 6-17과 같이 Z축 방향으로 일정 절입량(q)을 가공 후 후퇴(r1)를 반복하면서 Z축 방향 가공 종점 ② 지점까지 가공한 다음 가공 초기점 ① 지점으로 복귀한다. 다시 X축 방향 1회 절입량(p)인 ③ 지점으로 이동하고 가공과 후퇴를 반복하여 Z축 방향 가공 종점까지 가공한다. 이와 같은 과정을 반복하면서 X축, Z축 방향 가공 종점 ④ 시섬까지 반복적으로 홈 가공을 한다. ① → ② 가공이 끝난 것만으로 공구를 후퇴시킬 수 없다.

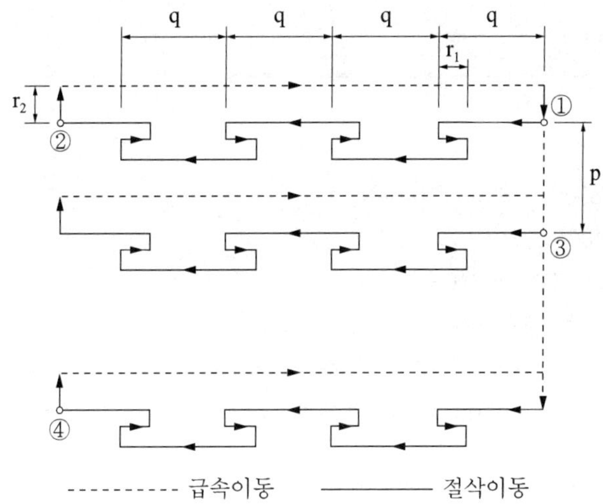

그림 6-17 단면 홈 가공 사이클의 공구 이동경로

예제 10 다음 도면을 G74 단면 홈 가공 사이클 기능으로 가공하려 한다. 프로그램을 작성하시오. 단, 제2원점의 좌표 X150. Z100., 회전수 700 rpm, 5번 공구를 사용하며 Z축 방향 1회 절입량 2 mm, Z축 방향 공구 후퇴량 0.5 mm, 이송속도는 0.06 mm/rev, 홈바이트 폭은 4 mm이다.

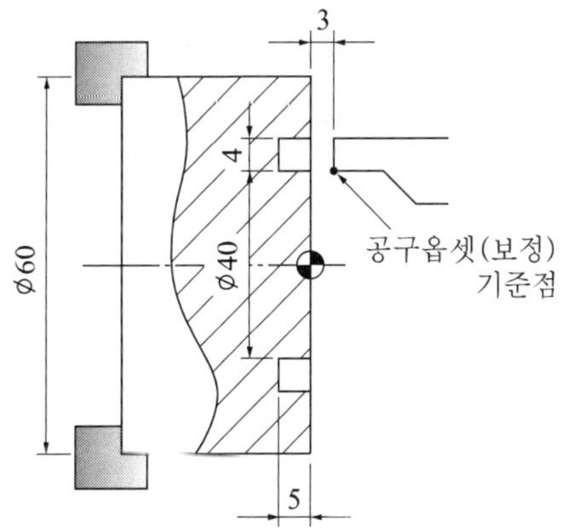

그림 6-18 단면 홈 가공 사이클

□ 프로그램

```
O0010;
G30 U0. W0.;
G50 X150. Z100. S3000 T0500;
G97 S700 M03;
G00 X40. Z3. T0505 M08;
G74 R0.5; (Z축 방향 공구 후퇴량 0.5 mm)
G74 Z-5. Q2000 F0.06; (Z축 방향으로 2 mm 절입 후 0.5 mm 후퇴를
G00 X150. Z100. T0500 M09; 반복하면서 Z-5. 지점까지 가공)
M05;
```

6-9. X축 방향 홈파기(G75)

홈바이트가 공작물 내·외경면의 X방향으로 지령된 일정량을 가공하고 다시 일정량 후퇴하는 동작을 자동 반복하면서 홈을 가공한다. 간헐적인 가공은 지속적인 절삭저항에 의해 홈바이트가 파손되는 것을 방지한다.

[11T가 아닌 경우의 지령 형식]

$$\begin{array}{l} \text{G75 R}\underline{\ e\ }; \\ \text{G75} \begin{bmatrix} X\_ \\ U\_ \end{bmatrix} \begin{bmatrix} Z\_ \\ W\_ \end{bmatrix} \text{P\_ Q\_ R\_ F\_;} \end{array}$$

[지령 워드 의미]

R_e_ : 공구의 도피량

X __ : X축 가공 종점의 절대 좌표

Z __ : Z축 가공 종점의 절대 좌표

U __ : X축 가공 종점의 증분 좌표

W __ : Z축 가공 종점의 증분 좌표

P __ : X축 방향의 이동량

Q __ : Z축 방향의 이동량

R__ : 절삭 이동 끝점에서의 공구 후퇴량

F __ : 절삭 이송속도

[11T의 지령 형식]

$$G75 \begin{bmatrix} X\_ \\ U\_ \end{bmatrix} \begin{bmatrix} Z\_ \\ W\_ \end{bmatrix} I\_K\_D\_F\_;$$

[지령 워드 의미]

X __ : X축 가공 종점의 절대 좌표

Z __ : Z축 가공 종점의 절대 좌표

U __ : X축 가공 종점의 증분 좌표

W __ : Z축 가공 종점의 증분 좌표

I __ : X축 방향의 이동량

K __ : Z축 방향의 이동량

D __ : 절삭 이동 끝점에서의 공구 후퇴량

F __ : 절삭 이송속도

[공구 이동경로]

그림 6-19와 같이 ① 지점에서 X방향으로 일정 절입량(p)을 가공 후 후퇴(r1)를 반복하며 X축 방향 가공 종점인 ② 지점까지 가공한 다음 가공 초기점 ① 지점으로 복귀한다. 다시 Z축 방향 1회 절입량(q)의 ③ 지점으로 이동하고 가공과 후퇴를 반복하며 X축 방향 가공 종점까지 가공한다. 이와 같은 과정을 반복하면서 X축, Z축 방향 가공 종점 ④ 지점까지 반복적으로 홈 가공을 한다. ① → ② 가공이 끝난 것만으로 공구를 후퇴시킬 수 없다.

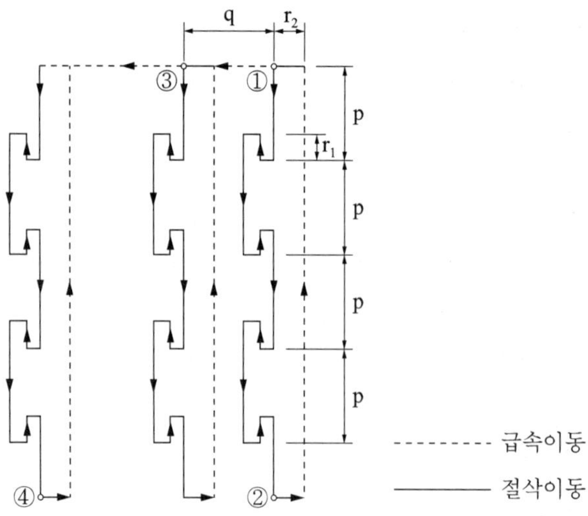

그림 6-19 내·외경 홈 가공 사이클의 공구 이동경로

예제 11 그림 6-20의 G75 내 · 외경 홈 가공 사이클 기능으로 가공하려 한다. 프로그램을 작성하시오. 단, 제2원점의 좌표 X150. Z150., 회전수 700 rpm, 5번 공구를 사용하며 X축 방향 1회 절입량 2.5 mm, X축 방향 공구 후퇴량 0.5 mm, 이송속도는 0.08 mm/rev, 홈바이트 폭은 4 mm이다.

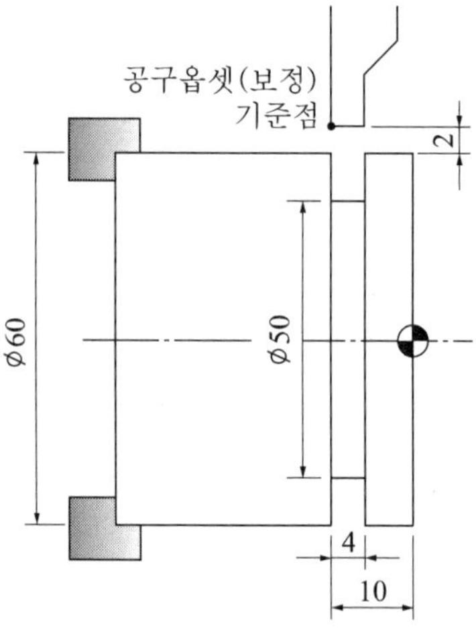

그림 6-20 단면 홈 가공 사이클

□ 프로그램

```
O0010;
G30 U0. W0.;
G50 X150. Z150. S3000 T0500;
G97 S700 M03;
G00 X64. Z-10. T0505 M08;
G75 R0.5; (X축 방향 공구 후퇴량 0.5mm)
G75 X50. P2500 F0.08;
G00 X150. Z150. T0500 M09;
M05;
```

6-10. 나사 절삭 사이클(G76)

복합 고정형 나사 가공 사이클이다.

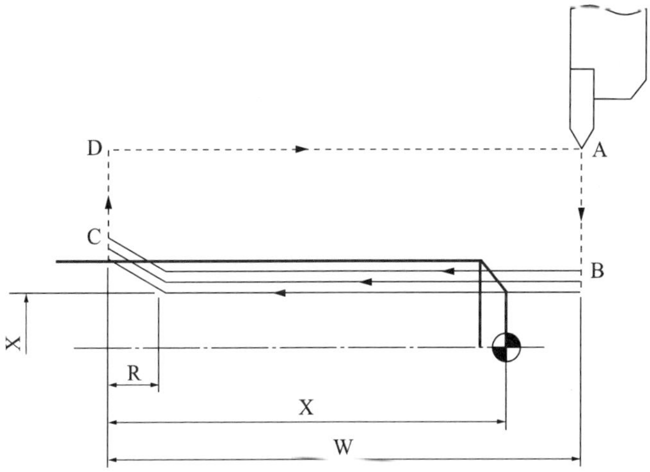

그림 6-21 나사 가공 사이클

[11T가 아닌 경우의 지령 형식]

$$G76\ P\underline{m\,r\,a}\ Q\underline{\triangle d\,min}\ R\underline{d};$$

$$G76\ \begin{bmatrix} X\_ \\ U\_ \end{bmatrix} \begin{bmatrix} Z\_ \\ W\_ \end{bmatrix} P\underline{k}\ Q\underline{\triangle d}\ R\underline{i}\ F\underline{f};$$

[지령 워드 의미]

Pm : 정삭 반복 횟수(01-99)

r : 모따기량(r=10이면 Lead×1이 되고 45도 각도로 모따기 한다.)

a : 나사산 각도(A80, 60, 55, 30, 29)

Q△dmin : 최소 절입량

Rd : 정삭 여유

X __ : X축 나사가공 종점의 절대 좌표

Z __ : Z축 나사가공 종점의 절대 좌표

U __ : X축 나사가공 종점의 증분 좌표

W __ : Z축 나사가공 종점의 증분 좌표

Pk : 나사산 높이(반경지령)

Q△d : 첫 번째 절입 깊이

Ri : 테이퍼 가공 시 기울기량

Ff : 나사의 리드

[11T의 지령 형식]

$$G76 \begin{bmatrix} X\_ \\ U\_ \end{bmatrix} \begin{bmatrix} Z\_ \\ W\_ \end{bmatrix} I\_\ K\_\ D\_\ (R\_)\ F\_\ A\_\ P\_;$$

[지령 워드 의미]

X __ : X축 나사가공 종점의 절대 좌표

Z __ : Z축 나사가공 종점의 절대 좌표

U __ : X축 나사가공 종점의 증분 좌표

W __ : Z축 나사가공 종점의 증분 좌표

I __ : 나사절삭 시 나사 끝지점 X값과 나사 시작점 X값의 거리(반경지령)

K __ : 나사산 높이(반경지령)

D __ : 첫 번째 절입 깊이

R __ : 모따기량(파라미터에 설정)

F __ : 나사의 리드

A __ : 나사산 각도

P __ : 절삭 방법(생략 시 절삭량 일정, 한쪽 날 가공 수행)

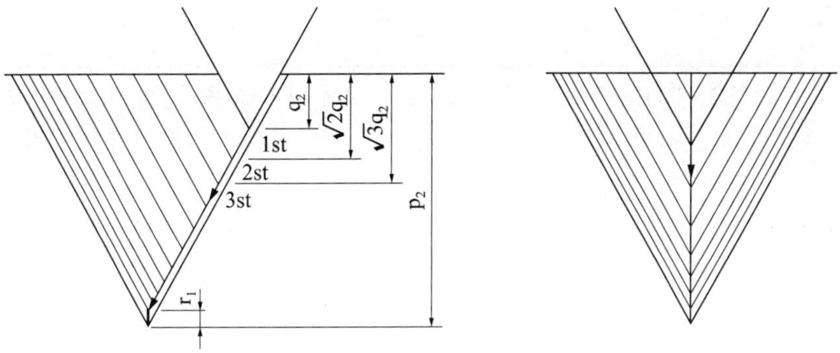

(a) 나사산의 각도 60°인 경우 (b) 나사산의 각도 0°인 경우

그림 6-22 자동 나사가공 사이클에서 공구의 절입

[공구 이동경로]

그림 6-23과 같이 공구는 X방향으로 최초 절입량(q2) ② 지점까지 급속 절입된 후 F이송으로 ③ 지점까지 나사가공 한 다음 ④ 지점으로 후퇴하고 다시 ① 지점으로 복귀하는 과정을 나사가공 종점까지 반복 실행한다. 최초 절입량 ② 지점 이후로는 자동 계산된 절입량으로 급속 이송 절입된다.

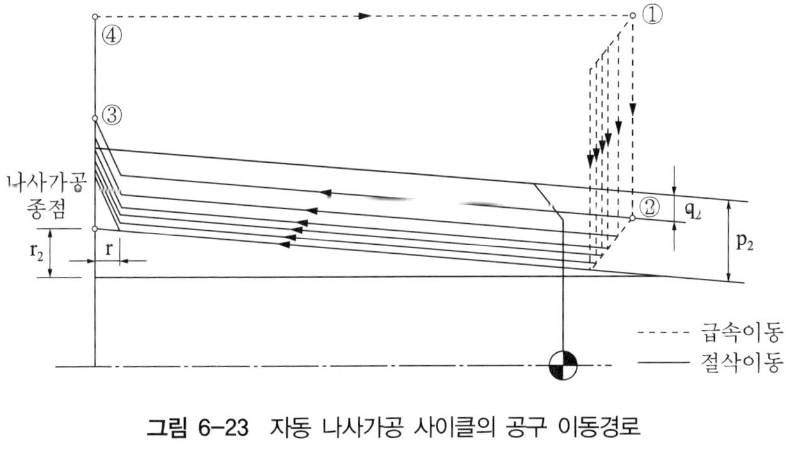

그림 6-23 자동 나사가공 사이클의 공구 이동경로

예제 12 나사(M40×2, 길이 50)를 G76 사이클을 이용하여 프로그램하시오.

□ 프로그램

G00 X42. Z3. T0404 M08 ;	→ 고정 사이클 초기점으로 이동하면서 나사바이트 길이를 보정하고 절삭유 ON
G76 P010060 Q50 R20 ;	→ 나사 복합 사이클 지령 정삭 1번, 챔퍼링양 홈이 있으므로 00지령 나사 바이트 절입각도 60도, 최소 절입 깊이 0.05, 정삭 여유 0.02
G76 X37.62 Z-52. P1190 Q350 F2 ;	→ 나사골 지름 37.62, 나사길이 52, 나사산 높이 1.19, 최소 절입량 0.35, 나사 리드(피치) 2 mm

Chapter 7
기타기능

7-1. 금지 영역 설정(G22, G23)

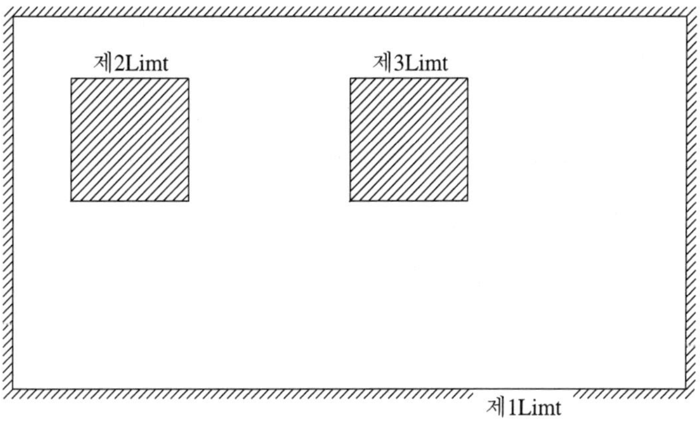

그림 7-1 금지 영역

공구의 침입금지 영역을 다음과 같이 3영역으로 분할해서 설정한다. 금지 영역은 작업자와 공작기계의 안전을 위해 공작기계 운전 시 공구가 내, 외부로 진입하지 못하도록 설정한 특정 영역을 말한다.

[지령 형식]

```
G22 X__ Z__I__ K__ ;
```

[지령 워드 의미]

G22 : 금지 영역 설정

X : ① 지점의 X축 기계좌표

Z : ① 지점의 Z축 기계좌표
I : ② 지점의 X축 기계좌표
K : ② 지점의 Z축 기계좌표

[취소 형식]

```
G23 ;
```

G23 : 금지 영역 취소

(1) 제1 금지 영역

Parameter로 한계를 설정한다. 설정한 경계의 외측이 금지 영역이 된다. 통상 기계 Maker에서 설정하므로 변경할 수 없으며 기계의 최대 Stroke 지점에 설정한 이 Limit를 Stroke Limit라고 한다. 제1 금지 영역은 지정한 영역의 외부로 공구가 진입할 수 없도록 설정한 영역이다. 기계 제작사에서 파라미터로 설정한다.

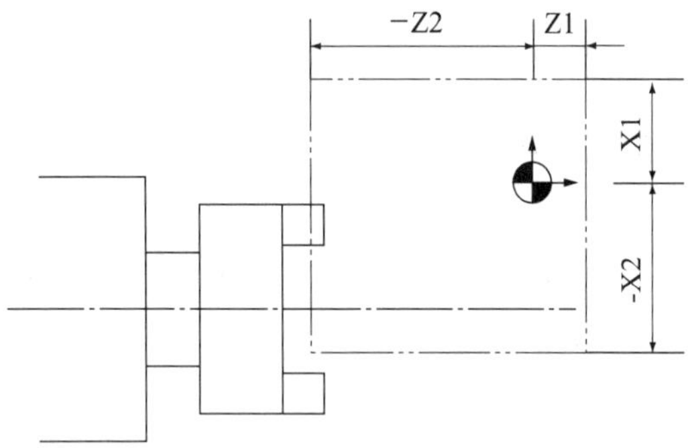

기계 원점으로부터 거리

번호	내용
700	LT1 X1
701	LT1 Z1
704	LT1−X2
705	LT1−Z2

그림 7-2 금지 영역 설정

(2) 제2 금지 영역

Parameter 또는 Setting Parameter로 경계를 설정한다. 설정한 경계의 내측이 금지 구역이 된다. G22로 금지 영역에서의 공구의 침입을 금지하고 G23으로 금지 영역의 침입을 허용하게 된다.

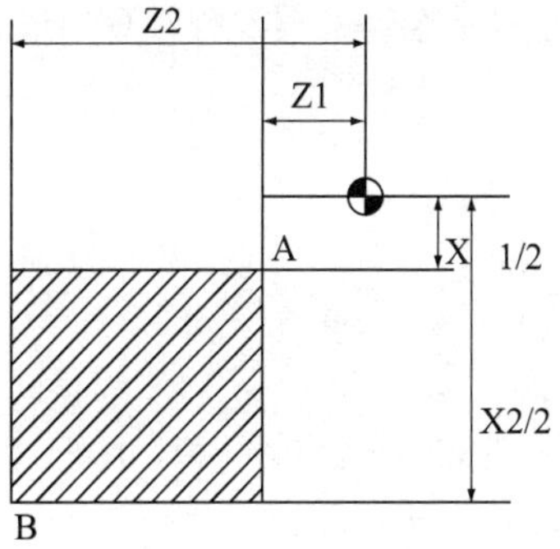

번호	내용
151	LT1 X1
152	LT1 Z1
153	LT1-X2
154	LT1-Z2

그림 7-3 제2 금지 영역

작업자가 공작기계의 안전한 운전을 위해 공구가 일정한 영역을 침입하지 못하도록 설정하는 기능이다. 제2 금지 영역은 작업자가 사용하는 공구에 따라 선택적으로 금지 영역을 설정할 수 있다. 일반적으로 공구가 척(chuck) 또는 조(jaw)에 충돌하는 것을 방지하기 위해 설정한다.

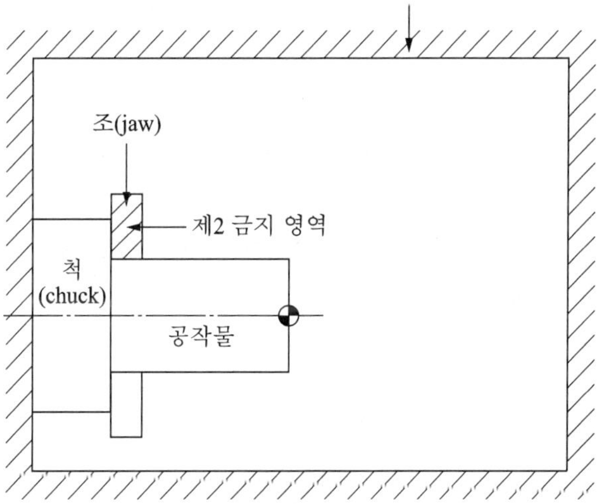

그림 7-4 금지 영역

(3) 제3 금지 영역

Parameter 또는 Setting Program 지령에 의해 경계를 설정한다. 설정한 경계의 외측 또는 내측이 금지 영역이 된다. 내 · 외측 금지 영역의 결정은 RWL(008-6)으로 결정한다. 제2Limit와 같이 G22금지 영역에 공구침입을 금지하고 G23으로 금지 영역의 침입을 허용하게 된다.

7-2. 보조 프로그램(Sub Program)

프로그램 중에 어떤 고정된 Sequences나 계속 반복되는 Pattern이 있을 때 이것을 Sub-Program으로 작성하여 미리 Memory에 입력시켜두고 이용하면 프로그램을 매우 간단하게 할 수 있다.

Sub-Program은 어느 Mode에서나 호출할 수 있으며, 또 호출된 Sub-Program에서 또 다른 Sub-Program을 호출할 수도 있다(1회~999회까지 반복 가능하다).

Sub-Program 첫 블록에 Sub-Program 번호(Address O에 4행의 숫자)로 시작하여 Sub-Program 종료를 나타내는 M99로 끝을 맺는다.

```
O △ △ △ △
.
.
.
M99
```

① Sub-Program은 주프로그램(Main Program)이나 다른 Sub-Program ◬◬으로부터 호출되어 실행된다.

M98 P5 1000 ;

```
M98 P○○○○  ◬◬◬◬
        |      └──→ Sub-Program 번호
        └──→ 반복 회수
```

Sub-Program 번호 1000의 Sub-Program을 5회 연속 호출하는 지령이다.

② Sub-Program 호출지령과 이동지령을 동시에 사용할 수 있다.

X100. M98 P2000;

이 경우, X축의 이동이 종료된 후 2000번의 Sub-Program을 호출한다.

③ Main Program에서 Sub-Program이 호출되어 실행되는 순서

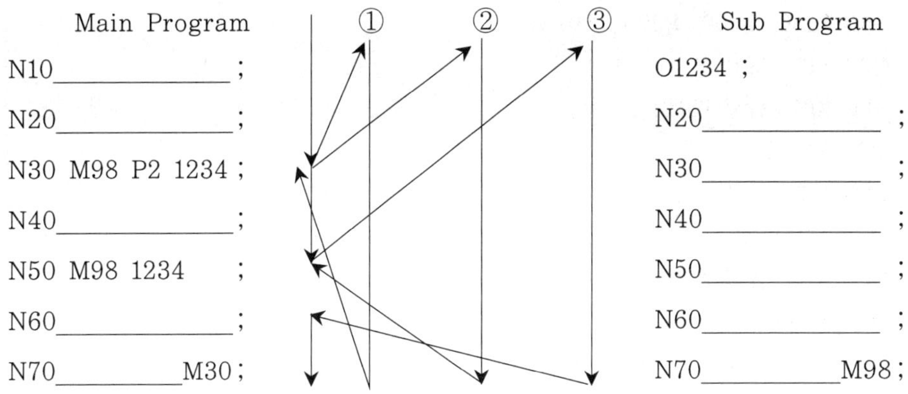

예제 13 보조 프로그램을 이용하여 다음 형상을 프로그램하시오.

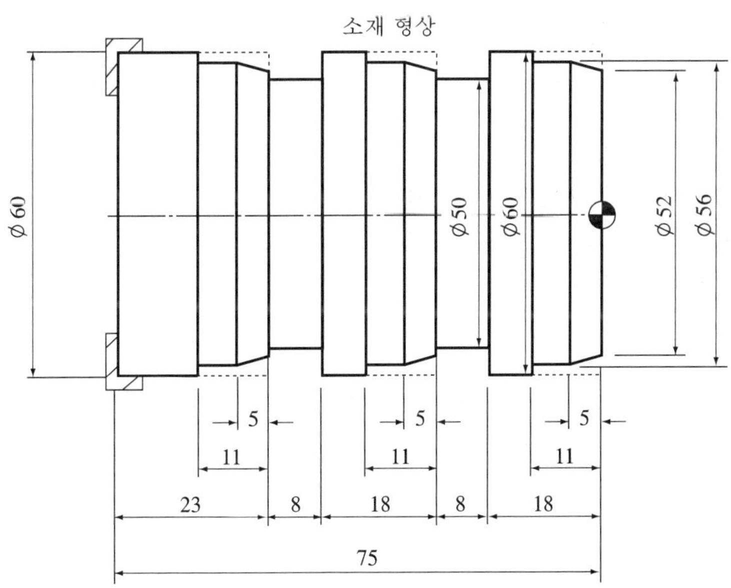

소재 형상과 같이 홈이 가공되어 있다고 보면, 3부분은 모양과 크기가 같으므로 보조 프로그램을 작성하여 이를 3번 호출하여 가공할 수 있다.

ㅁ 주 프로그램

```
O1001 ;
G30 U0. W0. ;
G50 X150. Z100. S2000 T0100 ;
G96 S150 M03 ;
G00 X62. Z2. T0101 M08 ;
M98 P1002 ;
G00 X62. Z-24. ;
M98 P1002 ;
G00 X62. Z-50. ;
M98 P1002 ;
G00 X150. Z100. T0100 M09 ;
M05 ;
M02 ;
```

ㅁ 보조 프로그램

```
O1002 ;
G71 U0.8 R0.5 ;
G71 P10 Q20 U0.05 W0.1 F0.25 ;
G00 N10 X52. ;
G01 W-2. ;
X56. W-5. ;
W-6. ;
N20 X61. ;
G70 P10 Q20 F0.2 ;
M99 ;
```

Chapter 8
프로그래밍 실습 및 해설

8-1. 프로그램의 기본 형식

기본 형식	해설
N01 O____ ;	프로그램 번호
N02 G30 U0 W0 ;	제2원점 복귀
N03 G50 X_ Z_ S_ T_ ;	공작물 좌표계 설정 및 최고 회전 속도 지정 공구 선택
N04 G96 S_ M03 ;	절삭속도 및 주축 정회전 지령
N05 G00 X(U)_ Z(W)_ T_ M08 ;	가공 시점으로 이동하면서 공구 길이 보정 및 절삭유 ON
N06 (G41, G42) G01 X(U)_ Z(W)_ F_ ;	필요하면 인선 R을 보정하여 가공을 시작하고 이송속도 지령
↓	가공
↓	가공
N07 G40 G00 X_ Z_ T_ M09 ;	(인선 R 보정 해제), 공구 교환점 이동, 공구 길이 보정 해제, 절삭유 OFF
N08 T_ ;	공구 교환
N09 G00 X(U)_ Z(W)_ T_ M08 ;	가공 위치 이동, 공구 길이 보정
N10 (G41, G42) G01 X(U)_ Z(W)_ F_ ;	가공 시작, 필요하면 F지령
↓	가공
↓	가공
N11 G40 G00 X_ Z_ T_ M09 ;	공구 교환점으로 이동하면서 공구 길이 보정, 절삭유 OFF
N12 M05 ;	주축 정지
N13 M02 ;	프로그램 끝

특히 주의하여야 할 부분은 해당 공구의 사용이 끝나고 공구 교환점(제2원점)으로 복귀할 때 인선 R 보정이나 공구 길이 보정을 해제하여야 한다. (N07, N11) 블록은 이에 해당된다. 공구가 여러 개인 경우는 N08, N09 블록을 반복하여 가공하는 것이다. 프로그램 작성 시 정답은 없지만, 좋은 프로그램과 나쁜 프로그램은 있을 수 있다. 프로그램 형식에 부합하고, 적절한 공구로 중복가공 없이 작성하는 것이 가장 올바른 방법이다.

8-2. 직선 가공

(1) 실습과제-1

공구 및 소재					
공정명	공구 번호	보정 번호	절삭속도 (m/min)	이송속도 (mm/rev)	비고
황삭	T01	01	180	0.25	
정삭	T02	03	200	0.15	
소재 치수	∅60×100 L		소재 재질		POM 봉

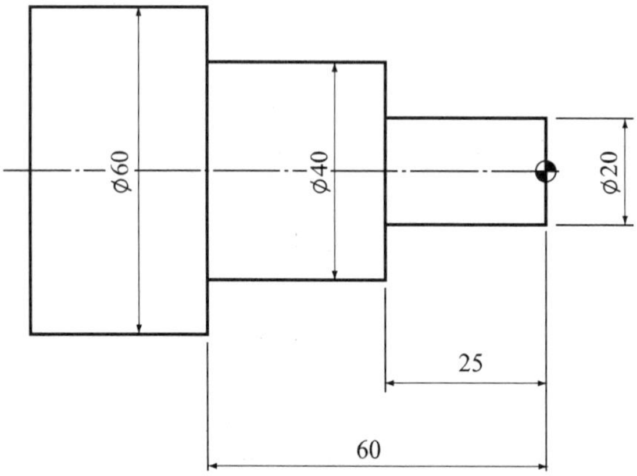

□ G01을 이용한 프로그램

```
O1003 ;          → 프로그램 번호
N10 G30 U0. W0. ;    → 제2원점 복귀
N20 G50 X150. Z100. T0100 S2500 ;    → 공작물 좌표계 설정 최고 RPM
                                        지령
N30 G96 S180 M03 ;                   → 주속 일정제어
N40 G00 X62. Z0.1 T0101 M08 ;        → 단면 황삭 초기점 이동
N50 G01 X-1. F0.25 ;                 → 최초 가공
N60 G00 X56. Z2. ;                   → 절삭 깊이 2 mm
N70 G01 Z-59.9 ;                     → F=0.25
N80 G00 U1. ;                        → 후태 1 mm 증분지령
N90 Z2. ;
N100 X52. ;
N110 G01 Z-59.9 ;
N120 G00 U1. ;
N130 Z2. ;
N140 X48. ;
N150 G01 Z-59.9 ;
N160 G00 U1. ;
N170 Z2. ;
N180 X44. ;
N190 G01 Z-59.9 ;
N200 G00 U1. ;
N210 Z2 ;
N220 X40. ;
N230 G01 Z-24.9 ;
N240 G00 U1. ;
N250 Z2. ;
N260 X36. ;
N270 G01 Z-24.9 ;
N280 G00 U1. ;
N290 Z2.
N300 X32. ;
N310 G01 Z-24.9 ;
```

```
N320 G00 U1. ;
N330 Z2. ;
N340 X28. ;
N350 G01 Z-24.9 ;
N360 G00 U1. ;
N370 Z2. ;
N380 X24. ;
N390 G01 Z-24.9 ;
N400 G00 U1. ;
N410 Z2. ;
N420 X20.2 ;
N430 G01 Z-24.9 ;
N440 X40.2 ;
N450 Z-59.9 ;
N460 X62. ;
N470 G00 X150. Z100. T0100 M09 ;     → 공구 교환점 복귀 길이 보정 해제
N480 T0300 ;                         → 공구 교환
N490 G00 X22. Z0 S200 T0303 M08 ;    → 정삭 초기점 이동, 공구 보정
N500 G01 X-1. F0.15 ;                → 단면 정삭
N510 G00 X20. Z2. ;
N520 G01 Z-25. ;                     → 외경 정삭
N530 X40. ;
N540 Z-60. ;
N550 X62. ;
N560 G00 X150. Z100. T0300 M09 ;     → 공구 교환점 복귀 보정 해제
N570 M05 ;
N580 M02 ;
```

□ G90 고정 사이클을 이용한 프로그램

```
O1004 ;
N10 G30 U0. W0. ;                       → 제2원점 복귀
N20 G50 X150. Z100. S2500 T0100 ;       → 공작물 좌표계 설정
N30 G96 S180 M03 ;
N40 G00 X62. Z0.1 T0101 M08 ;           → 단면 가공 초기점 이동
N50 G01 X-1. F0.25 ;                    → 중심보다 더 가공
N60 G00 X62. Z2. ;
N70 G90 X56. Z-59.9 F0.25 ;             → 고정 사이클 지령
N80 X52 ;
N90 X48. ;
N100 X44. ;
N110 X40. Z-24.9 ;
N120 X36. ;
N130 X32. ;
N140 X28. ;
N150 X24. ;
N160 G00 X20.1 ;                        → 고정 사이클 여유 0.1 mm
N170 G01 Z-24.9 ;
N180 X40.1 ;
N190 Z-59.9 ;
N200 X62. ;
N210 G00 X150. Z100. T0100 M09 ;
N220 T0300 ;                            → 정삭 공구 교환
N230 G00 X22. Z0 S200 T0303 M08 ;       → 정삭 시 절삭속도 200 m/min
N240 G01 X-1. F0.15 ;                   → 단면 절삭
N250 G00 X20. Z2. ;
N260 X20. Z2. ;
N270 G01 Z-25. ;                        → 외경 절삭
N280 X40. ;
N290 Z-60. ;
N300 X62. ;
N310 G00 X150. Z100. T0300 M09 ;
N320 M05 ;
N330 M02 ;
```

□ G71 복합 고정 사이클을 이용한 프로그램

```
O1005 ;
N10 G30 U0. W0. ;
N20 G50 X150. Z100. S2500 T0100 ;
N30 G96 S180 M03 ;
N40 G00 X62. Z0.1 T0101 M08 ;
N50 G01 X-1. F0.25 ;
N60 G00 X62. Z2. ;
N70 G71 U2. R0.5 ;                       → G71 고정 사이클 지령
N80 G71 P90 Q130 U0.1 W0.1 F0.25 ;       → G71 둘째 블록 지령
N90 G00 X20. ;                           → 고정 사이클 실행 첫 블록
N100 G01 Z-25. ;
N110 X40. ;
N120 Z-60. ;
N130 X61. ;                              → 고정 사이클 마지막 블록
N140 G00 X150. Z100. T0100 M09 ;
N150 T0300 ;
N160 G00 X22. Z0. S200 T0303 M08 ;       → 정삭 시 절삭속도 200 m/min
N170 G01 X-1. F0.15 ;
N180 G00 X62. Z2. ;                      → 정삭 사이클 초기점
N190 G70 P90 Q130 F0.15 ;                → G70 정삭 복합 사이클 지령
N200 G00 X150. Z100. T0300 M09 ;
N210 M05 ;
N220 M02 ;
```

(2) 실습과제-2

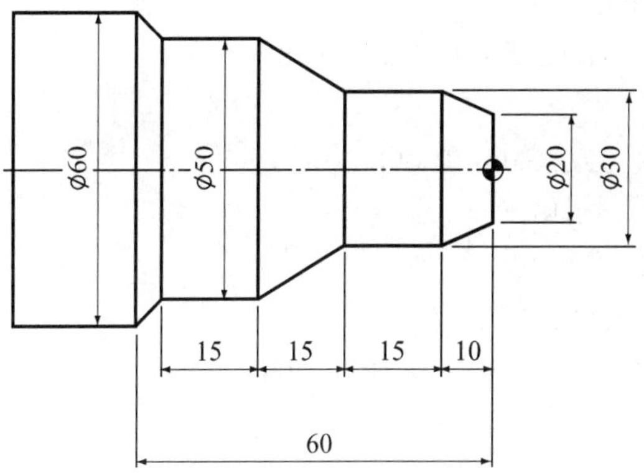

공구 및 소재					
공정명	공구 번호	보정 번호	절삭속도(m/min)	이송속도(mm/rev)	비고
황삭 가공	T01	01	180	0.25	
정삭 가공	T03	03	200	0.15	
소재 치수	Ø60×100 L			소재 재질	POM 봉

□ 프로그램

```
O1006 ;
N10 G30 U0. W0. ;
N20 G50 X150. Z100. S2500 T0100 ;
N30 G96 S180 M03 ;
N40 G00 X62. Z0.1 T0101 M08 ;
N50 G01 X-1. F0.25 ;
N60 G00 X62. Z2. ;
N70 G71 U2. R0.5 ;
N80 G71 P90 Q150 U0.1 W0.1 F0.25 ;
N90 G42 G00 X20. ;
N100 G01 Z0. ;
N110 X30. Z-10. ;
N120 Z-25. ;
N130 X50. Z-40. ;
```

```
N140 W-15. ;
N150 X60. Z-60. ;
N160 G40 G00 X150. Z100. T0100 M09 ;
N170 T0300 ;
N180 G00 X22. Z0. S200 T0303 M08 ;
N190 G01 X-1. F0.15 ;
N200 G00 X62. Z2. ;
N210 G70 P90 Q150 F0.15 ;
N220 G40 G00 X150. Z100. T0300 M09 ;
N230 M05 ;
N240 M02 ;
```

테이퍼나 R 가공을 할 때는 반드시 인선 R 보정을 하여야 한다. 그렇지 않으면 미세하게 테이퍼나 R 부분에 치수 불량이 생긴다. 인선 R 보정을 하여 가공한 후에도 취소 지령 G40을 반드시 지령하여야 한다. 취소하지 않고 또 G70 사이클을 실행하면 R 보정이 중복 적용된다.

8-3. 원호 가공

(1) 실습과제-1

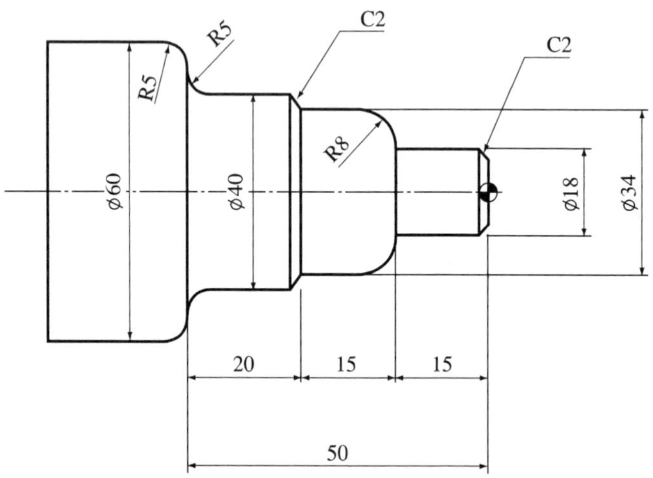

공구 및 소재					
공정명	공구 번호	보정 번호	절삭속도 (m/min)	이송속도 (mm/rev)	비고
황삭 가공	T01	01	180	0.25	
정삭 가공	T03	03	200	0.15	
소재 치수	Ø60×100 L			소재 재질	POM 봉

□ 프로그램

```
O1007 ;
N10 G30 U0. W0. ;
N20 G50 X150. Z100. S2500 T0100 ;
N30 G96 S180 M03 ;
N40 G00 X62. Z0.1 T0101 M08 ;
N50 G01 X-1. F0.25 ;
N60 G00 X62. Z2. ;
N70 G71 U2. R0.5 ;
N80 G71 P90 Q180 U0.1 W0.1 F0.25 ;
N90 G42 G00 X14. ;
N100 G01 Z0.1 ;
N110 X18. Z-2. ;
N120 Z-15. ;
N130 G03 X34. W-8. R8. ;
N140 G01 Z-30. ;
N150 X40. K-2. ;
N160 Z-45. ;
N170 G02 X50. W-5. R5. ;
N180 G03 X60. W-5. R5. ;
N190 G40 G00 X150. Z100. T0100 M09 ;
N200 T0300 ;
N210 G00 X22. Z0 S200 T0303 M08 ;
N220 G01 X-1. F0.15 ;
N230 G00 X62. Z2. ;
```

```
N240 G70 P90 Q180 F0.15 ;
N250 G40 G00 X150. Z100. T0300 M09 ;
N260 M05 ;
N270 M02 ;
```

(2) 실습과제-2

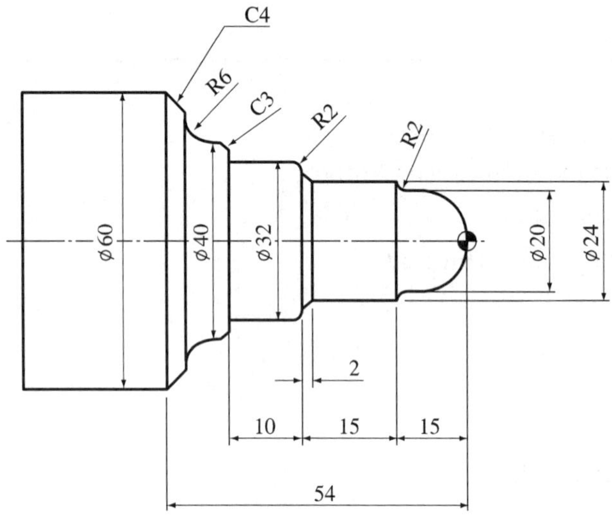

공구 및 소재					
공정명	공구 번호	보정 번호	절삭속도 (m/min)	이송속도 (mm/rev)	비고
황삭 가공	T01	01	150	0.25	
정삭 가공	T02	02	180	0.15	
소재 치수	∅60×90 L			소재 재질	POM 봉

□ 프로그램

```
O1008 ;
N10 G30 U0. W0. ;
N20 G50 X150. Z100. T0100 ;
N30 G96 S150 M03 ;
N40 G00 X62. Z0.1 T0101 M08 ;
N50 G01 X-1. F0.25 ;
N60 G00 X62. Z2. ;
N70 G71 U2. R0.5 ;                      → G71 지령(절삭 깊이 2,
                                              후퇴량 0.5)
N80 G71 P90 Q210 U0.1 W0.1 F0.25 ;      → 정삭 여유 0.1 mm
N90 G42 G00 X0. ;                       → 중심부까지 이동 인선 R 보정
N100 G01 Z0. ;
N110 G03 X20. W-10. R10. ;              → 모따기나 R 가공은 Z를 W로 지령
N120 G01 Z-13. ;
N130 G02 X24. W-2. R2. ;
N140 G01 Z-28. ;
N150 X28. W-2. ;
N160 G03 X32. W-2. R2. ;
N170 G01 Z-40. ;
N180 X40. W-3. ;                        → 코너 R 가공
N190 Z-43. ;
N200 G02 X52. W-6. R6. ;
N210 X60. W-4. ;                        → 마지막 블록은 자동 모따기 불가
N220 G40 G00 X150. Z100. M09 ;          → 필히 인선 R 보정 취소 요망
N230 T0200 ;
N240 G00 X62. Z2. S180 T0202 M08 ;
N250 G70 P90 Q210 F0.15 ;               → 정삭 고정 사이클 지령
N260 G40 G00 X150. Z100. T0200 M09 ;
N270 M05 ;
N280 M02 ;
```

8-4. 나사 가공

(1) 실습과제-1

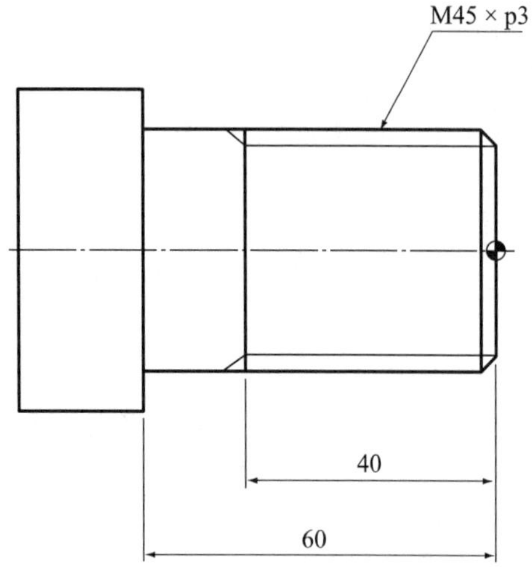

공구 및 소재					
공정명	공구 번호	보정 번호	절삭속도 (m/min)	이송속도 (mm/rev)	비고
황삭	T01	01	180	0.25	
정삭	T02	03	200	0.15	
나사 가공	T05	05	100	3	G97 지령
소재 치수	Ø60×100 L			소재 재질	POM 봉

□ G32를 이용한 프로그램

나사만 가공하도록 소재가 가공되어 있다고 가정한다.

```
O1009 ;
N10 G30 U0. W0. ;
N20 G50 X150. Z100. T0500 ;
N30 G97 S700 M03 ;               → 나사 가공 시 회전수 일정제어(G97)지령
N40 G00 X47. Z2. T0505 M08 ;          → 절입 깊이(절입 조건 표 참조)
```

```
N50 X44.2 ;
N60 G32 Z-43. F3 ;          → 1회 가공
N70 G00 X47. ;
N80  Z2. ;
N90  X43.6 ;
N100 G32 Z-43. ;            → 2회 가공
N110 G00 X47. ;
N120 X2. ;
N130 X43.1 ;
N140 G32 Z-43. ;            → 3회 가공
N150 G00 X47. ;
N160 Z2. ;
N170 X42.6 ;
N180 G32 Z-43. ;            → 4회 가공
N190 G00 X47. ;
N200 Z2. ;
N210 X42.1 ;
N220 G32 Z-43. ;            → 5회 가공
N230 G00 X47. ;
N240 Z2. ;
N250 X41.7 ;
N260 G32 Z-43. ;            → 6회 가공
N270 G00 X47. ;
N280 Z2. ;
N290 X41.3 ;
N300 G32 Z-43 ;             → 7회 가공
N310 G00 X47. ;
N320 Z2. ;
N330 X41. ;
N340 G32 Z-43. ;            → 8회 가공
N350 G00 X47. ;
N360 Z2. ;
N370 X40.7 ;
N380 G32 Z-43. ;            → 9회 가공
```

```
N390 G00 X47. ;
N400 Z2. ;
N410 X40.56 ;
N420 G32 Z-43. ;                         → 10회 가공
N430 G00 X47. ;
N440 Z2. ;
N450 X40.46 ;
N460 G32 Z-43. ;                         → 11회 가공
N470 G00 X47. ;
N480 X150. Z100. T0500 M09 ;
N490  M05 ;
N500  M02 ;
```

G32를 이용하면 블록 수가 많아진다. 따라서 나사 가공은 다음 프로그램과 같이 G92이나 G76의 고정 사이클을 이용하는 것이 편리하다.

ㅁ G92 고정 사이클을 이용한 프로그램

```
O1010 ;
N10 G30 U0. W0. ;
N20 G50 X150. Z100. T0500 ;
N30 G97 S700 M03 ;
N40 G00 X47. Z2. T0505 M08 ;         → 고정 사이클 초기점 이동
N50 G92 X44.2 Z-43. F3 ;             → 고정 사이클 G92는 Modal기능임
N60 X43.6 ;
N70 X43.1 ;
N80 X42.6 ;
N90 X42.1 ;
N100 X41.7 ;
N110 X41.3 ;
N120 X41. ;
N130 X40.7 ;
N140 X40.56 ;
```

```
N150 X40.46 ;                          → 마지막 절입
N160 G00 X150. Z100. T0500 M09 ;       → G00으로 G92 사이클 취소
N170 M05 ;
N180 M02 ;
```

□ G76 복합 고정 사이클을 이용한 프로그램

```
O1011 ;
N10 G30 U0. W0. ;
N20 G50 X150. Z100. T0500 ;
N30 G97 S700 M03 ;
N40 G00 X47. Z2. T0505 M08 ;                  → 초기점 이동
N50 G76 P011160 Q20 R20 ;                     → 정삭 1회 최소 절입 깊
이 0.02
N60 G76 X40.46 Z-43. P1790 Q400 F3. ;         → P : 나사산 높이 Q :
최소 절입 깊이
N70 G00 X150. Z100. T0500 M09 ;
N80 M05 ;
N90 M02 ;
```

(2) 실습과제-2

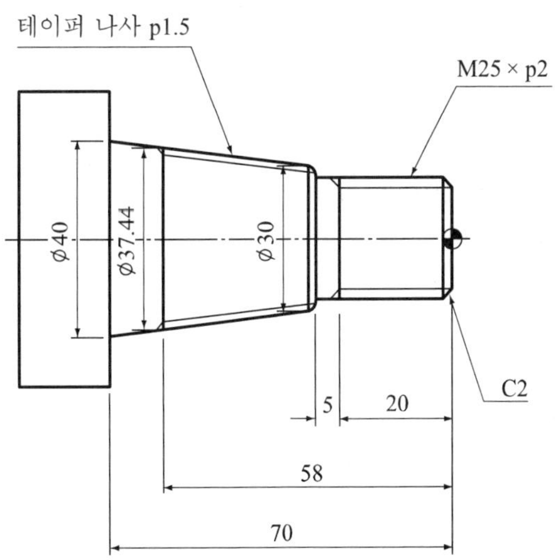

공구 및 소재					
공정명	공구 번호	보정 번호	절삭속도 (m/min)	이송속도 (mm/rev)	비고
황삭	T01	01	180	0.25	
정삭	T03	03	200	0.2	
나사 가공	T05	05	100	2	G97 지령
소재 치수	Ø60×100 L			소재 재질	POM 봉

□ 프로그램

```
O1012 ;
G30 U0. W0. ;
G50 X150. Z100. S2500 T0100 ;
G96 S180 M03 ;
G00 X62. Z0.1 T0101 M08 ;
G01 X-1. F0.25 ;
G00 X62. Z2. ;
G71 U1.5 R0.5 ;
G71 P10 Q20 U0.1 W0.05 F0.25 ;
N10 G42 G00 X21. ;
G01 Z0. ;
X25. W-2. ;
Z-25. ;
X30. ;
X40. Z-70. ;
N20 X61. ;
G40 G00 X150. Z100. T0100 M09 ;
T0300 ;
G00 X27. Z0 S200 T0303 M08 ;
G01 X-1. F0.2 ;
G00 X62. Z2. ;
G70 P10 Q20 F0.2 ;
G40 G00 X150. Z100. T0300 M09 ;
T0500 ;
```

```
G97 S700 M03 ;                          → 나사 가공이므로 G97 지령
G00 X27. Z2. T0505 M08 ;
G92 X24.2 Z-22. F2. ;
X23.6 ;
X23.1 ;
X22.6 ;
X22.3 ;
X22. ;
X21.86 ;
X21.76 ;
G00 X39. Z-23. ;        → 초기점을 가공 종점보다 크게 하여야 한다.
G92 X36.74 Z-59.5 R-3.95 F1.5 ;
G76 P011060 Q50. R20. ;
G76 X36.74 Z-59.5 P860 G350. R-3.95 F1.5 ;
X36.34 ;
X36.06 ;
X35.86 ;
X35.76 ;
X35.66 ;
G00 X150. Z100. T0500 M09 ;
M05 ;
M02 ;
```

Taper 나사의 구배 R=-3.95인 이유

그림에서 Taper 나사부 길이가 33일 때 구배는 3.72이다.

나사 가공을 2 mm 앞에서 시작하면 비례식은 다음과 같다.

$$33 : 3.72 = 35 : \delta$$

내항과 외항의 곱은 서로 같으므로

$$33 \times \delta = 35 \times 3.72$$

$$\delta = \frac{35 \times 3.27}{33} = 3.94545 \fallingdotseq 3.95$$

$$\therefore \ R = -3.95$$

8-5. 단면 가공

공구 및 소재					
공정명	공구 번호	보정 번호	절삭속도 (m/min)	이송속도 (mm/rev)	비고
황삭	T01	01	180	0.25	
정삭	T03	03	200	0.15	
소재 치수	Ø60×100 L			소재 재질	POM 봉

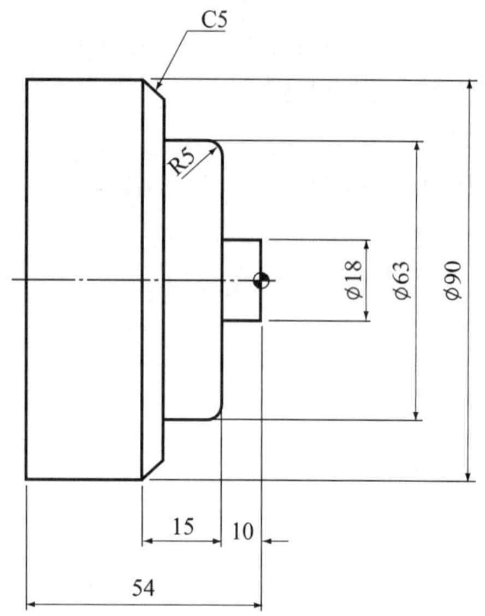

□ G72 복합 고정 사이클을 이용한 프로그램

```
O1013 ;
G30 U0. W0. ;
G50 X150. Z100. S2500 T0100 ;
G96 S180 M03 ;
G00 X92. Z2. T0101 M08 ;         → 고정 사이클 초기점 이동
G72 W1. R0.5 ;                   → G72 지령(단면 깊이 1 후퇴량 0.5)
G72 P10 Q20 U0.1 W0.1 F0.25 ;    → 정삭 여유 0.1 mm
N10 G41 G00 Z-25. ;              → 고정 사이클 첫 블록(Z축 방향 이동)
```

```
G01 X90. ;
X80. W5. ;
X63. ;
W8.0 ;
G02 X53.0 Z-9.0 ;
X18. ;
N20 Z2.0 ;
G00 G40 X150. Z100. T0100 M09 ;
T0300 ;
G00 X92. Z2. S200 T0303 M08 ;
G70 P10 Q20 F0.15 ;
G40 G00 X150. Z100. T0300 M09 ;
M05 ;
M02 ;
```

외경 가공과 단면 가공은 X, Z 각축 방향의 가공 길이가 어느 쪽이 더 긴지에 따라 결정된다. Z축 방향이 더 긴 공작물이라면 외, 내경 가공을 G71을 사용하고, 길이가 짧고 직경이 큰 공작물이라면 G72를 사용한다. 프로그램 작성면만 고려한다면 G72의 복합 고정 사이클을 사용하는 것이 가장 간단하며 편리하다.

8-6. 홈가공 및 보조 프로그램

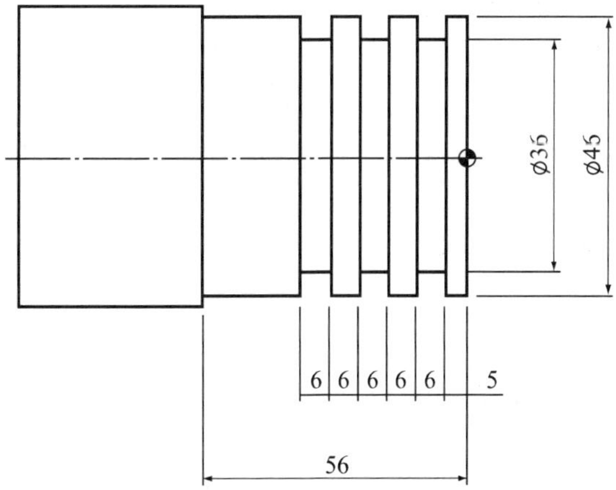

공구 및 소재					
공정명	공구 번호	보정 번호	절삭속도 (m/min)	이송속도 (mm/rev)	비고
황삭 가공	T01	01	180	0.25	
정삭 가공	T03	03	200	0.15	
홈 가공	T07	07	500 rpm	0.05	바이트 폭 4 mm
소재 치수	∅100×60 L			소재 재질	POM 봉

이 과제는 동일한 크기와 동일한 형태의 홈이 3개 있으므로 홈 가공 부분의 Sub Program을 작성하여 사용하는 것이 편리하다.

□ 프로그램

```
O1014 ;
G30 U0. W0. ;
G50 X150. Z100. S2500 T0100 ;
G96 S180 M03 ;
G00 X62. Z2. T0101 M08 ;
G01 X-1. F0.25 ;
G00 X46.1 Z2. ;
G01 Z-55.9 ;
X61. ;
G00 X150. Z100. T0100 M09 ;
T0300 ;
G00 X58. Z0 S200 T0303 M08 ;
G01 X-1. F0.15 ;
G00 X46. Z2. ;
G01 Z-56. ;
X61. ;
G00 X150. Z100. T0300 M09 ;
T0700 ;
G97 S500 ;
G00 X58. Z-9.1 T0707 M08 ;     → 바이트 폭 4 정삭 여유 0.1 mm
M98 P1015 ;
```

```
G00 Z-21.1 ;
M98 P1015 ;
G00 Z-33.1 ;
M98 P1015 ;
G00 X150. Z100. T0700 M09 ;
M05 ;
M02 ;
```

□ 프로그램

```
O1015 ;
G01 X36.1 F0.05 ;
G00 X58. ;
W-1.8 ;
G01 X36.1 ;
G00 X58. ;
W1.9 ;
G01 X36. ;
W-1. ;
G00 X58. ;
W-1. ;
G01 X36. ;
G00 X58. W0.2 ;
M99 ;
```

홈 가공 바이트를 자세히 살펴보면 인선부가 넓고, 안쪽이 좁은 형태로 되어 있어서 측면 절삭은 곤란하다. 따라서 절삭 깊이가 작은 정삭 가공은 가능하겠으나 황삭 가공은 하지 않는 것이 좋다.

8-7. 내경 가공

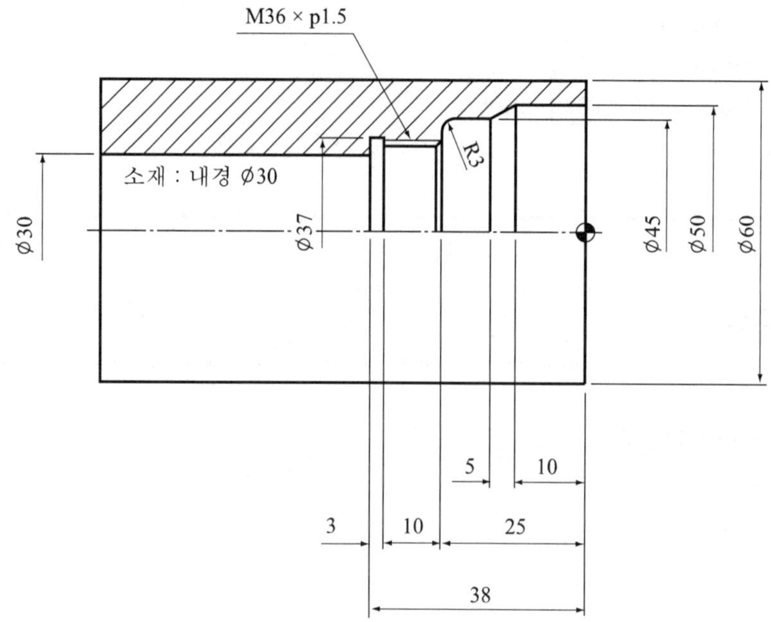

공구 및 소재					
공정명	공구 번호	보정 번호	절삭속도 (m/min)	이송속도 (mm/rev)	비고
황삭	T08	08	150	0.2	내경 바이트
정삭	T09	09	170	0.1	내경 바이트
나사 가공	T10	10	500 rpm	1.5	내경 바이트
홈 가공	T11	11	500 rpm	0.05	내경용 폭 3 mm
소재 치수	∅60×100 L			소재 재질	POM 봉

□ 프로그램

```
O0016 ;
G30 U0. W0. ;
G50 X150. Z100. S2000 T0800 ;
G96 S150 M03 ;
G00 X28. Z2. T0808 M08 ;
G71 U1. R0.5 ;
G71 P01 Q02 U-0.1 W0.1 F0.2 ;
N01 G41 G00 X50. ;
G01 Z-10. ;
X45.Z-15. ;
Z-22.
G03 X39. W-3. R3. ;
G01 X34.376 K-1. ;
Z-38. ;
N02 X29. ;
G40 G00 X150. Z100. T0800 M09 ;
T0900 ;
G00 X28. Z2. S170 T0909 M08 ;
G70 P01 Q02 F0.1 ;
G40 G00 X150. Z100. T0900 M09 ;
T1100 ;                          → 내경 홈 바이트 교환(폭 3 mm)
G97 S500 M03 ;                   → 홈이나 나사 가공은 G97을 사용함
G00 X28. Z2. T1111 M08 ;
Z-38. ;
G01 X37. F0.05 ;
G00 X28. ;
Z2. ;
X150. Z100. T1100 M09 ;
T1000 ;
G00 X33. Z2. T1010 M08 ;
Z-23. ;
G92 X35.076 Z-38.5 F1.5 ;
X35.476 ;
```

```
X35.756 ;
X35.956 ;
X36.056 ;
X36.156 ;
G00 Z2. T1000 ;
M05 ;
M02 ;
```

Leading Zero와 Trailing Zero

어드레스 다음의 처음 숫자 "0"인 것을 Leading Zero라 하고 좌표값에서 소수점 아래 마지막 숫자가 "0"인 것을 Trailing Zero라 한다. 이 두 "0"은 프로그램을 간단하게 하기 위해 생략할 수 있다.

Leading Zero : G00, G01, G02 → G0, G1, G2
M00, M01, M03 → M0, M2, M3
T0100, T0303 → T100, T303

Trailing Zero : X50.230 → X50.23

8-8. 종합 가공 프로그램

공구 및 소재					
공정명	공구 번호	비고	공정명	공구 번호	비고
황삭 가공	T01		내경 황, 정삭	T08	
정삭 가공	T02		암나사 가공	T10	
나사 가공	T05		내경 홈 가공	T11	폭 4 mm
홈 가공	T07	폭 4 mm	드릴 가공	T12	Ø28 mm
소재 치수	Ø60×90 L Ø60×80 L		소재 재질	알루미늄	

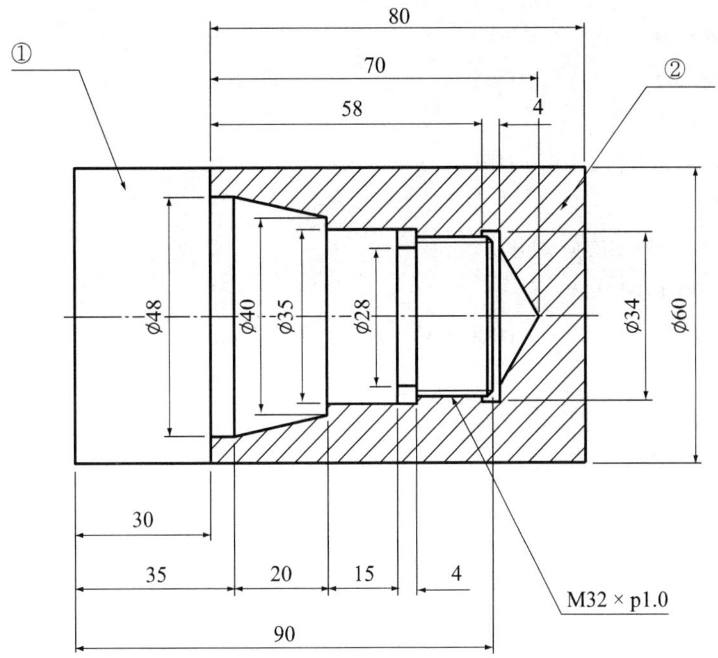

□ 프로그램 : 부품 번호 ①

```
O1018 ;
G30 U0. W0. ;
G50 X150. Z100. S2500 T0100 ;
G96 S180 M03 ;
G00 X62. Z0.1 T0101 M08 ;
G01 X-1. F0.25 ;                    → 단면 황삭
G00 X62. Z2. ;
G71 U0.1 R0.5 ;
G71 P01 Q02 U0.1 W0.1 F0.25 ;
N01 G42 G00 X30. ;
G01 Z0 ;
X31.96 Z-1. ;
Z-20. ;
X35. K-0.5 ;                        → 모서리 소량 모따기 지령
Z-35. ;
X40. ;
```

```
X48. W-20. ;
W-5. ;
N02 X61. ;
G40 G00 X150. Z100. T0100 M09 ;
T0300 ;
G00 X34. Z0 S220 T0303 M08 ;          → 외경 황삭
G01 X-1. F0.15 ;
G40 G00 X150. Z100. T0300 M09 ;
T0700 ;
G97 S500 M03 ;
G00 X37. Z-20. T0707 M08 ;
G01 X28. F0.05 ;                      → 홈 가공(폭 4 mm)
G00 X37. ;
X150.Z100. T0700 M09 ;
T0500 ;
G00 X34. Z2. T0505 M08 ;
G92 X31.5 Z-18. F1. ;                 → 수나사 가공
X31.1 ;
X30.9 ;
X30.8 ;
G00 X150.Z100. T0500 M09 ;
M05 ;
M02 ;
```

□ 프로그램 : 부품 번호 ②

```
O1019 ;
G30 U0. W0. ;
G50 X150. Z100. S2500 T1200 ;    → 드릴 가공 공구 선택
G97 S500 M03 ;
G00 X0 Z100. T1212 M08 ;
G74 R0.5 ;                       → 팩 드릴링 사이클 지령(R : 후퇴량)
G74 Z-70. Q5000 F0.15 ;
G00 X150. Z100. T1200 M09 ;
```

```
T0100 ;
G96 S150 M03 ;
G00 X62. Z0. T0101 M08 ;
G01 X26. F0.25 ;                  → 단면 가공
G00 X150. Z100. T0100 M09 ;
T0800 ;
G00 X26. Z2. T0808 M08 ;          → 초기점 이동
G71 U1. R0.5 ;
G71 P01 Q02 U-0.1 W0.1 F0.2 ;     → 내경 가공 정삭 여유 U 사이클 지령
N01 G41 G00 X49. ;
G01 Z0 ;
X48. Z-0.5 ;                      → 조립이 용이하도록 모서리 가공
Z-5. ;
X40. Z-25. ;
X35. K-0.5 ;                      → 모따기 0.5 mm
Z-44. ;
X30.8 ;
Z-62. ;
N02 X27. ;
G40 G00 X26. Z2. ;
G70 P01 Q02 F0.1 ;                → 공구를 교환하지 않고 정삭 가공
G40 G00 X150. Z100. T0800 M09 ;
T1100 ;                           → 내경 홈 가공 공구 교환
G97 S500 M03 ;
G00 X27. Z2. T1111 M08 ;
Z-62. ;                           → 내경 홈 가공
G00 X34. F0.05 ;
X27. ;
Z2. ;
X150. Z100. T1100 M09 ;
T1000 ;                           → 내경 나사 공구 교환
G00 X28. Z2. T1010 M08 ;
Z-42. ;
G92 X31.3 Z-60. F1. ;             → 암나사 사이클 지령
```

```
X31.7 ;
X31.9 ;
X32. ;
G00 Z2. ;
X150. Z100. T1000 M09 ;
M05 ;
M02 ;
```

두 부품이 정확하게 조립되기 위해서는 가공 시 적절한 공차가 주어져야만 한다. 도면 치수에 공차를 주어 가공할 수도 있겠으나, 해당 공구 길이 보정값에 적절하게 가감하는 방법도 매우 편리하다. 시행착오를 겪더라도 반복 가공하여 원활한 조립이 되도록 하여야 한다.

Chapter 9
연습문제

[도면 1]

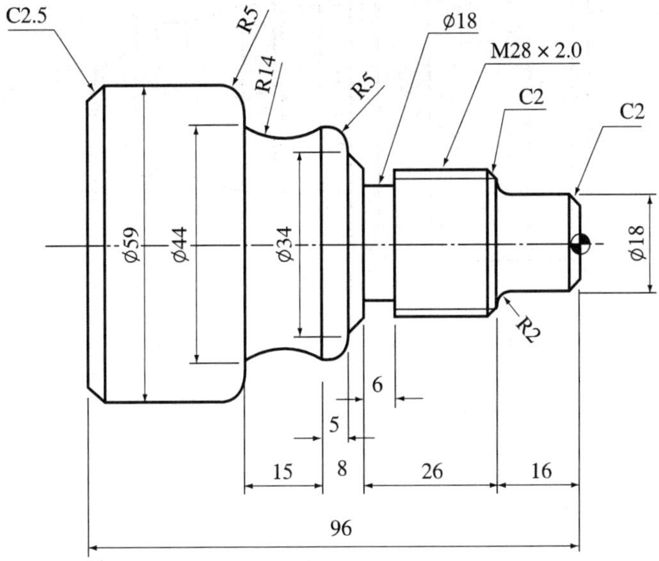

[도면 2]

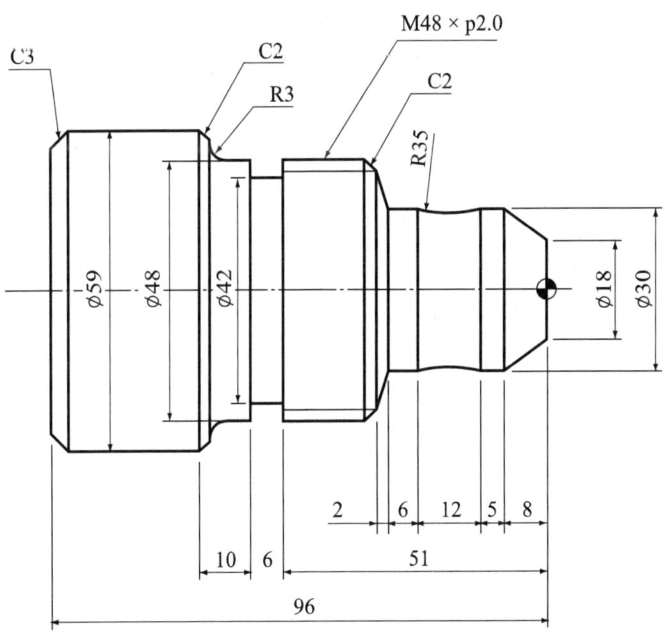

[도면 3]

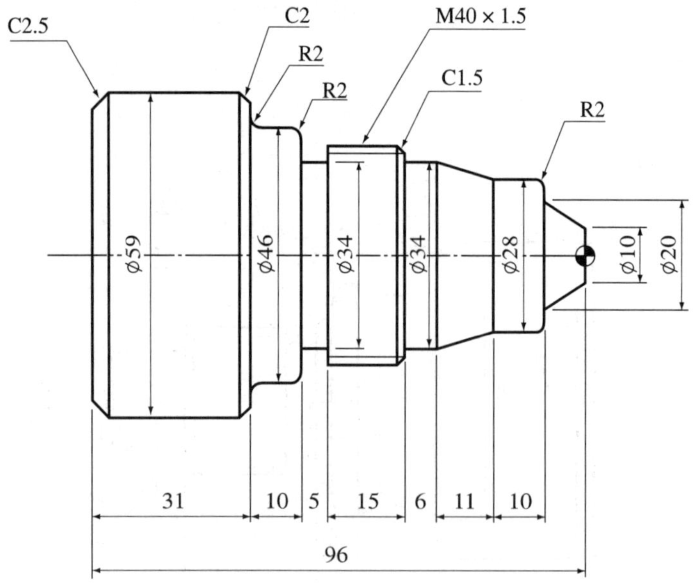
C2.5
C2
R2
R2
M40 × 1.5
C1.5
R2
ø59
ø46
ø34
ø34
ø28
ø10
ø20
31
10
5
15
6
11
10
96

[도면 4]

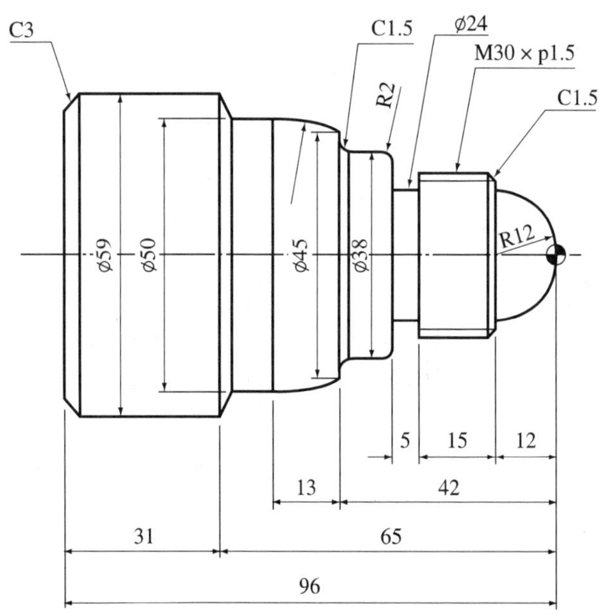
C3
C1.5
ø24
M30 × p1.5
C1.5
R2
R12
ø59
ø50
ø45
ø38
5
15
12
13
42
31
65
96

[도면 5]

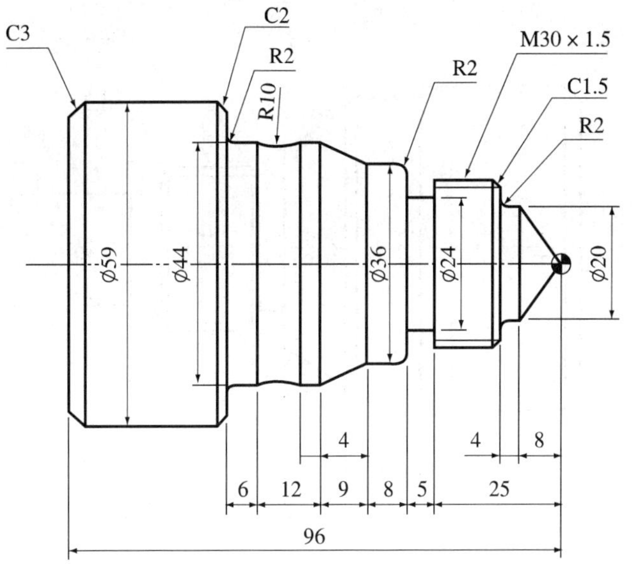
C3
C2
R2
R10
R2
M30 × 1.5
C1.5
R2
ϕ59
ϕ44
ϕ36
ϕ24
ϕ20
4
4
8
6
12
9
8
5
25
96

[도면 6]

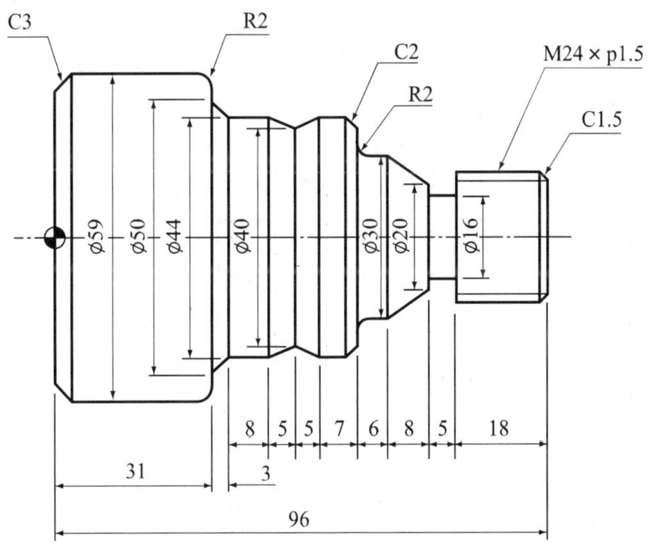
C3
R2
C2
R2
M24 × p1.5
C1.5
ϕ59
ϕ50
ϕ44
ϕ40
ϕ30
ϕ20
ϕ16
8
5
5
7
6
8
5
18
31
3
96

[도면 7]

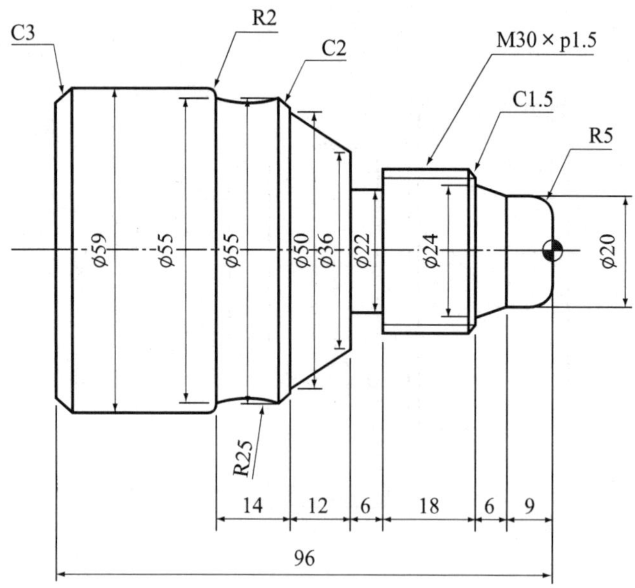
C3
R2
C2
M30 × p1.5
C1.5
R5
ϕ59
ϕ55
ϕ55
ϕ50
ϕ36
ϕ22
ϕ24
ϕ20
R25
14
12
6
18
6
9
96

[도면 8]

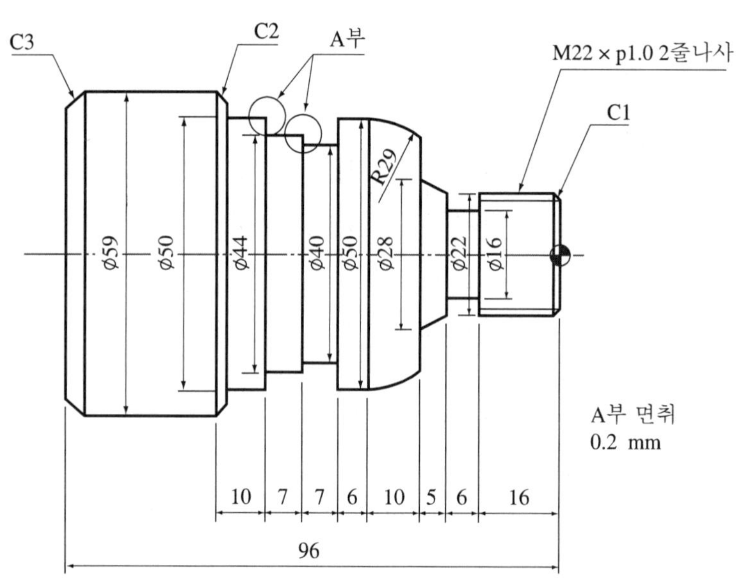
C3
C2
A부
M22 × p1.0 2줄나사
C1
R29
ϕ59
ϕ50
ϕ44
ϕ40
ϕ50
ϕ28
ϕ22
ϕ16
A부 면취
0.2 mm
10
7
7
6
10
5
6
16
96

[도면 9]

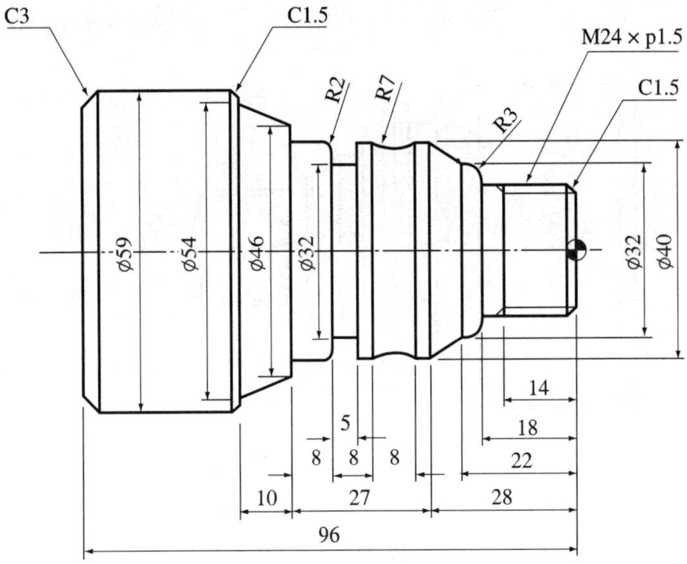
C3
C1.5
M24 × p1.5
C1.5
R2
R7
R3
φ59
φ54
φ46
φ32
φ32
φ40
14
18
22
5
8
8
8
10
27
28
96

[도면 10]

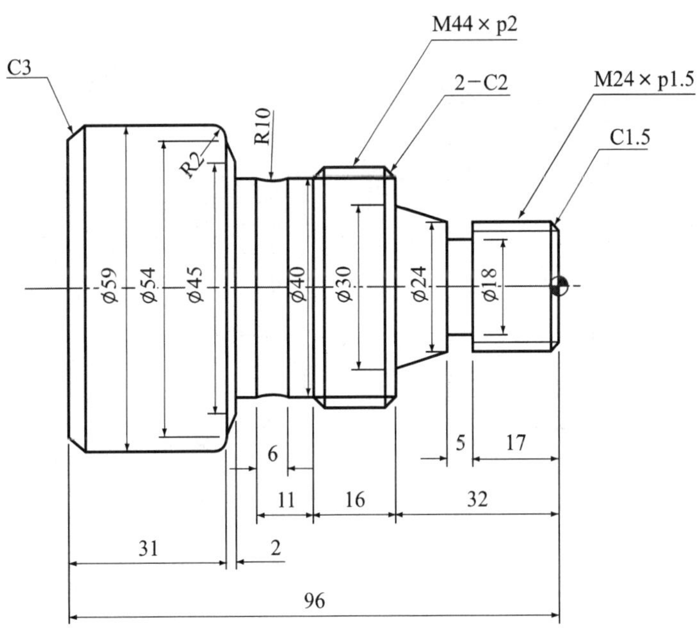
M44 × p2
C3
2−C2
M24 × p1.5
C1.5
R10
R2
φ59
φ54
φ45
φ40
φ30
φ24
φ18
6
5
17
11
16
32
31
2
96

[도면 11]

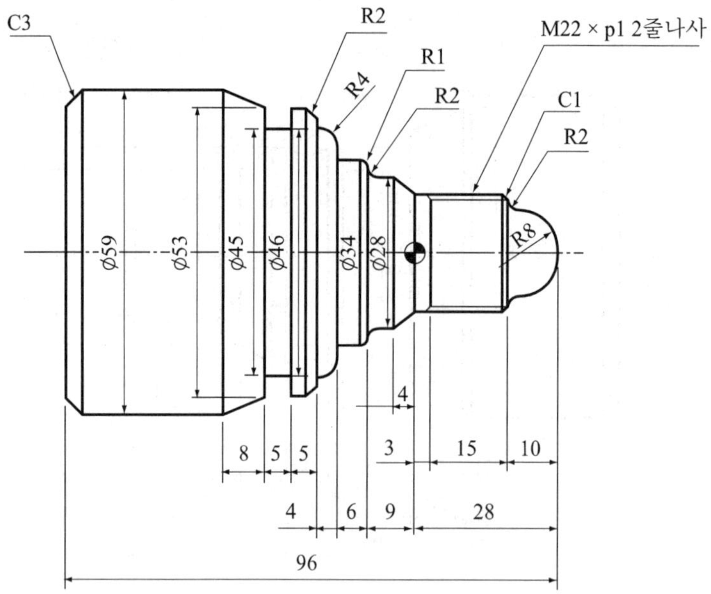
C3
R2
R4
R1
R2
M22 × p1 2줄나사
C1
R2
R8
ϕ59
ϕ53
ϕ45
ϕ46
ϕ34
ϕ28
4
8
5
5
3
15
10
4
6
9
28
96

[도면 12]

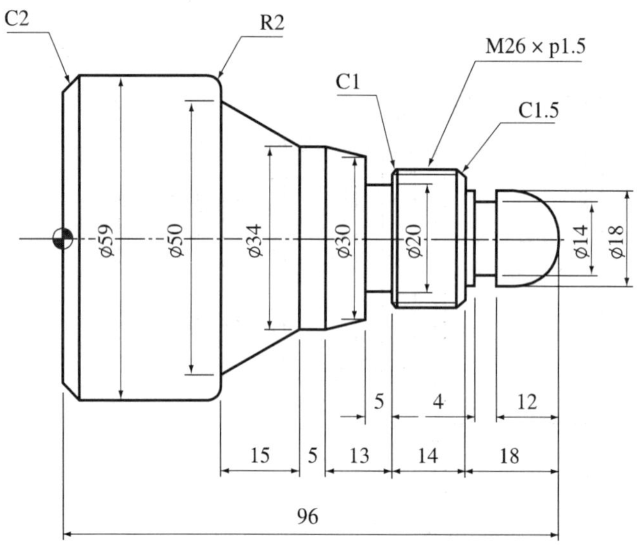
C2
R2
M26 × p1.5
C1
C1.5
ϕ59
ϕ50
ϕ34
ϕ30
ϕ20
ϕ14
ϕ18
5
4
12
15
5
13
14
18
96

[도면 13]

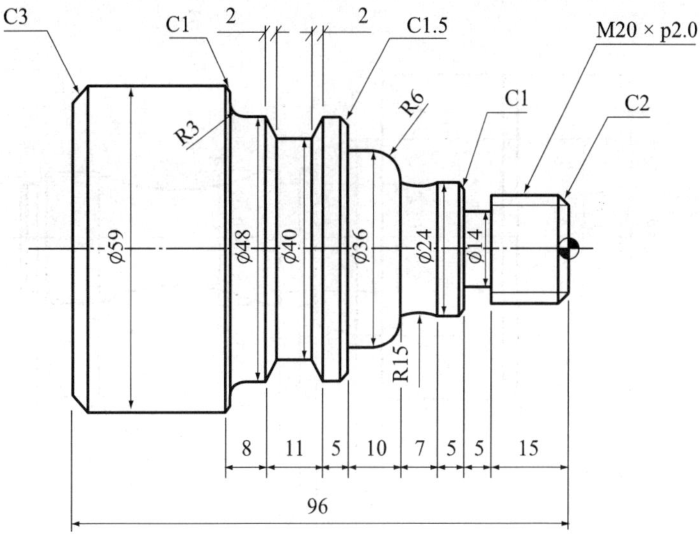
C3
C1
2
2
C1.5
M20 × p2.0
R3
R6
C1
C2
ϕ59
ϕ48
ϕ40
ϕ36
ϕ24
ϕ14
R15
8
11
5
10
7
5
5
15
96

[도면 14]

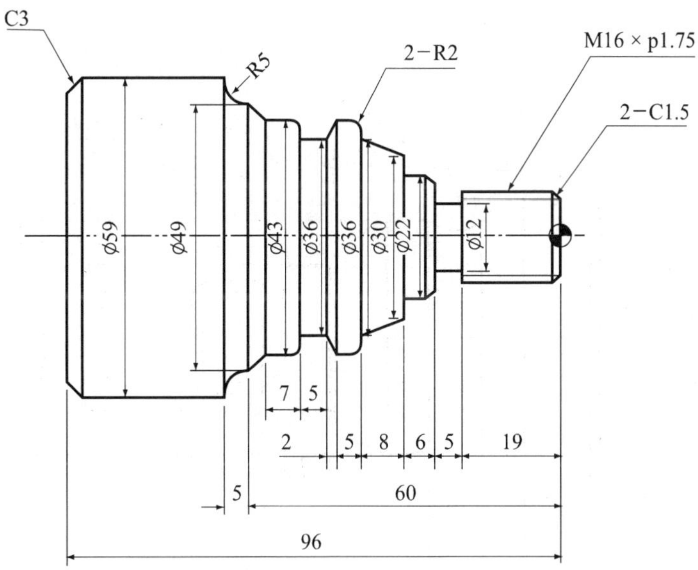
C3
R5
2−R2
M16 × p1.75
2−C1.5
ϕ59
ϕ49
ϕ43
ϕ36
ϕ36
ϕ30
ϕ22
ϕ12
7
5
2
5
8
6
5
19
5
60
96

[도면 15]

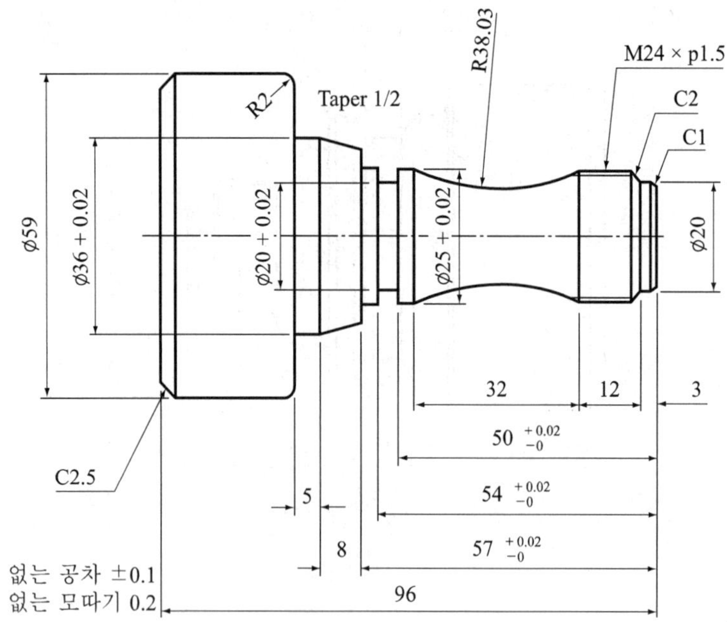

주)
① 지시 없는 공차 ±0.1
② 지시 없는 모따기 0.2

[도면 16]

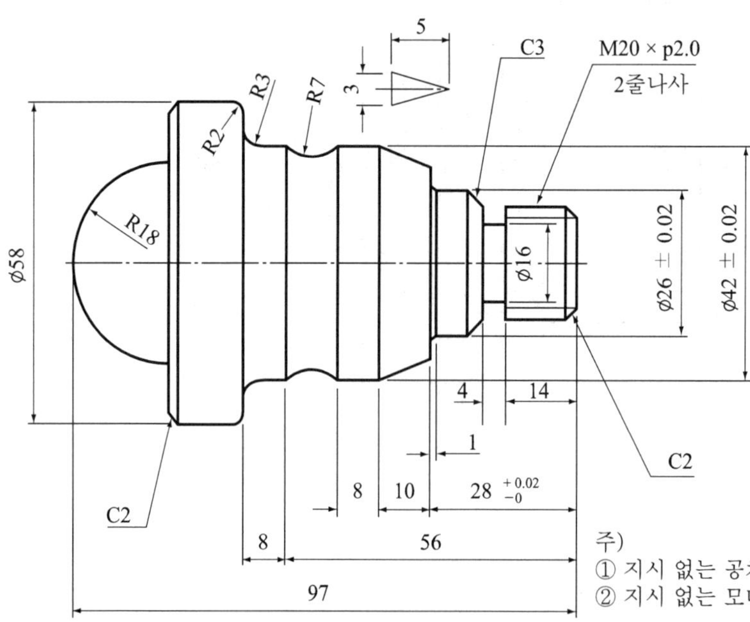

주)
① 지시 없는 공차 ±0.1
② 지시 없는 모따기 0.2

[도면 17]

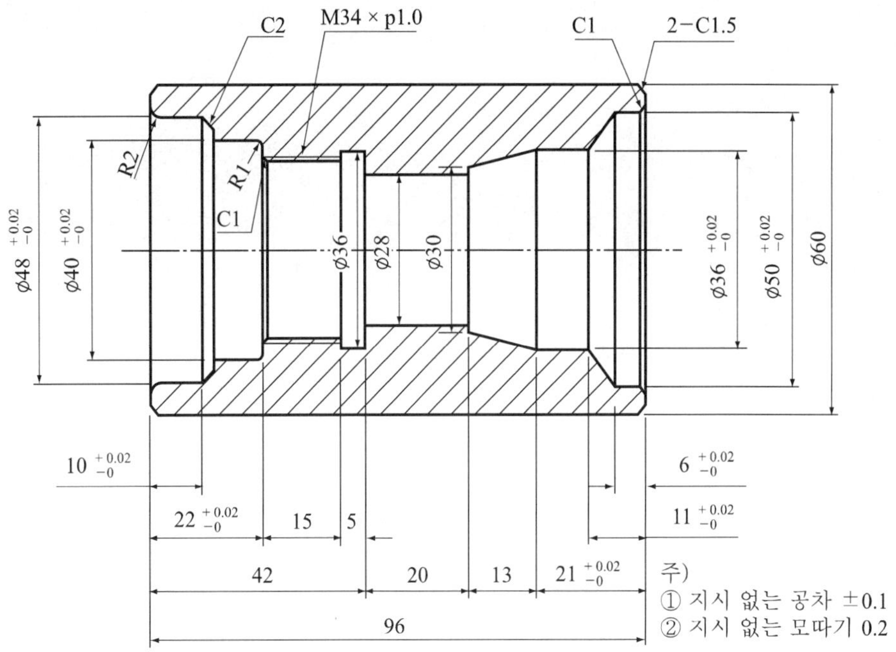

주)
① 지시 없는 공차 ±0.1
② 지시 없는 모따기 0.2

[도면 18]

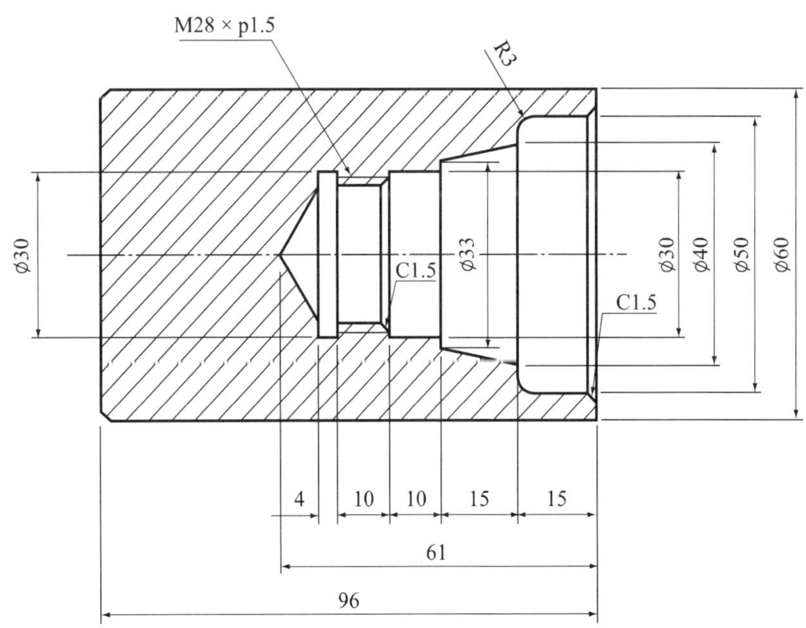

Part 3
CNC 머시닝센터

Chapter 1
머시닝센터의 구조

머시닝센터는 주축의 위치에 따라 수직형(Vertical Type)과 수평형(Horizontal Type)이 있다. 머시닝센터는 자동공구 교환 장치가 있어서 여러 공구를 사용하는 다공정 가공이더라도 순차적으로 공구를 자동으로 교환할 수 있으므로 다(多)공정 작업일 경우에도 공구 교환에 소요되는 시간을 줄일 수 있다.

그림 1-1 머시닝센터

1-1. 자동공구 교환 장치(Automatic Tool Changer)

자동공구 교환 장치에서 사용하는 공구 홀더(Tool Holder)의 형상은 공작기계협회의 MAS 규격으로 정해진다.

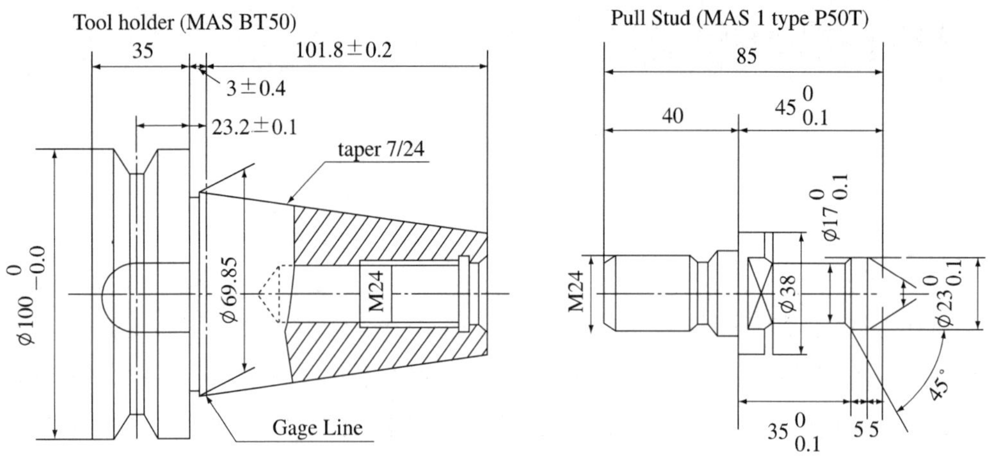

그림 1-2 Pull Stud 공구 홀더

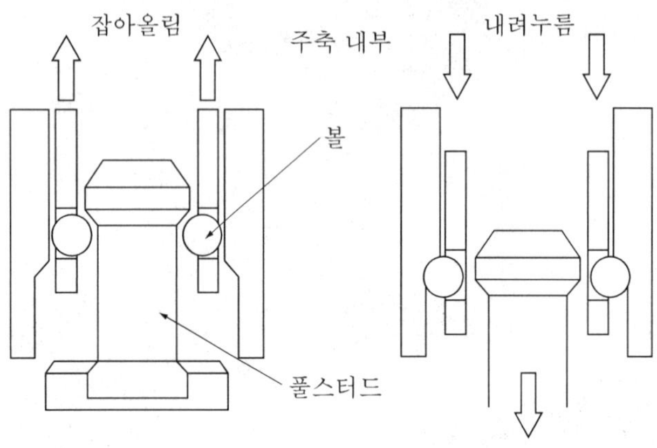

(a) 잠김 (b) 풀림

그림 1-3 ATC의 공구 체결 방식

공구를 쥐는 방식에는 병을 쥐는 것과 같은 보틀그립(Bottle Grip) 방식과 접시를 쥐는 것과 같은 쇼서그립(Saucer Grip) 방식과 풀스터드(Pull Stud) 방식이 있으나 일반적으로 풀스터드(Pull Stud) 방식을 사용하고 있다.

풀스터드(Pull Stud) 방식은 공구 홀더를 나사로 조여 사용하며, 그 규격도 MAS 규격으로 정하여져 있는데 그림 1-2와 같다.

1-2. 머시닝센터 Tooling System

일반적으로 많이 사용되는 머시닝센터용 Tooling System은 표 1-1과 같다.

표 1-1 머시닝센터용 Tooling System

품 명	형 상	표시 기호	적용 Tool
Milling Chuck	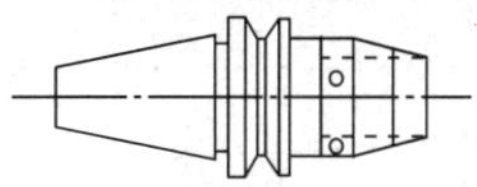	BT -CTR -	End Mill T - Cutter PRO - Cutter
Side Lock Holder	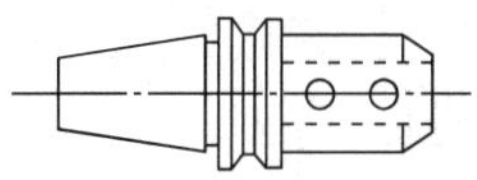	BT -SLA -	End Mill
Face Cutter Arbor	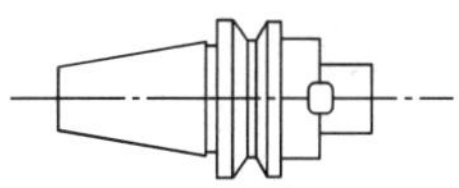	BT FM A - B - C -	Face Cutter Shoulder Cutter
Shell End Mill Arbor	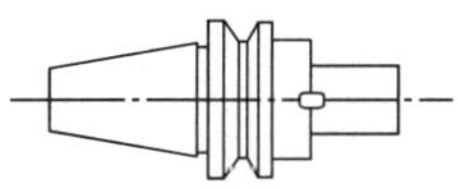	BT -SMA -	Shell End Mill
Side Cutter Arbor	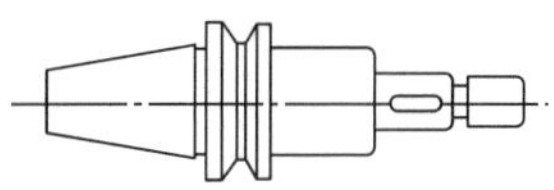	BT -SCA -	Side Cutter
Morse Taper Holder	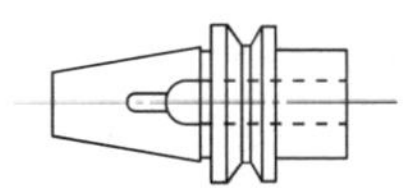	BT -MTA - B -	Drill End Mill
Jacobs Taper Arbor	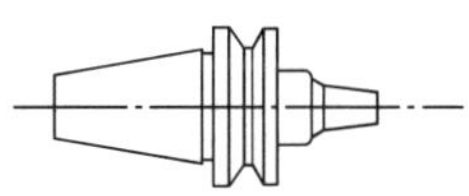	BT -JTA -	Drill
Auto Depth Tap Holder	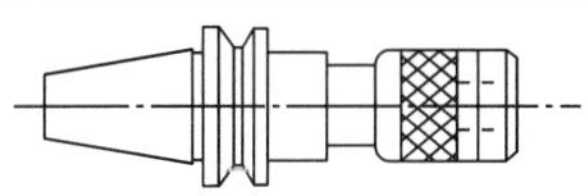	BT -TPL -	Tap
Quick Change Tap Holder	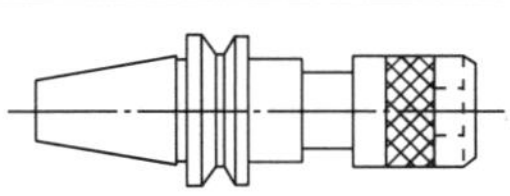	BT -TQB -	Tap

표 1-1 머시닝센터용 Tooling System(계속)

품 명	형 상	표시 기호	적용 Tool
Micro Boring Bar	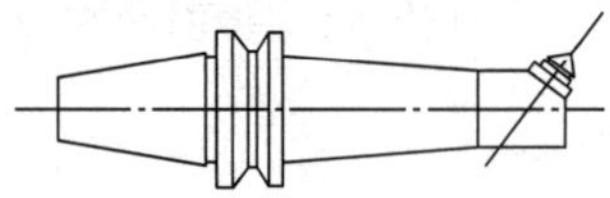	BT -BCB -	Micro Boring Unit
Square Tool Boring Bar	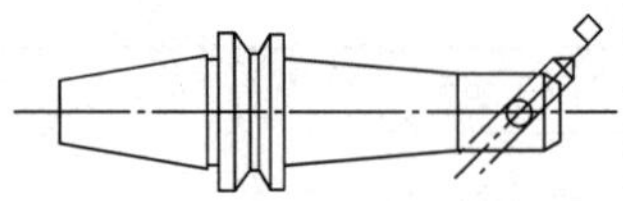	BT -BSA -	Boring Bite
Square Tool Boring Bar	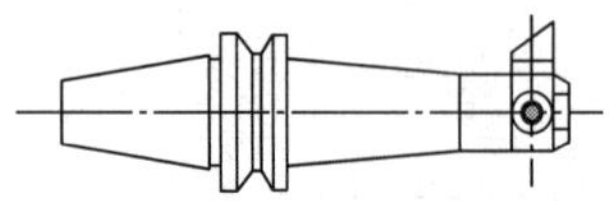	BT -BSB -	Boring Bite
Coolant Feed Drill Holder	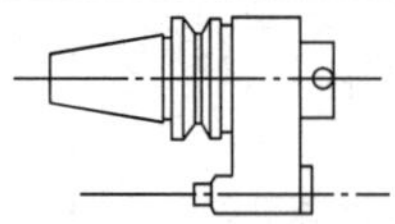	MT - BT -CF ST -	Drill

Chapter 2

프로그램 구성

CNC 선반과 같은 공작기계는 기본적으로 2축 제어에 의하여 제품이 가공되지만 머시닝 센터와 같은 CNC 공작기계들은 기본 3축 이외에도 부가 축에 의한 가공이 가능하므로 다음을 고려하여 프로그램을 작성해야 한다.

2-1. 프로그래밍 순서

부품도면 ⇒ 가공계획 ⇒ 프로그래밍 ⇒ 테스트 가공 ⇒ 측정검사 ⇒ 제품 완성

2-2. 가공 계획 수립

NC 프로그램을 작성할 때 필요한 조건을 미리 결정하기 위해 고려해야 하는 사항은 다음과 같다.

① 소재의 고정방법 및 필요한 치구의 선정
② 공정 분할 공구의 출발점 황삭과 정삭의 절입량 결정
③ NC 기계로 가공하는 범위와 사용하는 공작기계의 선정
④ 절삭공구 툴 홀더(Tool Holder)의 선정 및 공작물 고정방법의 결정
⑤ 절삭조건의 결정(주축의 회전속도, 이송속도, 절삭유 유무) 공구의 보정량 결정

2-3. 프로그램 작성

위의 사항을 고려하여 결정된 조건을 바탕으로 프로그래밍을 한다.
① 가공 계획에 따라 어느 부분을 어느 방향으로 절삭할 것인가를 결정한다.
② 공구 경로에 필요한 좌표값을 계산한다.
③ Process Sheet의 작성
Process Sheet는 프로그램을 편리하게 작성토록 하기 위하여 NC 프로그램의 블록을

구성하는 각 단어를 기입할 수 있도록 만들어진 용지이다.

표 2-1은 Process Sheet이고 표 2-2는 Tool Setting Sheet의 한 예이다.

표 2-1 Process Sheet

기종			PROCESS SHEET							NO.	
품종 번호		부품 명칭			재질						
PROGRAM 번호		년 월 일	년 월 일		작성자						
B D	G기능	X종동량	Y종동량	Z종동량	중심 좌표	이송속도	주축 회전수	OFF SET	공구 번호	M 기능	REMARK *
N	G G G	X ±	Y ±	Z ±	I J K ±	F	S	H	T	M	*
											*
											*
											*
											*
											*
											*
											*
											*
											*
											*
											*
											*
											*
											*
											*
											*
											*
											*
											*
											*
											*
											*
											*

표 2-2 Tool Setting Sheet

테이프 번호 :

기계명 :

작성자 :

년 월 일

순	공구명	공구경	공구 길이	보번 번호	보정량	S / RPM	절삭속도	ATC NO.	작업 내용	비고

2-4. 좌표계 및 평면

프로그램할 때 사용하는 좌표계는 표준 좌표계인 오른손 좌표계를 사용하며 그림 2-1과 같이 일반적으로 오른손 엄지손가락, 인지 및 중지를 세우면 엄지손가락이 X축 +방향, 인지가 Y축 +방향 중지가 Z축 +방향을 나타내며, 이용하고 있다.

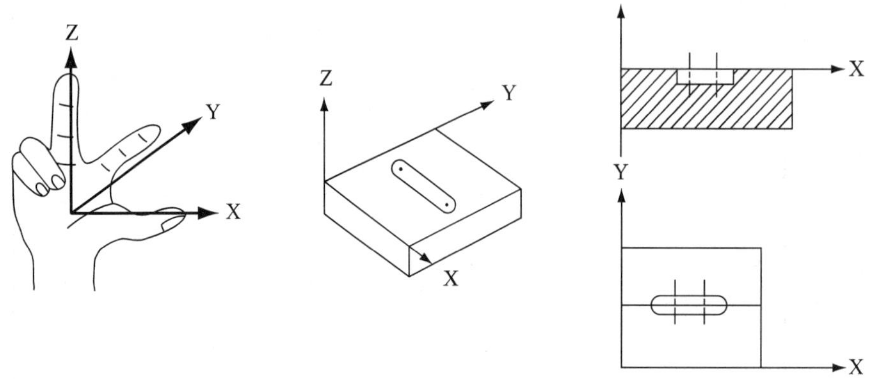

그림 2-1 오른손 좌표계

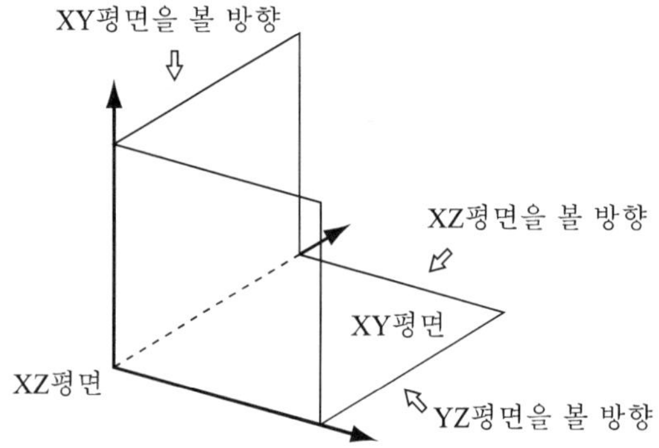

그림 2-2 좌표평면

좌표계의 평면은 그림 2-2에서 XY평면, XZ평면, YZ평면이 있으며 이 평면들의 결정은 그 평면이 포함되지 않은 축의 +방향에서 -방향으로 볼 경우에 나타나는 평면을 말하며 평면의 정의는 XZ평면 프로그램 작성 시에 필요한 개념이다.

2-5. 공작물 좌표계 및 원점

공작물을 가공하기 위한 프로그램을 작성할 때 공작물에서 기준이 되는 임의의 좌표기준점을 설정해야 한다. 이를 공작물 좌표계 또는 프로그램 좌표계라 하며 좌표축의 교점을 공작물 원점 또는 프로그램 원점이라 한다. 공작물 원점은 제품의 형상에 따라 프로그램하기 용이한 위치에 정하고, 프로그램 첫 블록에 공작물 원점으로부터 기계 원점(기계에 따라 정해진 고유의 원점)까지의 관계위치나 기계 원점으로부터 프로그램 원점까지의 관계위치를 G54~G59 또는 G92의 G-Code로 지령하며, 이 블록 다음부터 공구 이동은 공작물 원점, 즉 프로그램 원점을 기준으로 정해진다.

2-6. 주소(Address)와 지령치(Data) 범위

(1) 주소(Address)

주소(Address)는 알파벳의 대문자로 적용하며 표 2-3과 같고, 해당 주소(Address)에 따른 지령치(Data)는 표 2-4와 같다.

표 2-3 Fanuc Controller Address

어드레스	기 능	의 미	비 고
O	프로그램 번호	프로그램의 이름에 해당	
N	Sequence 번호	블록의 이름	
G	준비기능	기계를 동작시키기 위한 준비	
X, Y, Z	좌표어	좌표축의 이동지령	선반은 Y축이 없음
A, B, C	부가축 좌표어	부가축의 이동지령	
R	원호의 반경 좌표어	원호의 반경 지령	
I, J, K	원호의 중심 좌표어	원 및 원호중심 좌표지령	선반은 J축은 없음
F	이송기능	이송속도 지령	
S	주축기능	주축 회전수(속도) 지령	
T	공구기능	공구 보정지령	
M	보조기능	기계의 보조 장치 ON / OFF 지령	
P	보조 프로그램 호출	보조 프로그램 번호 지령	
P, X	정지 시간 지정	공구의 이송 정지 시간 지령	

표 2-3 Fanuc Controller Address(계속)

어드레스	기 능	의 미	비 고
Q	고정 사이클 드릴 가공	고정 드릴 사이클 절삭 깊이 지령	
H, D	공구 보정 번호 지정	공구길이 및 공구 보정 번호 지령	
L	횟수 보정량 지정	반복 횟수, 보정량 프로그램 입력	

(2) 주소(Address) 지령치(Data) 범위

어드레스 지령치 범위는 기능에 따라 차이가 있고 미터계(Metric Units) 인치계(Inch Units)에 따라 다르며, 표 2-4는 각 주소(Address)의 지령치 범위를 표시한 것이다.

표 2-4 각 주소(Address) 지령치 범위

기 능	어드레스	미터 단위	인치 단위
프로그램 번호	O	0.001~9999	0.001~9999
시퀀스 번호	N	1~9999	1~9999
준비기능	G	0~99	0~99
좌표어	X, Y, Z, A, B, C, R, I, J, K	±99999.999 mm	±9999.9999 inch
이송기능	F	0.0001~24000 mm/min 0.00001~500 mm/rev	0.00001~960 inch/min 0.000001~20 inch/rev
주축기능	S	0~9999 rpm	0~9999 rpm
공구기능	T	0~99	0~99
보조기능	M	0~99	0~99
정지 시간	P, X	0~99999.999 sec	0~99999.999 sec
보정 번호	H, D	0~200	0~200
횟수 지정	L	1~9999	1~999

2-7. 준비기능(Preparation Function, G-Code)

준비기능은 기계의 동작을 준비하는 기능으로 Address는 “G”를 사용하므로 “G”기능이라고도 하며 지령 숫자는 0~99를 사용한다.

(1) G-Code의 종류

G-Code는 지령 숫자에 따라 각각의 의미가 다르나 크게 다음 두 가지로 구분한다.

1) 연속 유효 G-Code(Modal G-Code)

한 번 지령한 G-Code는 동일 그룹 내의 다른 G-Code가 나올 때까지 그 기능이 유지되며, 그 유효한 G-Code를 말한다(00그룹 이외의 모든 G-Code).

2) 1회 유효 G-Code(One Shot G-Code)

지령된 블록에서만 유효한 G-Code(00그룹 G-Code)

G00 X50. Y120. ;	G00은 Modal G-Code로 X50. Y120.까지 급속이송
Z10. ;	G00은 유효하므로 Z10.까지 급속이송
Y-25. ;	G00은 계속 유효하므로, Y-25.까지 급속이송
G01 X100. F100 ;	G01은 Modal G-Code로 G00이 취소되고 X100.까지 F100의 이송속도로 이송
G04 P1000 ;	G04는 One Shot G-Code이고 휴지시간으로 P1000(1초)로 적용
X100. Y50. ;	G01은 유효하며 X100. Y50.까지 F100의 이송속도로 이송

G-Code는 제어의 종류에 따라 그룹별로 표시한다. 그룹이 다른 G-Code는 1개의 블록에 여러 개를 지령할 수 있고 동일 그룹의 다른 G-Code를 겹쳐서 지령하면 나중에 지령한 G-Code가 유효하다.

표 2-5 Fanuc Controller G-Code 일람표

G-Code	그룹	기 능	용 도
▼G00	01	위치결정	공구의 급속 이송
▼G01		직선보간	절삭 이송에 의한 직선 가공
G02		원호보간 CW	시계방향의 원호 가공
G03		원호보간 CCW	반시계방향의 원호 가공
G04	00	드웰(Dwell)	절삭 이송을 지령시간 동안 정지
G09		정위치 정지	지령된 블록 종점에서 정위치 정지
G10		데이터 설정	L_에 따라 여러 종류의 데이터 등록
G11		데이터 설정 모드 취소	각종 데이터 프로그램 입력모드 취소
▼G15	17	극좌표 지령 취소	G16기능 모드 취소
G16		극좌표 지령	위치를 반경과 각도 값의 극좌표로 지령
▼G17	02	XY평면	XY평면 지령
G18		XZ평면	XZ평면 지령
G19		YZ평면	YZ평면 지령
G20	06	Inch 데이터 입력	좌표값의 단위를 인치로 지정
G21		mm 데이터 입력	좌표값의 단위를 mm로 지정
▼G22	09	행정제한 영역 설정	기계의 안전을 위하여 일정 영역 침입 금지
G23		행정제한 영역 OFF	G22기능 취소
G27	00	원점 복귀 점검	기계 원점으로 복귀 점검
G28		자동원점 복귀	기계 원점으로 복귀
G30		제2원점 복귀	제2원점(주로 공구 교환점) 복귀
G31		스킵(Skip)기능	블록의 가공 도중에 다음 블록 실행
G33	01	나사 가공	헬리컬 절삭으로 나사 가공
G39	00	Corner Offset 원호보간	Corner Offset 원호보간
▼G40	07	공구지름 보정 취소	공구 보정 모드 해제
G41		공구지름 좌측 보정	공구 진행방향에 대하여 좌측으로 보정
G42		공구지름 우측 보정	공구 진행방향에 대하여 우측으로 보정
G43	08	공구길이 보정	공구길이 보정이 Z축 방향으로 양수
G44		공구길이 보정	공구길이 보정이 Z축 방향으로 음수
G45	00	공구위치 오프셋 신장	이동지령을 경 보정량만큼 신장
G46		공구위치 오프셋 축소	이동지령을 경 보정량만큼 축소
G47		공구위치 오프셋 2배 신장	이동지령을 경 보정량만큼 2배 신장
G48		공구위치 오프셋 2배 축소	이동지령을 경 보정량만큼 2배 신장

표 2-5 Fanuc Controller G-Code 일람표(계속)

G-Code	그룹	기 능	용 도
▼G49	08	공구길이 보정 취소	공구길이 보정 모드 취소
▼G50	11	스케일링(Scaling) 취소	크기확대 축소 및 미러 이미지 취소
G51		스케일링(Scaling)	스케일링 및 미러 이미지 지령
G52	00	로컬 좌표계 설정	절대 좌표계 내에서 또 다른 좌표계 설정
G53		기계 좌표계 선택	기계 원점을 기준으로 한 좌표계 설정
▼G54	14	공작물 좌표계 1선택	공작물 기준 위치를 원점으로 한 좌표계를 6개까지 설정가능
G55		공작물 좌표계 2선택	
G56		공작물 좌표계 3선택	
G57		공작물 좌표계 4선택	
G58		공작물 좌표계 5선택	
G59		공작물 좌표계 6선택	
G60	00	한 방향 위치 결정	고정밀도를 위한 한 방향 위치 결정
G61	15	정위치 정지 모드	한 블록의 정 위치에 정지 확인 후 다음 가공
G62		자동 코너 오우버라이드	공구 원주부의 이송속도 차이 보정
G63		태핑(tapping) 모드	이송속도 고정, 드웰 취소되어 태핑 가공
▼G64		연속절삭 모드	연결된 교점 부위의 매끄러운 가공
G65	00	매크로(Macro) 호출	지령된 블록에서만 단순 호출
G66	12	매크로 모드 호출	모드의 각 블록에서 호출
▼G67		매크로 모드 취소	매크로기능 모드 취소
G68	16	좌표 회전	좌표계를 회전시켜 프로그램을 쉽게 함
▼G69		좌표 회전 취소	좌표회전기능 모드 취소
G73	09	고속 심공 드릴 사이클	깊은 구멍을 고속으로 가공하는 사이클
G74		왼나사 태핑 사이클	왼나사 공구를 이용하여 왼나사 가공
G76		정밀 보링 사이클	구멍 바닥에서 공구 시프트 하는 사이클
▼G80		고정 사이클 취소	고정 사이클 모드
G81		드릴링 사이클	드릴이나 센디드릴 가공의 드릴링 사이클
G82		카운터 보링 사이클	구멍 바닥에서 드웰하는 드릴링 사이클
G83		심공 드릴 사이클	깊은 구멍 가공 드릴링 사이클
G84		태핑 사이클	탭 나사 가공 고정 사이클
G85		보링 사이클	절입 및 복귀 시 왕복 절삭 가능
G86		보링 사이클	일반 황삭 보링용 사이클

표 2-5 Fanuc Controller G-Code 일람표(계속)

G-Code	그룹	기 능	용 도
G87	09	백 보링 사이클	구멍 바닥 면으로부터 보링하여야 하는 형상에 주로 이용
G88		보링 사이클	수동 이송이 가능한 보링 사이클
G89		보링 사이클	구멍 바닥에서 드웰하는 보링 사이클
▼G90	03	절대지령	절대값 지령방식 선택
G91		증분지령	증분값 지령방식 선택
G92	00	공작물 좌표계 설정	프로그램 내에서 공작물 좌표계(절대) 설정
▼G94	05	분당 이송	1분간의 공구 이송량 지정
G95		회전당 이송	주축 1회전당 공구 이송량 지정
G96	13	주속 일정제어	공구와 공작물의 상대속도 일정
▼G97		주축 회전수 일정제어	분당 주축 회전 속도(rpm) 일정
▼G98	10	고정 사이클 초기점 복귀	고정 사이클 종료 후 초기점으로 복귀한다
G99		고정 사이클 R점 복귀	고정 사이클 종료 후 R점으로 복귀한다.

[주] ▼표시가 붙어 있는 G-Code는 기계에 전원 투입 시 선택되는 기능이다.

2-8. 절대지령과 증분지령

이동지령 방식은 절대(Absolute)지령 방식과 증분(Incremental)지령 방식이 있다.

(1) 절대지령(G90)

절대지령 방식은 미리 지정된 프로그램 원점을 기준으로 종점의 위치를 지령하는 것으로 워드(Word)는 G90이며 종점 좌표 위치가 프로그램 원점을 기준으로 양의 방향이면 "+"를 음의 방향이면 "-"를 붙여 지령한다.

[지령 형식]

```
G90 G00 X__ Y__ Z__ ;
```

예제 1 다음 그림에서 화살표방향으로 이동할 절대지령 프로그램을 작성한다.

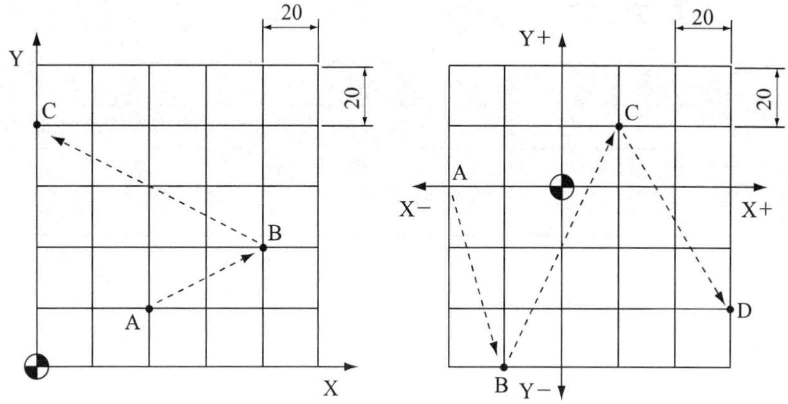

그림 1　　　　그림 2

□ 프로그램

경 로	그림 1	그림 2
A → B	G90 G00 X80. Y40. ;	G90 G00 X-20. Y-60. ;
B → C	X0 Y80. ;	X20. Y20. ;
C → D		X60. Y-40. ;

(2) 증분지령(G91)

증분지령 방식은 이동 시점에서 이동 종점까지의 이동거리와 이동 방향을 지령하는 방식으로 시점을 기준으로 양의 방향이면 "+"를 음의 방향이면 "-"를 붙여 지령한다.

[지령 형식]

```
G91 G00 X__ Y__ Z__ ;
```

예제 2 그림에서 화살표방향으로 이동할 증분지령 프로그램을 작성한다.

□ 프로그램

경 로	그림 1	그림 2
A → B	G91 G00 X40. Y20. ;	G91 G00 X20. Y-60. ;
B → C	X-80. Y40. ;	X40. Y80. ;
C → D		X40. Y-60. ;

Chapter 3
준비기능(G Function)

3-1. 보간기능

(1) 급속 이송 위치결정(G00)

급속 이송 위치결정(Rapid Feed Rate Positioning)는 공구를 현재 위치에서 지령 종점까지 급속 이송속도로 이동시킨다. 급속 이송속도는 파라미터로 설정되어 있으며, 머시닝센터 조작판의 Feed Override로 조절한다.

[지령 형식]

$$\text{G00}\begin{bmatrix}\text{G90}\\\text{G91}\end{bmatrix}\text{X\_ Y\_ Z\_ ;}$$

[지령 워드 의미]

G90 : 절대지령(하나만 지령하여야 하며, Modal G-Code로 생략 가능)

G91 : 증분지령(하나만 지령하여야 하며, Modal G-Code로 생략 가능)

X, Y, Z : 각축의 이동종점의 좌표값

공구 이동경로는 그림 3-1에서 보는 바와 같이 직선형 위치결정 방식과 비직선형 위치결정 방식이 있다.

① 직선형 위치결정 : 각 축이 설정된 급속 이송속도를 넘지 않으면서 출발점부터 이동종점까지 직선으로 최단 시간에 이동한다.

② 비직선형 위치결정 : 급속이동 위치결정(G00) 블록에 지령된 각 축이 독립적으로 종점 방향으로 최대 속도로 이동하다가 먼저 도달된 축부터 정지한다.

일반적으로 비직선형 위치결정 방식으로 설정되어 있다. 이 방식은 2개 이상의 축이 지령되어 있으면 각 축마다 급속 이송속도로 이동하므로 처음에는 보통 45°로 움직이며, 먼저 도달된 축은 정지하므로 이후에는 수평 또는 수직으로 이동하는 형식이다. 이러한 이유 때문에 공구 교환 후 처음 위치결정을 하여 공작물 가까이 접근시킬 때에는 한 블록에 X, Y, Z 3축을 동시에 지령하는 것보다 두 블록으로 나누어 앞 블록에는 X, Y 좌표값만 지령하고 다음 블록에 Z 좌표값을 지령하는 방식이 안전하다. 왜냐하면 X, Y축이 먼저 이동하고 Z축이 이동하기 때문이다. 반대로 가공 후 초기 위치로 급속 이송시킬 경우에는 Z축을 먼저 지령하고 X, Y축을 지령하는 것이 좋다. 그림 3-2는 이러한 사항을 도시한 것이다.

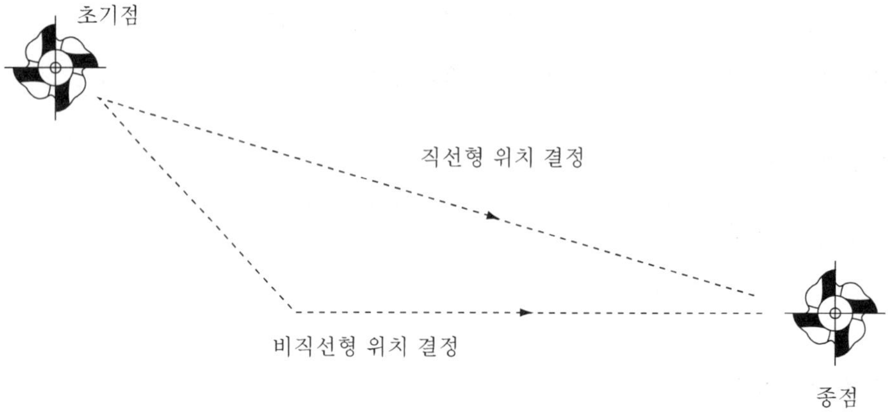

그림 3-1 직선형 위치결정 및 비직선형 위치결정

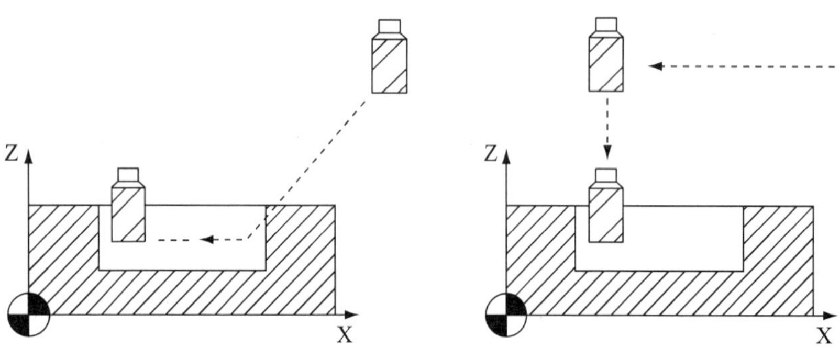

(a) 1개 블록으로 지령 (b) 2개 블록으로 지령

그림 3-2 위치결정 방식

예제 3 다음은 공구를 급속 이송속도로 위치결정할 때의 증분지령 프로그램이다.

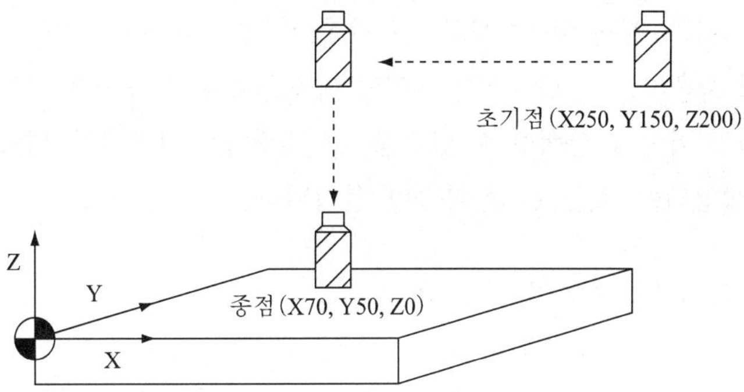

□ 프로그램

절대지령	증분지령
G90 G00 X70. Y50. ;	G91 G00 X-180. Y-100. ;
Z0. ;	Z-200. ;

(2) 직선 보간(Linear Interpolation) G01

현 위치로부터 지령 위치까지 직선으로 가공한다. 이송속도는 어드레스 F와 데이터로 지령하고 각축은 1축만 지령하면 그 축에 평행한 직선 절삭이 된다. 2축이나 3축이 지령되면 경사진 직선 절삭이 되며, 합성 이송속도로 이송된다. G01 및 F기능은 Modal기능이기 때문에 연속하는 블록에서는 생략이 가능하다. 일반적으로 밀링이나 머시닝센터에서는 X, Y축 절삭지령이 많으며, Z축 방향으로는 일정량의 절삭 깊이를 주거나 드릴 등에 의한 구멍 절삭에 많이 이용된다.

[지령 형식]

$$G01 \begin{bmatrix} G90 \\ G91 \end{bmatrix} X\_\ Y\_\ Z\_\ F\_\ ;$$

[지령 워드 의미]

G90 : 절대지령(하나만 지령하여야 하며, Modal G-Code로 생략 가능)

G91 : 증분지령(하나만 지령하여야 하며, Modal G-Code로 생략 가능)

X, Y, Z : 각축의 이동종점의 좌표값

F : 이송속도로 분당 이송속도와 회전당 이송속도가 있으며, 밀링 계에서는 분당 이송을 많이 사용하고, 선반에서는 회전당 이송을 주로 사용한다. G94, G95로 분당 이송, 회전당 이송을 선택할 수 있으며, 이 지령 없이 F+데이터를 사용하면 전원 투입 시 설정되어 있는 분당 이송이 선택된다.

공구 경로 A부터 E까지 지령 예

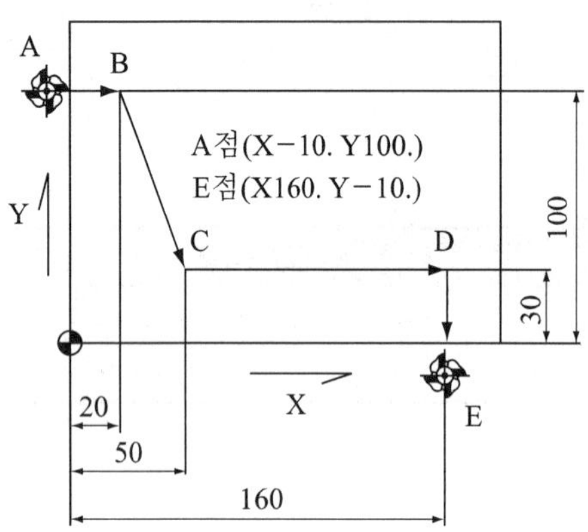

[절대지령]

```
G90 G01 X20. Y100. F100 ;
X50. Y30. ;
X160. ;
Y-10. ;
```

[증분지령]

```
G91 G00 X30. F100. ;
X30. Y-70. ;
X110. ;
Y-40. ;
```

그림 3-3 직선 가공 예

예제 4 다음 그림의 초기점에서 가공 시점까지 급속 이송 위치결정을 하고, 이후 시점부터 점 Ⓐ → 점 Ⓖ의 원점까지 직선 가공을 하는 프로그램을 작성하시오.

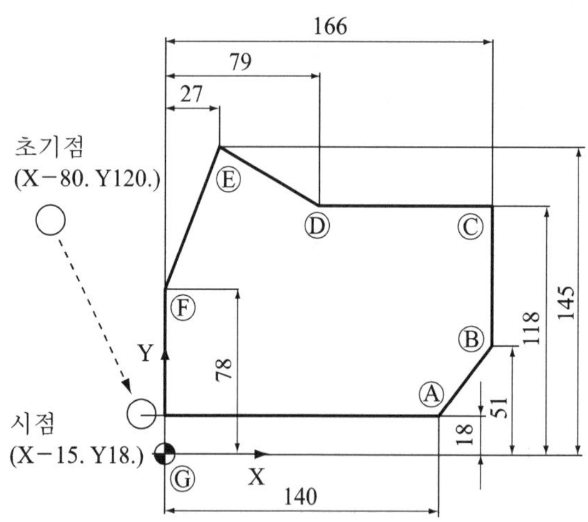

□ 프로그램

```
G90 G00 X-15. Y18. ;          시점까지 급속 이송
    G01 X140. F100. ;         시점 →A
        X166. Y51. ;          A → B
        Y118. ;               B → C
        X79. ;                C → D
        X27. Y145. ;          D → E
        X0. Y78. ;            E → F
        Y0. ;                 F → G 원점까지
```

(3) 원호보간(Circular Interpolation) G02, G03

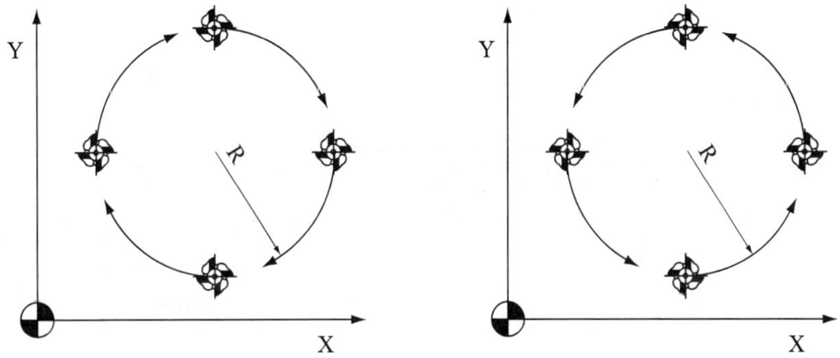

(a) G02(시계방향 : CW)　　(b) G03(반시계방향 : CCW)

그림 3-4 원호 가공의 회전방향

가공 시점에서 지령된 위치까지 반경 R의 크기로 원호 가공을 지령한다. 원호의 회전방향에 따라 시계방향(CW : Clock Wise)일 때는 G02, 반시계방향(CCW : Counter Clock Wise)일 때는 G03으로 지령한다.

1) 평면에 따른 지령 형식

[XY평면(G17) 지령 형식]

$$G17 \begin{bmatrix}G02\\G03\end{bmatrix}\begin{bmatrix}G90\\G91\end{bmatrix} X\_ \quad Y\_ \quad \begin{bmatrix}R\_ \\ I\_ \quad J\_\end{bmatrix} F\_ \;;$$

[XZ평면(G18) 지령 형식]

$$G18 \begin{bmatrix}G02\\G03\end{bmatrix}\begin{bmatrix}G90\\G91\end{bmatrix} X\_ \quad Z\_ \quad \begin{bmatrix}R\_ \\ I\_ \quad K\_\end{bmatrix} F\_ \;;$$

[YZ평면(G19) 지령 형식]

$$G19 \begin{bmatrix}G02\\G03\end{bmatrix}\begin{bmatrix}G90\\G91\end{bmatrix} Y\_ \quad Z\_ \quad \begin{bmatrix}R\_ \\ J\_ \quad K\_\end{bmatrix} F\_ \;;$$

[지령 워드 의미]

순 서	지령 내용		지 령	의 미
1	평면지정		G17	X, Y평면의 원호, 초기설정 모드
			G18	X, Z평면의 설정
			G19	Y, Z평면의 설정
2	좌표지령 방식		G90	절대치 지령
			G91	증분치 지령
3	회전방향		G02	시계방향(CW)
			G03	반시계방향(CCW)
4	끝점 위치	G90	X, Y, Z	좌표계에서 끝점까지의 거리와 방향
		G91	X, Y, Z	
		소문자	x, y, z	좌표계에서 원호중심 위치지정
5	원호중심 지령	G90	I, J, K	좌표계에서 원호중심 위치지정
		G91	I, J, K	
		소문자	i, j, k	시작점에서 원호중심까지 거리
	원호반경		R	원호반경
6	이송속도		F	원호를 따라가는 접선방향의 속도

2) 원호의 끝점과 중심이 지정되는 경우

① 원호끝점은 X, Y, Z에 의해 지정되고 절대(G90)값 증분(G91)값 또는 소문자로 표시된다.

② 원호의 중심은 X, Y, Z축 방향의 위치를 I, J, K로 지령하며 절대치와 증분치로 지령할 수 있다.

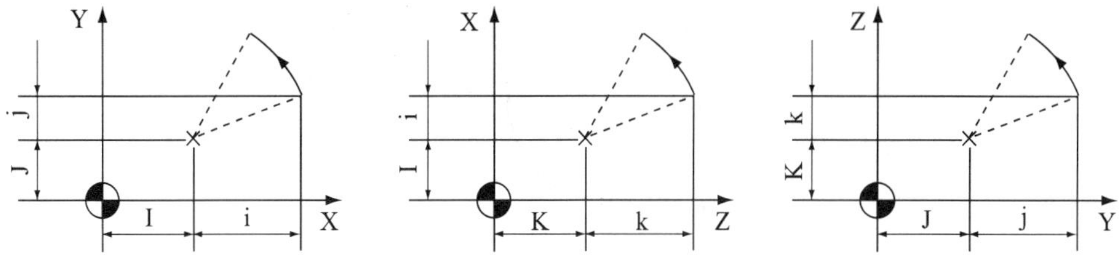

그림 3-5 원호중심과 끝점 지령방법

3) 중심과 끝점 지령방식의 원호 프로그램

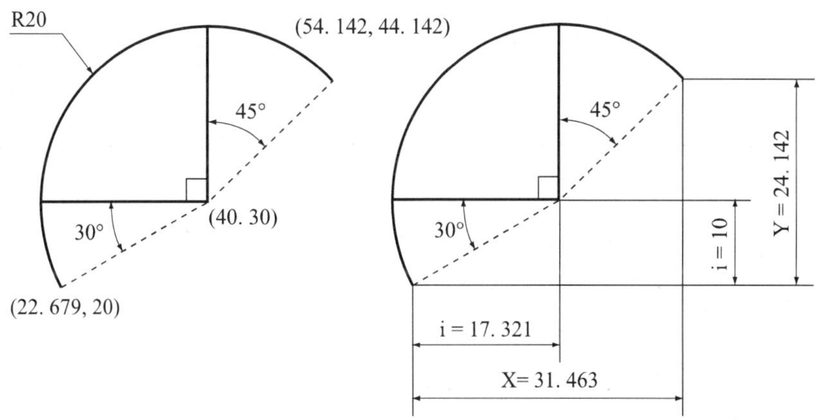

절대지령 프로그램	증분지령 프로그램
G90 G02 X54.142 Y44.142 I40. J30. ;	G91 G02 x31.463 y24.142 i17.321 j10. ;

원호보간에서는 절대지령 증분지령에 관계없이 I, J, K는 대문자로 표시하고 중심의 위치는 항상 시점에서 중심까지의 거리 및 방향을 표시하는 방식을 이용한다.

예제 5 다음 그림에서 경로를 R 지령과 I, J, K 지령 형식으로 프로그램하시오.

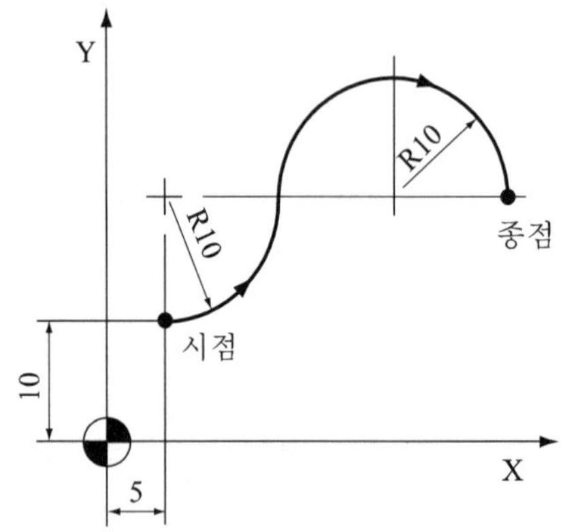

□ 프로그램

R 지령 형식	I, J, K 지령 형식
G90 G03 X15. Y20. R10. F80. ; G02 X35. (Y20.) R10. ;	G90 G03 X15. Y20. (I0.) J10 F100. ; G02 X35. (Y20.) I10. (J0.) ;

※ 이동량이 없는 X, Y, Z의 값은 생략할 수 있다.

※ 이동량이 없는 I, J, K의 값은 생략할 수 있다.

4) 원호의 반경과 끝점이 지령되는 경우

반경 R을 사용하여 원호보간을 지령하는 경우는 2가지 원호를 정의할 수 있다. 이때 프로그램된 R이 (+)값인 경우에는 원호가 180°보다 작은 원호이고 R이 (−)값인 경우에는 180°보다 큰 원호를 따라 원호보간이 이루어진다.

[반경지령 방식에 의한 프로그램]

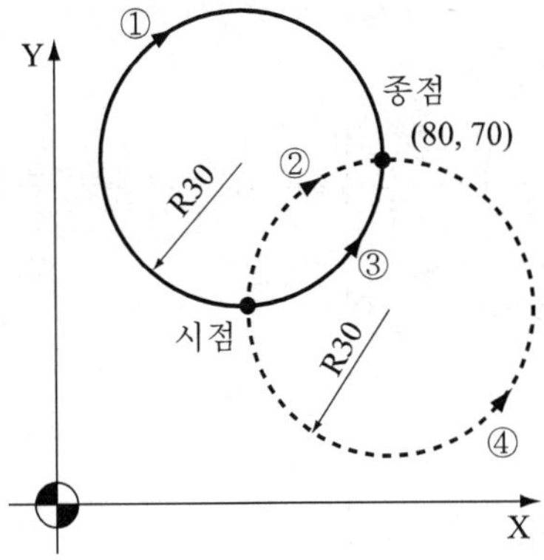

[180°보다 클 때]
① G02 X80. Y70. R-30. ;
④ G03 X80. Y70. R-30. ;

[180°보다 작을 때]
② G02 X80. Y70. R30. ;
③ G03 X80. Y70. R30. ;

(4) 원의 중심만 주어지는 경우

시작점과 끝점이 동일하거나 끝점이 생략되면 I, J, K를 중심으로 완전한 원호를 가공한다.

[반경지령 방식에 의한 원호 프로그램]

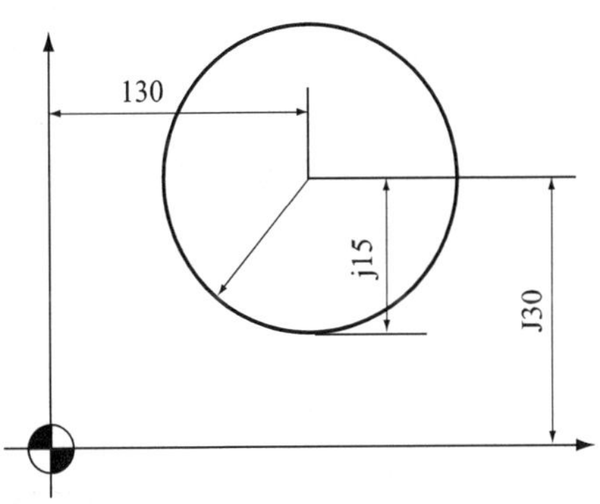

[절대지령]
G90 G03 I30. J30. ;

[증분지령]
G91 G03 i0. j15. ;

예제 6 시점에서 종점까지 가공하는 프로그램을 작성하시오.

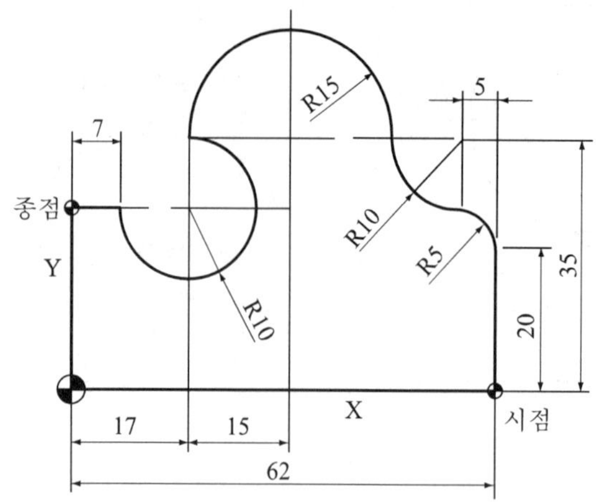

① R지령의 경우

□ 프로그램

[절대지령]	[증분지령]
G90 G01 Y20. F100. ;	G91 G01 Y20. F100. ;
G03 X57. Y25. R5. ;	G03 X-5. Y5. R5. ;
G02 X47. Y35. R10. ;	G02 X-10. Y10. R10. ;
G03 X17. Y35. R15. ;	G03 X-30. R15. ;
G02 X7. Y25. R-10. ;	G02 X-10. Y-10. R-10. ;
G01 X0. ;	G01 X-7. ;

② I, J, K지령

□ 프로그램

[절대지령]	[증분지령]
G90 G01 Y20. F100. ;	G91 G01 Y20. F100 ;
G03 X57. Y25. I-5. ;	G03 X-5. Y5. I-5. ;
G02 X47. Y35. J10. ;	G02 X-10. Y10. J10. ;
G03 X17. I-15. ;	G03 X-30. I-15. ;
G02 X7. Y25. J-10. ;	G02 X-10. Y-10. J-10. ;
G01 X0. ;	G01 X-7. ;

3-2. 일시정지 기능(Dwell Function) G04

일시정지(Dwell) 기능은 다음 블록의 실행을 정지시키는 역할을 한다. G04 다음에 어드레스 P와 X를 사용할 수 있으며, 보통 지령하는 숫자는 초(Second) 단위이다. 이 기능은 구멍 가공, 카운터 보링(Counter Boring) 등의 바닥 면에 공구 이동을 일시 정지시켜 면을 깨끗이 하거나 모따기(Chamfering) 가공에 모서리를 정밀하게 가공하고자 할 때, 압축공기로 칩(Chip)을 제거할 경우 등에 사용한다.

[지령 형식]

G04 $\begin{bmatrix} P\_\_ \\ X\_\_. \end{bmatrix}$;

[지령 워드 의미]

P : 휴지시간으로 소수점을 찍지 않는다.

X : 휴지시간으로 소수점을 찍는다.

보링 가공이나 드릴 가공에서 휴지시간은 다음과 같다.

300 rpm으로 회전하면 60(Sec) ÷300 rpm=0.2 Sec/rpm가 되어 1회전에 0.2초가 소요되므로 드웰 시간은 0.2초 이상이 필요하다.

예제 7 120 rpm으로 일정회전 시 홈 가공 및 바닥에서 2회전 드웰하는 프로그램은?

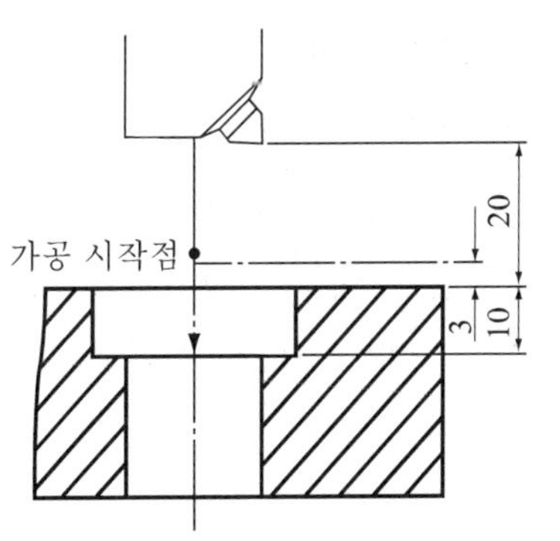

□ 프로그램

```
↓
G00 G90 Z3. ;
G01 Z-10. F40. ;
G04 P1000 ;    → 1초 동안 드웰
G00 Z20. ;
```

P에 소수점을 사용할 수 없다는 것 이외에는 P와 X의 사용에 구분은 없다. 그러나 이동지령 X와 구분하기 위해 P를 많이 사용한다.

3-3. 임의 각도 모따기 및 라운드 가공(G01)

교차하는 두 직선 사이의 모따기(Chamfering)나 코너 라운드 R가공을 한 블록으로 간단히 지령할 수 있다. 지령 형식은 다음과 같다.

[지령 형식]

$$\text{G01} \begin{bmatrix} \text{G90} \\ \text{G91} \end{bmatrix} \text{X\_ Y\_} \begin{bmatrix} \text{,C\_} \\ \text{,R\_} \end{bmatrix} \text{F\_ ;}$$

[지령 워드 의미]

X / Y : 모따기나 코너 R 가공이 X, Y, Z의 3축에 걸리는 경우는 차원 높은 어려운 가공에 속한다. 따라서 선택기능에 따른 기본 2축을 선택하며, 보통의 경우는 G17 평면에서 X, Y 좌표이다. 여기서 모따기나 라운드의 좌표값은 두 직선의 가상교점의 좌표이다.

,C / ,R : 모따기 C 다음에 이어지는 숫자는 가상교점에서 모따기 개시점 및 종료점까지의 거리이고, 라운드 R 다음의 숫자는 반경값을 지령한다.

DNC에서는 사용할 수 없으며, 평면지정 다음 블록에서는 사용할 수 없다.

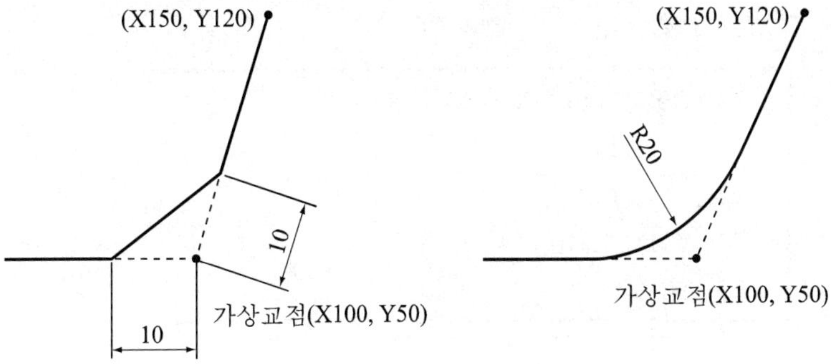

그림 3-6 모따기 가공 및 코너 R 가공

```
G01 G90 X100. Y50.  , C10. F100 ;
G01 G90 X100. Y50.  , R20. F100 ;
X50. Y20. ;
X150. Y120. ;
```

[주] 1. 모따기나 코너 R 가공의 어드레스 C, R 앞에 반드시 (,)를 표시한다.
2. 두 직선 사이에서만 지령할 수 있다.
3. 자동원점 모드에서만 사용할 수 있다.

예제 8 모따기나 코너 가공기능을 이용하여 프로그램하시오.

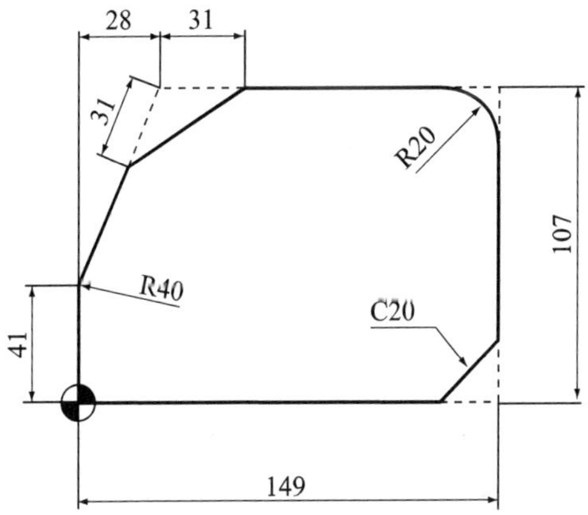

□ 프로그램

```
G01 G90 X149. Y0. ,C20. F70. ;
Y107. ,R20. ;
X28. ,C31. ;
X0. Y41. ,R40. ;
X0. Y0. ;
```

3-4. 이송기능(Feed Rate Function)

공구가 공작물을 가공할 때 이송속도가 필요하다. 이송속도는 1분당 이송속도(mm/min)로 지령하는 방법과 공구 1회전당 이송속도(mm/rev)로 지령하는 방법이 있다. 어드레스 F와 숫자로서 지령하면, 2축 직선 가공에서는 각 축의 합성 속도로 이동하고, 원호 가공일 때는 이동 접선 방향의 속도가 지령되는 것이다.

(1) 분당 이송(G94)

머시닝센터를 포함한 밀링머신에서 주로 사용하는 이송방법이다. 공구를 1분당 얼마만큼 이송시키는가로 지정하며, F100이라면 1분당 100 mm의 속도로 이송되면서 절삭을 진행한다.

[지령 형식]

```
G94   F__ ;
```

[지령 워드 의미]

F : 1분당 이송거리로 단위는 mm/min이다.

전원 투입 시에 설정되며, 주로 이송속도로 작업하므로 G94를 생략하고 F_라고만 입력하여도 분당 이송속도로 이동하게 된다. F값은 모달 지령으로 한 번 지령하면 다음에 F지령으로 바뀔 때까지 계속 유효하다.

(2) 회전당 이송(G95)

선반에서 주로 사용하며 공작물 또는 공구가 1회전당 얼마만큼 이송하는가를 어드레스 F와 수치로 지령한다. 머시닝센터에서 회전당 이송으로 지령할 때는 반드시 G95와 함께 지령하여야 하며, 한 번 지령 이후에는 G94로 변경하지 않는 한 계속 유효하다.

[지령 형식]

```
G95  F__ ;
```

[지령 워드 의미]

F : 1회전당 이송거리로 단위는 mm/rev이다.

예로서 G95 F0.25 ; 라고 지령하면 주축 회전당 0.25 mm 속도로 절삭된다. 여기서 회전수가 1000 rpm이라면 분당 이송속도 F는 0.25×1000으로 250 mm/min로 됨을 알 수 있다. 즉, 그 관계식은 다음과 같다.

$$F = f \times N$$

여기서 F : 분당 이송(mm/min)

f : 회전당 이송(mm/rev)

N : 회전수

(3) 정위치 정지(G09, G61)

NC기계는 각 축이 지령위치에 도달할 때, 비교판단의 기준으로 포지션 폭(Position Width)이 파라미터에 의해 설정되어 있다. 즉 도착점의 좌표값과 기계 위치의 차이가 포지션 폭보다 작을 경우 기계가 기계 위치에 도달하였다고 간주한다.

기계는 다음 설명할 연속절삭 모드가 기본 상태이므로 보통 가공 상태에서는 그림 3-7과 같이 미세하지만 Round 형태로 가공된다.

모서리를 정확하게 가공하고자 할 때, 종점의 위치로 정확하게 도달한 뒤 블록의 위치로 이동하게 하는 기능으로 정위치 정지(G09)와 정위치 정지 모드(G61)가 있다. G09는 One Shot G-Code이고 G61은 Modal G-Code이다.

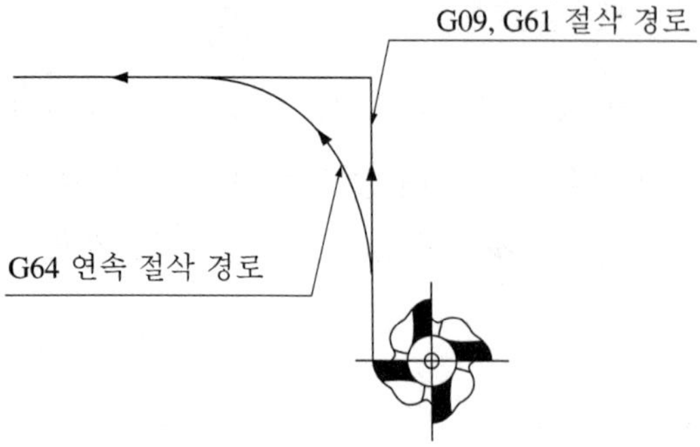

모서리부에서 일시정지(G04)지령도 G09와 같은 효과가 있다.

그림 3-7 정위치 정지지령의 경로

(4) 연속절삭 모드(G64)

G09나 G61의 지령 시 모서리는 날카롭게 가공되지만 교점 부위에 일시정지 현상이 생기고, 이로 인하여 가공면이 좋지 않으며, 공구 마모 가공시간이 길어진다. 이러한 현상을 방지하고 매끄러운 연속면을 가공하려면 연속절삭 모드인 G64를 선택하여야 한다. 실제로 R값은 매우 작아 제품의 정밀도에는 영향을 주지 않는다.

Chapter 4
주축기능(S Function)

4-1. 주축 회전속도 일정제어

주속 일정제어란 공구 인선부와 공작물의 상대속도가 항상 일정속도가 되도록 제어하는 기능이다. 공구가 회전하는 밀링 계에서는 공구의 직경이 클수록, 회전속도가 빠를수록 주속(원주 속도)이 커진다. 그러므로 G96을 지령하면 다음의 S값으로 일정하게 유지되도록 회전수를 무단으로 변속시켜서 절삭속도를 일정하게 유지한다. 이 기능을 사용하는 목적은 공구수명 연장, 절삭시간 단축, 가공표면 정도향상 등의 효과를 얻는 데 그 목적이 있다. 머시닝센터에서는 사용 빈도가 낮아 옵션기능이며 공작물이 회전하는 선반에서 많이 사용된다.

[지령 형식]

```
G96  S__  M03;
```

[지령 워드 의미]

S : 1분당 바이트 인선의 절삭 거리로 단위는 mm/min이다.
M03 : 주축이 정회전한다.

절삭속도와 분당 주축 회전수를 계산하는 식은 다음과 같다.

$$V = \frac{\pi \times D \times N}{1000}$$

$$N = \frac{1000 \times V}{\pi \times D}$$

여기서 V : 절삭속도(M/min)

D : 공구 직경(mm)(선반에서는 공작물이 회전하므로 공작물 직경임)

N : 주축 회전수(rpm)

예로서 ∅20의 엔드밀로 1000 rpm 회전수로 가공한다면, 절삭속도는 다음과 같다.

$V = \frac{3.14 \times 20 \times 1000}{1000}$ = 62.8 m/min이다.

4-2. 주축 회전수 일정제어(G97)

주속 일정제어를 취소하고 주축 회전수를 일정하게 하는 기능으로 대부분의 경우 주속 일정제어 취소라고 표시하고 있다. 전원을 켜면 G97이 기본적으로 설정되므로 S+수치만을 지령해도 회전수는 일정하게 되고, 이 경우는 숫자의 단위가 분당 회전수이다.

[지령 형식]

```
G97  S_  M03 ;
```

[지령 워드 의미]

S : 1분당 회전수로 단위는 rev/min(rpm)이다.

M03 : 주축이 정회전한다.

적용 예

G43 G90 G00 Z20.S750 M03 ;	→ 앞 블록에서 G96이 지령되지 않았다면 회전수는 일정제어로 750 rpm으로 회전한다.
G96 S250 M03 ;	→ 주속 250 m/min

4-3. 주축 최고 회전수 지정

G92와 S+수치를 한 블록에 지령하여 주축 최고 회전수를 지령할 수 있다. 즉, 실수로 기계에 무리를 주는 과대한 회전수를 지령해도 지정된 최고 회전수를 넘지 않도록 제어한다.

[지령 형식]

```
G92  S__ ;
```

[지령 워드 의미]

여기서 S의 단위는 분당 회전수(rpm)이다.

적용 예

G92 G90 X225.338 Y210.106 Z320.119 S3500 ;
→ 이 블록에서 G92는 공작물 좌표 원점 설정과 주축 최고 회전수 지정의 2가지 의미를 가지고 있다
S4000 M03 ;
→ 3500 rpm을 넘지 않는다.

Chapter 5

공구기능(T Function)

5-1. 공구 교환 기능

자동 공구 교환을 행하는 기능으로, T-Code로 연속되는 2행의 숫자로서 지령한다.

[지령 형식]

```
T□□M06;
```

T□□ : 선택할 공구 번호(두 자리 숫자)

M06 : 공구 교환 보조기능

적용 예

T02M06 : 2번 공구로 교환

5-2. 보정기능(Offset Function)

프로그램을 작성할 때 지금까지는 공구지름이나 공구길이를 고려하지 않고, 공구중심이 공작물의 외곽 윤곽선을 따라 이동한다고만 생각하였다.

그러나 실제 작업에서는 그림 5-1과 같이 공구 반경만큼 가공면에서 떨어진 경로로 이동하여야 치수가 정확하게 가공된다. 그렇다고 사용되는 각 공구마다 일일이 반경과 길이를 생각하여 프로그램에 미리 Offset값을 부여하여 프로그래밍하자면 아주 불편하고 복잡하다. 이러한 불편을 없애기 위하여 각 공구마다 고유의 번호를 지정하고, 각각의 반경값과 길이를 미리 측정하여 기계에 등록하고 가공할 때 호출하여 공구 위치를 보정될 수 있게 하는 기능을 공구보정기능이라 한다. 이를 이용하면 프로그램은 도면의 형태대로만 작성하면 되므로 훨씬 용이하다.

공구보정에는 공구지름 보정과 공구길이 보정이 있다. 공구지름 보정은 상대적인 공구 길이 값을 차감 계산하여 이동하여야 하므로 흔히 공구 Offset이라 하고 기계에 등록하는 값을 Offset 양이라 한다.

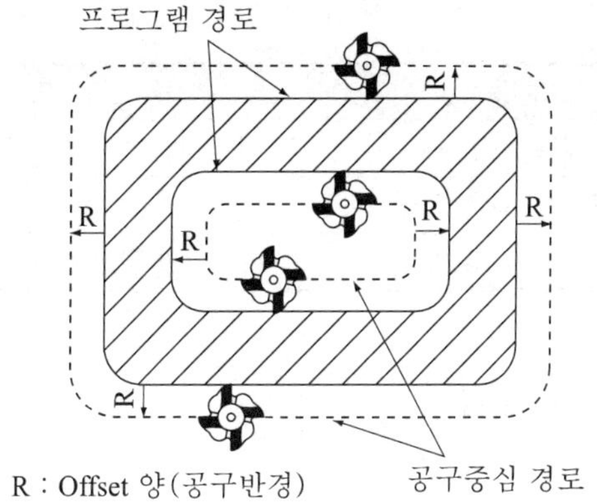

그림 5-1 실제 공구 이동 경로

(1) 공구지름 보정(G40, G41, G42)

엔드밀 등으로 측면 윤곽가공을 할 경우, 공구중심 경로는 공구 반지름만큼 떨어진 경로라야 공작물의 실제 치수대로 가공된다는 것을 알 수 있었다. 이런 경우에 미리 공구지름 보정 값을 보정 화면에 등록해두고 필요할 때 공구의 이동 방향에 따른 규정된 지령 모드를 사용하여 자동으로 공구 반지름만큼 떨어지게 하는 기능을 공구지름 보정기능이라 한다. 공구지름을 보정하기 위한 지령에는 G40, G41, G42가 있다.

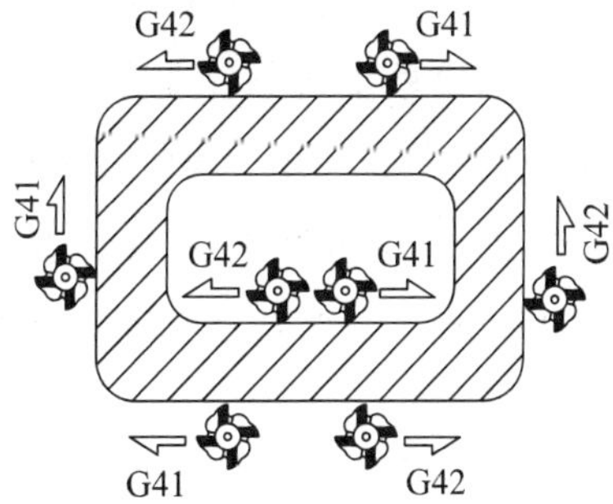

그림 5-2 이동 방향에 따른 공구지름 보정

공작물을 기준으로 공구 진행방향을 바라볼 때 공구의 위치에 따라 G-Code를 정확하게 선택하여야 하며, 처음 배우는 사람에게는 다소 어려운 부분이긴 하나, 반복 연습으로 확실히 이해하고 적용할 수 있어야 한다.

[지령 워드 의미]

G-Code	기 능	의 미
G40	공구지름 보정 취소	공구지름 보정기능을 취소할 때 사용
G41	공구지름 좌측 보정	공구 진행방향으로 볼 때 좌측 보정
G42	공구지름 우측 보정	공구 진행방향으로 볼 때 우측 보정

1) 공구지름 보정의 지령 방법

[지령 형식]

$$\begin{bmatrix} G00 \\ G01 \end{bmatrix} \begin{bmatrix} G41 \\ G42 \end{bmatrix} X\_\_ \quad D\_\_ \quad F\_\_ \ ;$$

[취소 형식]

$$\begin{bmatrix} G00 \\ G01 \end{bmatrix} G40\,X\_\_ \quad Y\_\_ \ ;$$

[지령 워드 의미]

D : 공구지름 보정 번호로 머시닝센터의 조작판의 보정 화면에서 입력한다. 일반적으로 공구지름 보정 번호는 해당 공구 번호와 동일하게 적용한다.

공구지름 보정은 X, Y평면에서만 사용되며, X축이나 Y축 또는 X, Y 두 축 방향으로 급속 이송이나 직선 가공이 동시에 지령되어야 하며, 실제 이동량도 보정량 이상으로 하는 것이 보통이다. G41, G42 Code는 Modal 지령으로 한 번 지령하면 취소될 때까지 계속 유효하다.

[스타트 업(Start Up) 블록과 Offset Mode]

공구지름 보정을 하지 않은 상태에서 공구지름 보정을 시작하는 블록을 Start Up

Block이라 하고, 계속 보정이 유효한 모드를 Offset Mode라 한다.

적용 예

G42 G90 G01 X100. D01 F80. ;	→ 공구지름 보정 시작(Start Up Block)
Y30. ;	→ 계속 보정 중(Offset Mode)
X0. ;	→ 계속 보정 중(Offset Mode)
G00 G40 X-10. Y0 ;	→ 공구지름 보정 취소

Start Up Block에서 공구 이동방향은 다음 블록에 Offset Vector가 수직으로 세워지며 취소 블록의 Offset Vector는 취소 전 블록에 수직으로 세워진다.

2) 공구지름 보정에서의 공구 동작

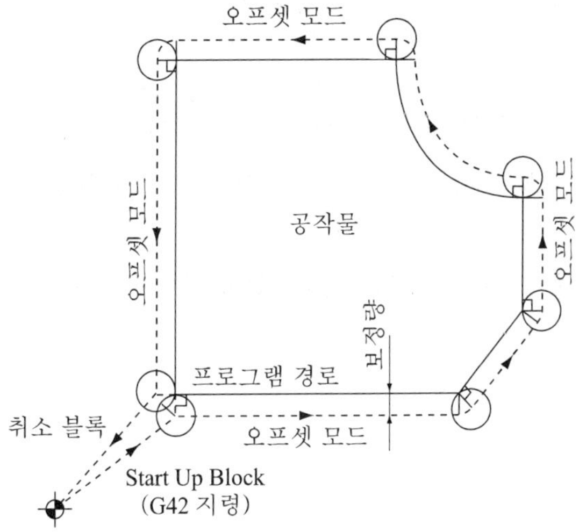

그림 5-3 공구지름 보정 시의 공구 동작도

① 최초의 보정은 Start Up Block에서 시작된다. Start Up Block의 이동 종점에서 다음 블록의 이동방향에 대하여 수직위치로 이동하며, 보정량은 해당 보정 번호에 입력한 값이다.

② 이후 블록에서 공구 경로는 보정량만큼 오프셋된 경로로 된다. Start Up Block에서는 G02, G03을 지령하지 않으나, 오프셋 모드에서는 지령해도 무방하다. 이 모드에서는 두 블록을 먼저 읽어 들여 교점을 찾아야 다음 블록의 이동 선에 Offset Vector

가 수직으로 선다.

③ 공구지름 보정 취소 블록에서의 이동지령도 G00 G01로 하는 것이 좋다. 해당 블록의 이동 종점으로 공구 중심이 이동하면서 보정기능이 취소된다.

④ 일반적으로 공구 보정량은 공구 반경값으로 설정하나, 경우에 따라서는 보정량을 임의의 크기로 조절하여 황삭의 반복이나 정삭 여유값으로 하여 프로그램을 간단히 할 수 있다.

⑤ 공구 반경보다 작은 원호 가공이나 홈 가공 지령을 하면 알람이 걸린다.

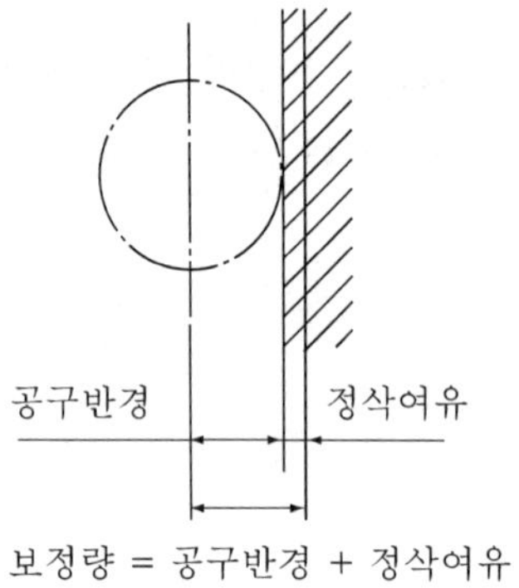

그림 5-4 보정량을 정삭에 이용

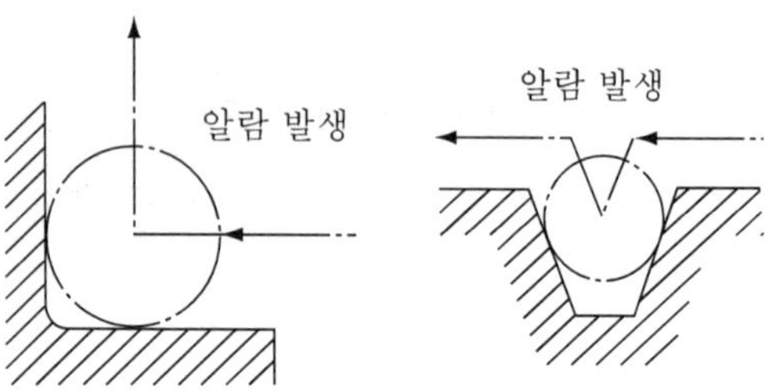

그림 5-5 잘못된 원호 가공 및 홈가

⑥ 공구지름 보정 중 연속하여 2블록 이동지령이 없으면 정상적인 보정이 되지 않는다.

적용 예

```
G42 G90 G01 Y10. D01 F80. ;
G91 X50. Y15. ;
G04 P1000 ;          → 이동지령이 없음
M08 ;                → 이동지령이 없음
X70. Y20. ;
```

⑦ 보정량은 양수로 입력하는 것이 보통이나, 음수로 입력하면 공구는 G41과 G42기능을 반대로 한 경우와 같다.

⑧ 공구지름 보정기능이 되어 있는 상태에서 또 다시 같은 공구지름 보정지령을 하면 2배 보정이 된다.

⑨ 이중 보정을 피하기 위해 프로그램 선두에 공구지름 보정과 길이 보정을 취소하라는 명령어인 G40과 G49를 지령하는 것이 일반적이다.

예제 9 공구지름 보정법을 사용하지 않고 40×40×30의 사각주를 프로그램하시오. 공구지름은 10 mm이다.

□ 프로그램

```
O1234 ;
  G40 G49 G80 ;
G90 G54 ;
T01 M06 ;
G00 X-10. Y-10. Z200. S1000 M03 ;
Z-5. ;
G01 X-5. Y-5. F100 ;
X45. ;
Y45. ;
X-5. ;
Y-10. ;
G00 Z100. M05;
M02 ;
```

예제 10 공구지름 보정을 이용하여 40×40×30을 프로그램하시오.

□ 프로그램

```
O1234 ;
G40 G49 G80 ;
G90 G54 ;
T01 M06 ;
G00 X-10. Y-10. Z200. S1000 M03 ;
Z-5. ;
G01 G42 X0. D01 F100;
X40. ;
```

```
Y40. ;
X0. ;
Y-10. ;
G40 X-10.;
G00 Z100. M05;
M02 ;
```

예제 11 공구지름 보정기능을 이용한 프로그램하시오.

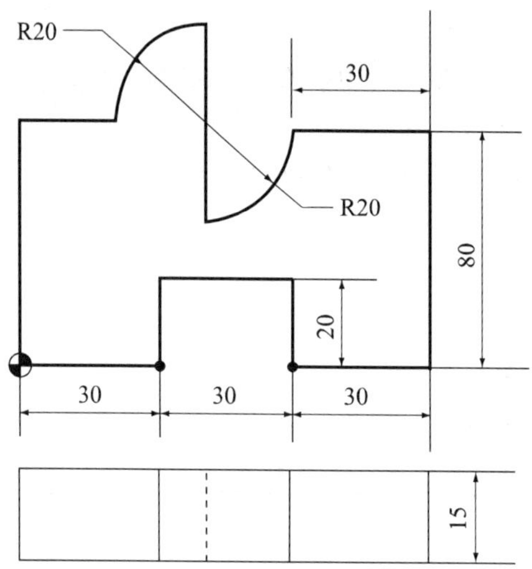

□ 프로그램

```
O1234 ;
G40 G49 G80 ;
G90 G54 ;
T01 M06 ;
G00 X-10. Y-10. Z200. S1000 M03 ;
Z-10. ;
G01 G42 X0. D01 F100;
G91 X30. ;
Y20. ;
```

```
X30. ;
Y-20. ;
X30. ;
Y80. ;
X-30. ;
G02 X-20. Y-20. R20. ;
G01 Y40. ;
G03 X-20. Y-20. R20. ;
G90 G01 X0 ;
Y-5. ;
G40  X-20. Y-20. ;
G00 Z100. M05 ;
M02 ;
```

예제 12

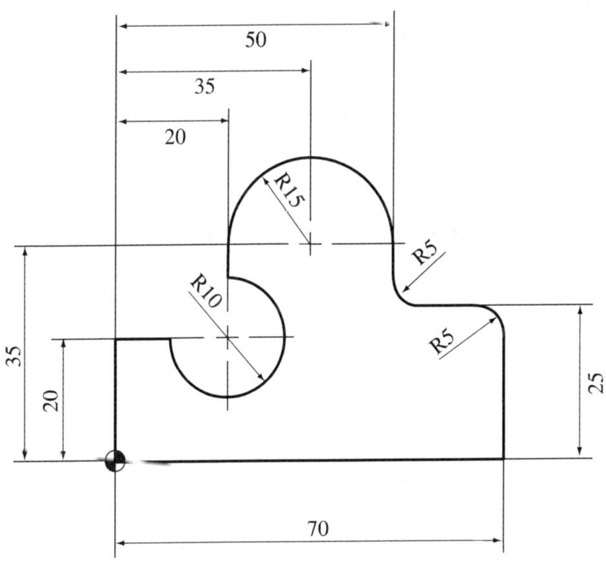

□ 프로그램

```
O1234 ;
G40 G49 G80 ;
G90 G54 ;
```

```
T01 M06 ;
G00 X-10. Y-10. Z200. S1000 M03 ;
Z-10. ;
G42 G01 X-5. Y0. D01 ;
X70. ;
Y20. ;
G03 X65. Y25. R5. ;
G01 X55. ;
G02 X50. Y30. R5. ;
G01 Y35. ;
G03 X20. R15. ;
G01 Y30. ;
G02 X10. Y20. R-10. ;
G01 X0 ;
Y-5. ;
G40  X-20. Y-20. ;
G00 Z100. M05 ;
M02 ;
```

예제 13 다음 형상을 공구지름 보정기능을 사용하여 프로그램하시오.

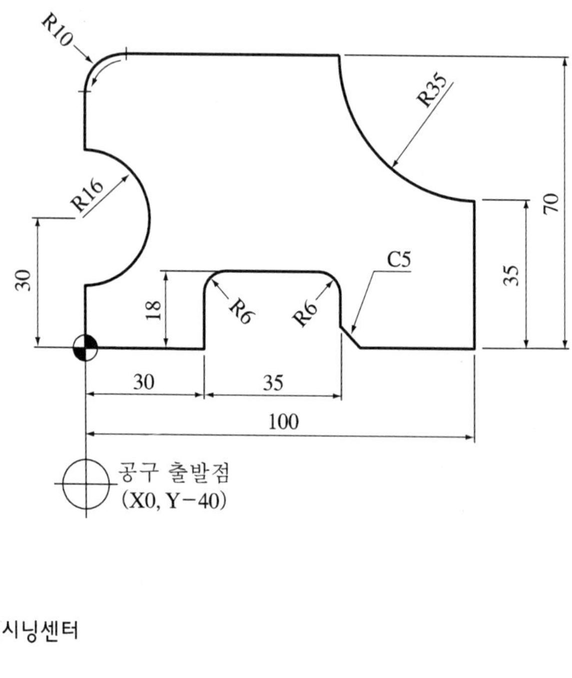

□ 프로그램

```
O1234 ;
G40 G49 G80 ;
G90 G54 ;
T01 M06 ;
G00 X0. Y-40. Z200. S1000 M03 ;
Z-5. ;
G42 G01 X0. Y0. D01 F100. ;
X30. ;
Y12. ;
G02 X36. Y18. R6. ;
G01 X59. ;
G02 X65. Y12. R6. ;
G01 Y0.  , C5. ;
X100. ;
Y35. ;
G02 X65. Y70. R35. ;
G01 X10.
G03 X0. Y60. R10. ;
G01 Y46. ;
G02 Y14. R16. ;
G01 X0. Y0. ;
```

예제 14 공구지름 보정을 하여 다음 프로그램을 하시오.
(∅12 2날 엔드밀, 보정 번호 03, 1000 rpm, 이송속도 70 mm/min)
∅12 엔드밀로 도면 형태를 가공하기 위하여 공구지름 보정 없이 중심선을 따라 한 번 가공한 다음 보정 지령하여 윤곽을 가공한다.

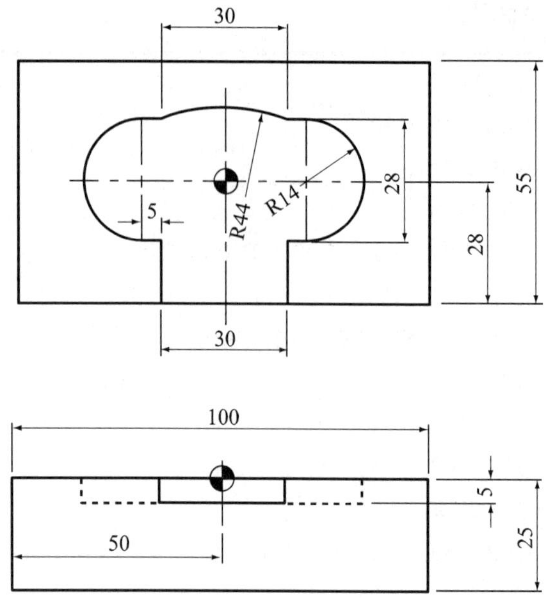

ㅁ 프로그램

```
O1234 ;
G40 G49 G80 ;
G90 G54 ;
T01 M06 ;                          → 공구 교환
G00 X-10. Y-10. Z200. ;
S1000 M03 ;
G43 Z20. H03 S1000 M03 ;           → 길이 보정
Z-5. ;
G01 Y8. F70 M08 ;                  → 절삭유 On
Y0. ;
X-20. ;
X20. ;
G42 Y14. D03 ;                     → 공구지름 보정
G02 Y-14. R14. ;
G01 X15. ;
Y-30. ;
X-15. ;
```

```
Y-14. ;
X-20. ;
G02 Y14. R14. ;
G01 X-15. ;
G02  X15. R44. ;
G01 X20. ;
G40 G00 Y0. M09 ;            → 공구지름 보정 취소
G49 Z100. ;                  → 길이 보정 취소
M02 ;                        → 프로그램 끝
```

(2) 공구길이 보정(G43, G44, G49)

공구길이 보정이란 기준 공구 하나에 대한 다른 공구의 상대적 길이의 차이를 측정하여 보정 화면에 입력해두고 해당 공구를 사용할 때 기계에 알려주어 길이를 보정하는 기능이다.

공작물 좌표계에 있어서 보통 때 Z축 원점은 공작물 윗면에 놓는다. 기준 공구를 공작물 상면에 접촉시킨다. 기준 공구의 위치는 Z0.로 설정한다. 그러나 가공 중에 기준 공구보다 짧은 공구를 사용하면 Z0.로 위치까지 자동모드로 이동시키고자 하여도 도달하지 않고, 보다 긴 공구를 사용하여 Z0.로 이동시키려고 하면 공작물과 충돌한다[그림 5-6 참조(G00 Z0. ; 지령 시)].

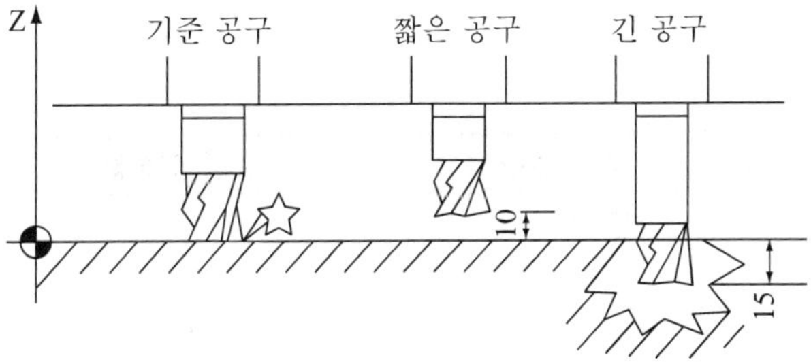

그림 5-6 공구길이 보정 필요성

위 그림과 같이 지정된 위치까지 도달되지 못하거나 또는 충돌하는 것을 피하기 위하여

각 공구마다 기준 공구에 대한 공구길이 차이를 공구 보정량 메모리에 입력하고 공구 보정이 되도록 프로그램한다.

G43 : 지령된 공구 보정량을 지정된 Z좌표 값에 가산(+)한다. G44 : 지령된 공구 보정량을 지정된 Z좌표 값에 감산(−)한다. G49 : 공구길이(공구길이) 보정을 취소한다.

공구길이 보정으로 부호를 붙일 수 있는데, 부호를 바꾸면 다음 그림과 같이 G43과 G44가 반대가 된다. 그래서 공구길이 보정의 지령방법은 몇 가지가 있지만 하나의 예만 들면 다음과 같다.

공구길이 보정을 측정할 때는 다음과 같은 방법으로 한다.

① 윗면이 평면인 공작물을 테이블 위에 놓는다.
② 기준 공구 끝을 그 평면에 접하게 한다.
③ 상대 좌표계 Z축 값을 0.으로 한다.
④ 측정할 공구로 교환하고 그 공구 선단을 평면상에 접하게 한다.
⑤ 그 상태에서 상대 좌표계 Z축 값을 공구 보정량으로 메모리에 기억시킨다.

이렇게 설정하면 기준 공구에 대해서 짧은 공구의 경우 보정량이 (-)값으로, 긴 공구의 보정량은 (+)값으로 설정된다. 그래서 프로그램 중에서 공구길이를 보정할 때는 항상 G43만으로 지령할 수 있다.

공구 보정 번호	공구 보정 설정값
NO 01	→ -10
NO 02	→ +10
NO 03	→ +15
NO 04	→ -15

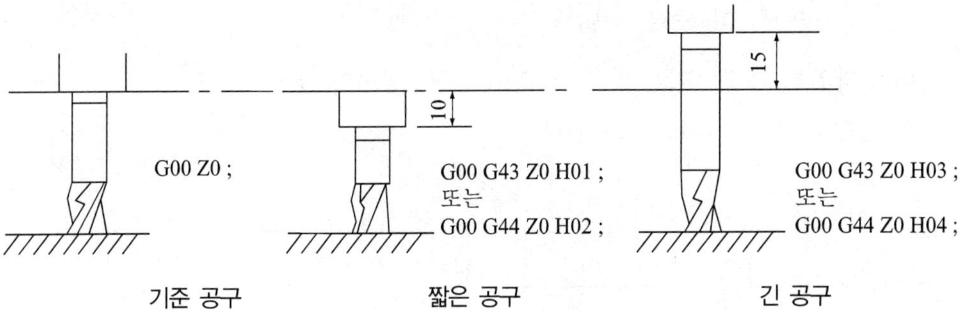

그림 5-7 공구길이 보정방법

G43, G44, G49기능은 Modal 지령이므로 한 번 지령 후 계속 유효하다. 따라서 프로그램 중에서 공구 교환 직후에 G43 또는 G44를 한 번 지령하고, 그 공구의 작업 이 후 공구를 교환하기 전에 G49를 지령하면 된다.

공구길이 보정방법은 다음과 같다.

1) 기준공구를 사용하는 방법

공구 매거진에 장착된 여러 개의 공구 중에서 기준 공구를 지정하고 기준 공구의 날 끝에서 각각의 공구의 날 끝까지의 거리를 측정하여 보정 값으로 적용한다.

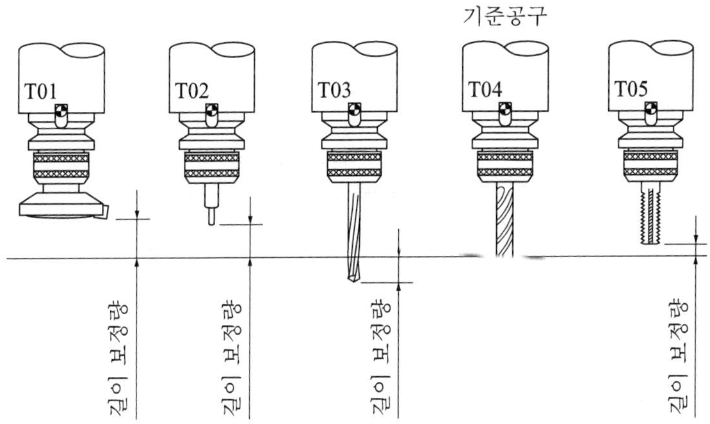

2) 게이지 라인을 이용하는 방법

게이지 라인을 0으로 하고 게이지 라인에서 절삭공구의 날 끝까지의 거리를 측정하여 각각의 공구의 길이 차이를 적용한다.

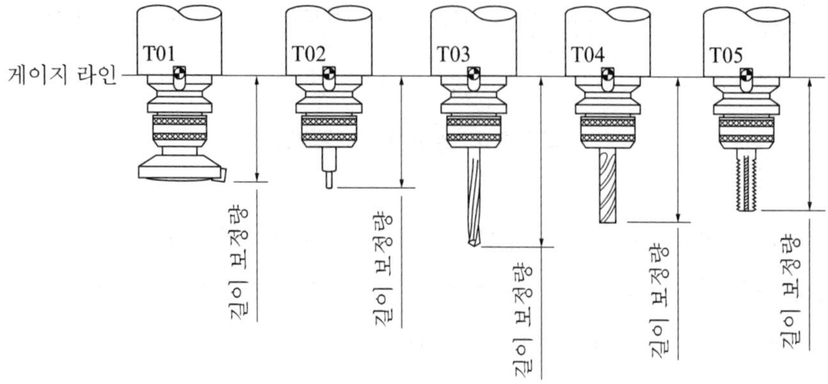

예제 15 공구길이 보정기능을 이용한 프로그램

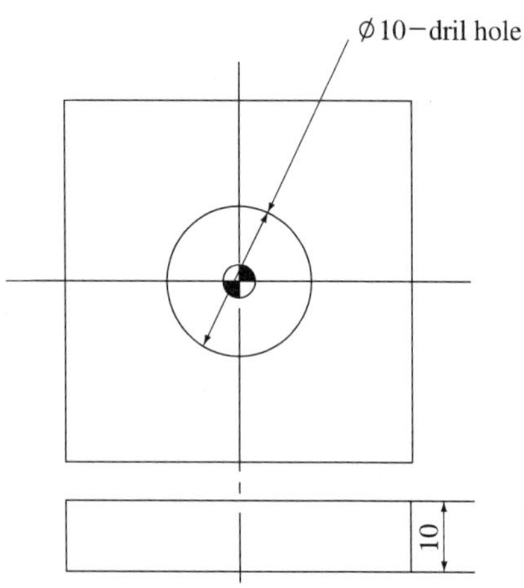

□ 프로그램

```
T03 : 10 드릴
T04 : 10 리머

T03 M06 ;
```

```
G92 X250. Y150. Z245. ;
G43 G00 Z10. H01 S800 M03 ;
G01 Z-15. F100 M08 ;
M09 ;
G49 G00 Z50. M05  ;

G28 G91 X0. Y0. ;
T04 M06 ;
G43 G00 Z10. H02 S800 M03 ;
G01 Z-15. F100 M08 ;
M09 ;
G49 G00 Z50. M05 ;
G28 G91 X0. Y0. Z0. ;
M02 ;
```

(3) 공구위치 보정(G45, G46, G47, G48)

공작물을 가공할 때 공작물의 폭보다 공구지름만큼 공구 이동거리를 신장 또는 축소해야 할 경우가 있다. 다음 그림에서는 각각 60 mm 40 mm의 이동거리로 가공해야 한다. 이렇게 공구 이동 축에 대하여 공구지름만큼 이동거리를 신장 또는 축소하는 기능을 공구 위치보정이라 한다. 지령된 이동 축에 대해서만 보정이 유효하고 지령된 이동 방향에 대해서 신장 또는 축소가 된다.

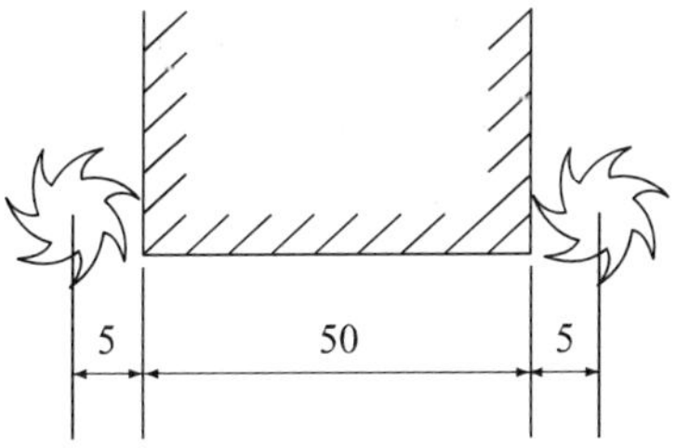

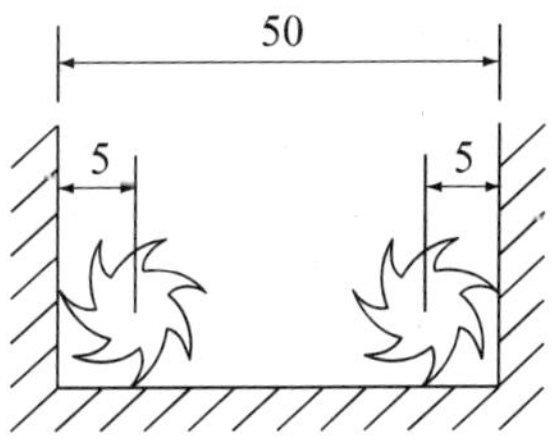

ϕ10공구의 경우

G45 : 이동방향으로 공구 보정량(반경)만큼 신장
G46 : 이동방향으로 공구 보정량(반경)만큼 축소
G47 : 이동방향으로 공구 보정량(반경)만큼 2배 신장
G48 : 이동방향으로 공구 보정량(반경)만큼 2배 축소

이 G-Code는 One Shot G-Code이므로 지령한 블록에 대해서만 유효하다. 단 신장 또는 축소된 보정량은 이후에도 지정된 축에 대해서 유효하다.

그 보정 번호는 Modal 지령으로 다시 다른 값(보정 번호)이 지령될 때까지 유효하므로 블록마다 지령할 필요는 없다. 보정 번호 0번은 보정량이 항상 0이다. 신장 축소는 축의 이동방향으로 이루어지며 절대지령 시의 지령치 방향 (+) 또는 (−)에는 무관하다. 다음 각 G-Code는 지령 시 이동에 관한 설명이다.

1) G45(오프셋 양만큼 신장)

⇣ 이동지령 → 실제 이동 ⇒ 오프셋 양(단, 오프셋 양이 +로 설정된 경우)

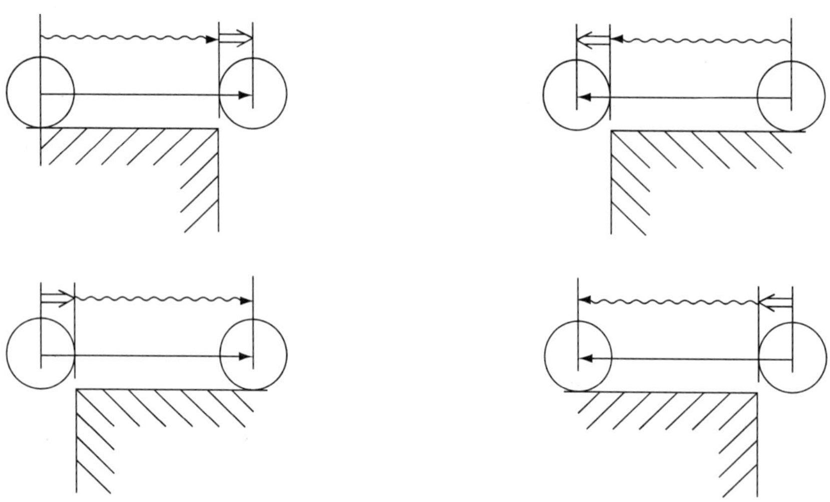

2) G46(오프셋만큼 축소)

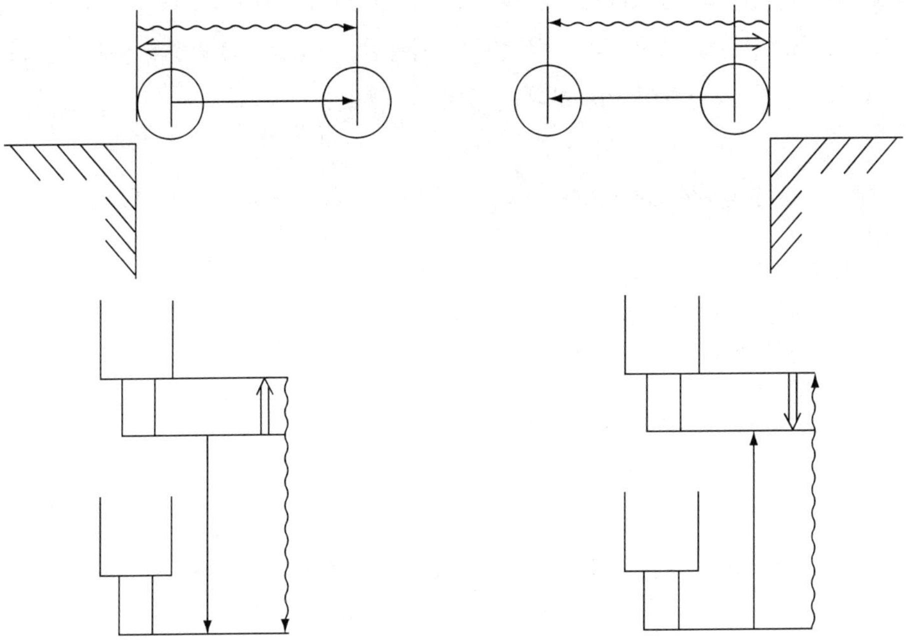

3) G47(오프셋 양의 2배 신장)

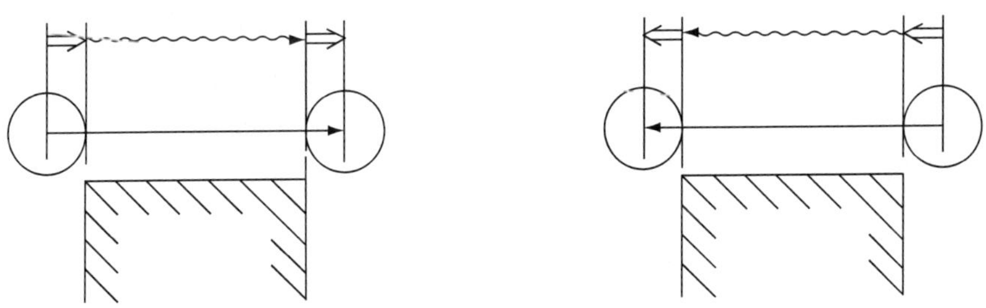

4) G48(오프셋 양의 2배 축소)

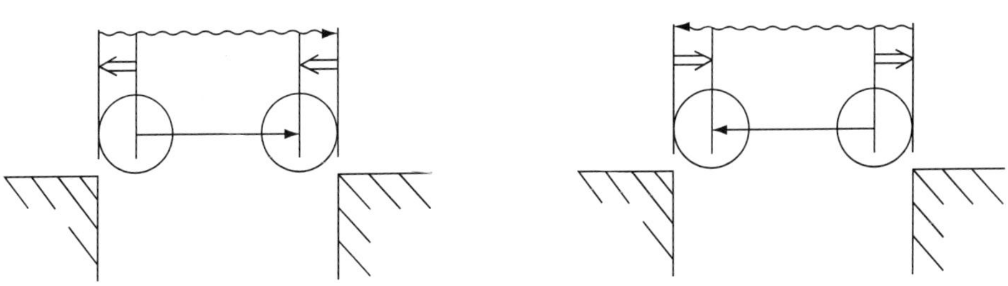

그림 5-8 공구위치 보정

이상의 그림은 실제 사용할 이동지령에 대한 이동량을 나타낸 것이다. 일반적으로 오프셋 양은 (+)값으로 설정하는데 (−)값으로 설정하면 G45와 G46, G47과 G48이 반대가 된다. 원호보간은 1/4원과 3/4원의 경우만 사용할 수 있고 1/2원이나 진원은 1/4원이나 3/4원을 반복 지령하여 이용한다.

[주] 공구 보정량이 지령 이동거리보다 큰 경우에는 G46, G48 지령 시 공구의 이동방향이 반대로 된다.

보정량 번호 05에 입력값은 20임.

지령 프로그램 G01 G46 G91 X15. D05 ;

실제 이동거리 : 15−20=−5

보정량 번호 06에 입력값 10임.

지령프로그램 : G01G48 G91 X15. D06 ;

실제 이동거리 : 15−(10×2)=−5

예제 16 다음 그림과 같은 윤곽을 절삭하기 위한 프로그램을 작성하시오. (단, 공구의 시작점은 X−30. Y−30.이며 공구 보정 번호는 D01(7 mm)이다.)

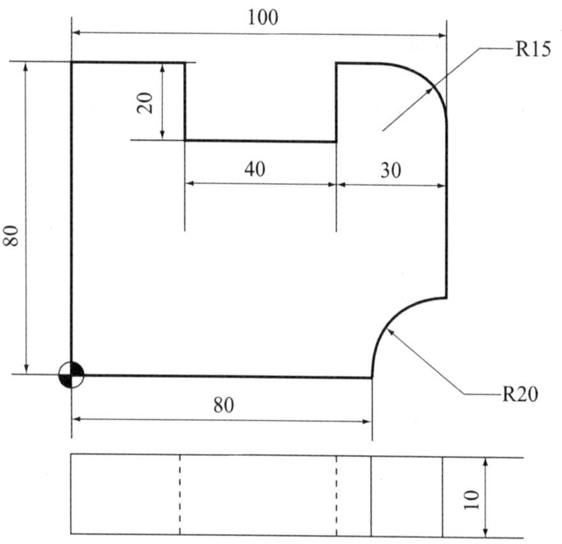

□ 프로그램 : 사용 공구는 엔드밀 ∅10

```
G92 X100. Y100. Z100. ;
T02 M06 ;
G00 X-30. Y-30. ;        → X, Y축의 위치 결정
Z-10. S1000 M03 ;        → Z축 위치 결정 및 주축 회전
G01 G46 X0 Y0 D01 ;      → 공구 보정량만큼 축소 이동하여 공구
                           중심 위치가 X-5. Y-5.
G01 G47 X80. ;
G91 G45 Y0 ;             → 이동량이 0인 상태에서 Y축 +방향으로
                           보정량만큼 신장 이동
G02 G90 G46 X100. Y20. R20. ;  → 지령된 X, Y축 방향으로
                                 보정량만큼 축소 이동
G01 G91 G45 X0 ;         → 이동량이 0인 상태에서 X축 +방향으로
                           보정량만큼 신장 이동
G90 G45 Y65. ;           → 지령된 Y축 방향으로 보정량만큼 신장
                           이동
G03 G45 X85. Y80. R15. ;     → 지령된 X, Y축 방향으로 보정
                               량만큼 신장 이동
G01 G45 X70. ;           → 지령된 X축 방향으로 보정량만큼 신장
                           이동
G91 Y-20. ;              → 보정된 관계를 그대로 유지하면서 Y축
                           방향으로 이동
G48 X-30. ;              → 지령된 X축 방향으로 보정량의 2배 축
                           소 이동
Y20. ;                   → 보정된 관계를 그대로 유지하면서 Y축
                           방향으로 이동
G90 G47 X0. ;            → 지령된 X축 방향으로 보정량의 2배 신
                           장 이동
G46 X-30. Y-30. ;        → 지령된 X, Y축 방향으로 보정량만큼
                           축소 이동
Z50. M05 ;
G28 G91 X0. Y0. Z0. ;
M02 ;
```

(4) 보정량 입력 방법

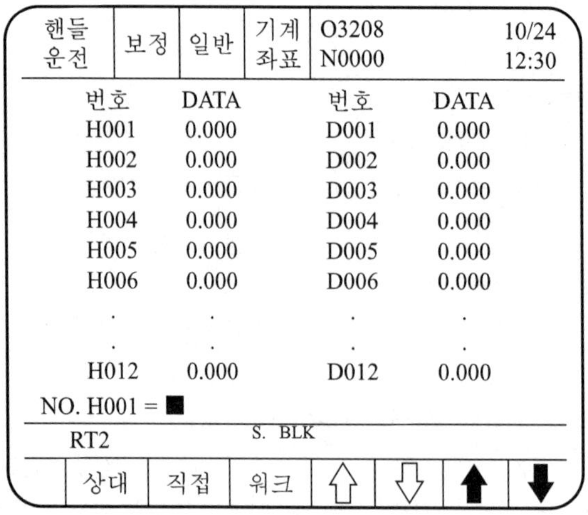

그림 5-9 보정 화면

1) 보정 화면에 직접 입력

각 공구의 지름 값이나 상대적인 공구길이 값을 측정하여 보정 화면의 해당 번호란에 직접 입력하는 방법으로 간편하여 많이 사용한다.

2) 프로그램에 의한 입력(G10)

공구의 각종 보정량을 프로그램하여 입력한다.

[지령 형식]

$$G10 \begin{bmatrix} L10 \\ L11 \\ L12 \\ L13 \end{bmatrix} P\_\_ \ R\_\_ \ ;$$

[지령 워드 의미]

L10 : 공구길이 보정량(형상, 사용Code : H)

L11 : 공구길이 보정량(마모, 사용Code : H)

L12 : 공구지름 보정량(형상, 사용Code : D)

L13 : 공구지름 보정량(마모, 사용Code : D)

P : 보정 번호

R : 보정량

또 G90/G91지령에 따라 보정량을 절대/증분으로 할 수 있으며, 절대지령은 R 다음의 숫자로 입력하고 증분지령은 R 다음 숫자만큼 가산된다.

적용 예

```
G40 G49 G80 ;                    → 공구지름 및 공구길이, 고정 사이클 취소
G54 G90 G00 X10. Y0. ;           → 공작물 좌표계 1번 선택
G43 Z10. H03 S1500 M03 ;         → 공구길이 보정, 주축 1500 rpm 정회전
G01 Z-5. F80 ;
G10 L12 P03 R10.1 ;              → 보정 화면 D03에 보정량 10.1 입력
G01 G42 Y15. D03 ;               → 공구지름 우측 보정
X40. Y50. ;
↓
G40 G00 X10. Y0 ;                → 공구 보정 취소
G10 L12 P03 R10. ;               → 보정 화면 D03에 보정량 10 입력
↓
```

G10에 의한 보정량 입력은 자동화 Line이나 대량 생산 공장에서 미세하게 변하는 치수를 자동으로 변화시키면서 가공할 때 주로 사용한다. 하나의 프로그램에서 보정량을 변화시켜 정삭여유를 주어 정삭 가동할 때도 간단히 사용할 수 있다.

3) 공작물 좌표계 변경기능(G10)

G10을 데이터 설정기능이라 하고, L 다음의 번호에 따라 여러 종류의 등록 작업을 할 수 있다. 다음 절에서 다루어질 공작물 좌표계의 좌표값을 G10으로 변경시킬 수 있으며, 다음의 지령 형식으로 공작물 원점 보정량 파라미터(Parameter) 값이 바뀌어진다.

[지령 형식]

```
G10 L2P__ X__ R__ ;
```

[지령 워드 의미]

L2 : 공작물 좌표계

P0~P6 : 공작물 좌표계 0~6까지의 공작물 원점 보정량 설정

P0 : EXT

P1~P6 : G54~G59

X, Y, Z : 각 축의 원점 보정량

Chapter 6
원점 기능

CNC 공작기계는 각 이송축마다 고유의 원점을 가지고 있고, 이 점은 기계의 기준점으로 공구 교환 위치나 테이블에 고정된 공작물과의 상대 위치를 결정하는 기준이 된다. 기계에 전원을 투입하고 NC 조작반 스위치를 ON시켰을 때나 비상 정지(Emergency Stop) 스위치를 눌렀을 때, 반드시 한 번은 기계 원점 복귀를 하여야만 기계 좌표계의 위치가 인식된다. 고유의 기계 원점은 제1원점이라 하며, 또 다른 원점을 3개까지 임의로 설정할 수 있다. 이 점들을 제2, 제3, 제4원점이라 한다.

6-1. 원점 복귀(Reference Point Return)

공구를 현재 위치로부터 기계 원점으로 복귀하는 것을 기계 원점 복귀라 한다. 이 원점 복귀 프로그램으로 지령할 수 있는 기능이 자동원점 복귀기능이다. 자동 반자동 모드(MDI)에서 G28을 이용하며, 다음 중간 경유점을 지령하여야 하고, 각 축을 기계 원점까지 급속 복귀시킨다.

[지령 형식]

$$G28 \begin{bmatrix} G90 \\ G91 \end{bmatrix} \; X\_ \; Y\_ \; Z\_ \; ;$$

[지령 워드 의미]

G90, G91 : 절대지령 증분지령

X, Y, Z : 원점 복귀 축 Address를 지령하고, 중간경유점 좌표값(지령하지 않은 축은 원점 복귀하지 않는다)을 지령한다.

적용 예

G28 G91 X0. Y0. Z0. ;	→ 현재 위치에서 원점 복귀
G28 G91 X100. ;	→ X축만 100만큼 이동 후 복귀
G28 G90 X0. Y0. Z0. ;	→ 공작물 좌표계 원점으로 이동 후 복귀
G28 G90 X-50. Y80. Z100. ;	→ 공작물 좌표계 지령점으로 이동 후 복귀

① 이 지령에서 G90과 G91의 차이를 분명히 구별하여야 한다. G91(증분지령)은 현재 위치에서 지령된 값만큼 이동 후 원점 복귀하고, G90(절대지령)은 공작물 좌표계 원점을 기준하여 지령된 값으로 이동한 후 원점 복귀한다. 그러므로 절대지령은 특히 주의하여야 한다.

② 기계에 전원투입 후 조작반의 원점 복귀기능키를 이용하여 원점 복귀시키는 방법을 주로 이용하는데 이를 수동원점 복귀라 한다.

③ 일반적으로 수직형 머시닝센터에서는 기계 원점이 각축의 양의 방향으로 행정 끝점에 있다. 그러므로 원점 복귀시키기 전에 축이 행정의 중간 정도의 위치로 이동하는 것이 좋다.

④ 수동원점 복귀 이송은 급속 이송이나 원점 스위치에 도달하기 직전에는 서서히 감속하여 원점 스위치를 터치한 후 정지하게 된다. 그러나 자동원점 복귀는 전원투입 후 처음 복귀시킬 때는 수동원점 복귀 방식과 같이 감속하나 이미 한 번 복귀시켰다면 다음에는 급속 이송함에 주의하여야 한다.

6-2. 원점 복귀 확인(G27)

기계 원점에 복귀지령 후 정확하게 원점에 복귀했는지를 확인하는 기능이다. 지령위치가 원점이면 원점 복귀 램프가 점등하고, 원점 위치가 아니면 알람이 발생한다.

[지령 형식]

$$G27 \begin{bmatrix} G90 \\ G91 \end{bmatrix} \; X\_ \; Y\_ \; Z\_ \; ;$$

X, Y, Z도 자동원점 복귀 지령과 같이 중간 경유점을 나타낸다.

6-3. 원점에서 자동 복귀

원점 복귀 후 G28, G30(제2, 제3원점 복귀)과 함께 지령된 중간점을 경유해서 G29 다음의 좌표값으로 위치를 결정하는 기능이다.

적용 예

```
G28 G90 X30. Y50. ;
G29 X60. Y10. ;
```

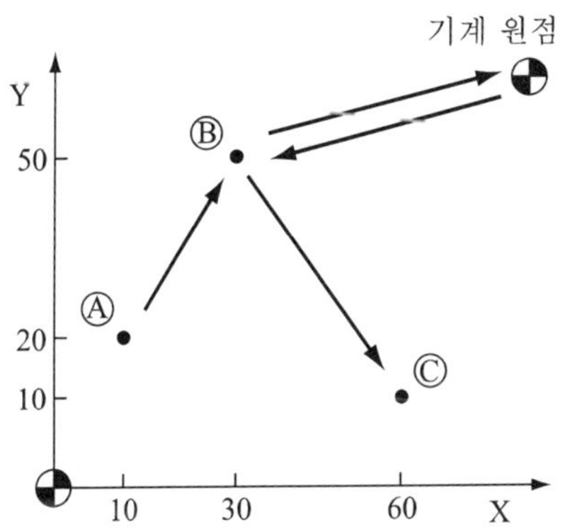

A점에서 B점을 경유하여 원점 복귀 후
다시 B점을 경유하여 C점으로 이동

6-4. 제2, 제3, 제4원점 복귀(G30)

제1원점 복귀의 경우와 마찬가지로 중간점을 경유하여 지령 원점에 급속으로 복귀한다. 이 기능은 먼저 기계 원점 복귀를 완료 후 행한다.

[지령 형식]

$$\text{G30} \begin{bmatrix} \text{G90} \\ \text{G91} \end{bmatrix} \begin{bmatrix} \text{P2} \\ \text{P3} \\ \text{P4} \end{bmatrix} \quad \text{X\_\_ \ Y\_\_ \ Z\_\_ \ ;}$$

[지령 워드 의미]

P2, P3, P4 : 제2, 3, 4원점 선택(생략하면 제2원점이 자동 선택됨) 기계 원점은 기계에 고정되어 있어 고유의 점인 데 비하여 제2, 3, 4원점은 파라미터(Parameter) 설정에 따라 위치를 바꿀 수 있다.

G27, G28, G30기능 모두 싱글 블록으로 운전하면 중간점에서 정지한 후 원점 복귀한다.

Chapter 7
좌표계(Work Coordinate System) 설정

CNC 밀링 및 머시닝센터 프로그램을 작성할 때는 먼저 도면을 보고 여러 공정을 검토한 뒤, 프로그램 작성이 비교적 용이하면서 측정의 기준이 되는 모서리부나 중심의 한 점을 공작물 원점으로 정해야 한다. 항상 고정된 기계 원점에서 프로그램 원점(공작물 원점)까지의 각 축의 거리를 측정하여 기계에 입력하여야 하는데, 이 작업을 좌표계를 설정한다고 한다. 공작물 좌표계의 프로그램상의 표시는 다음과 같다.

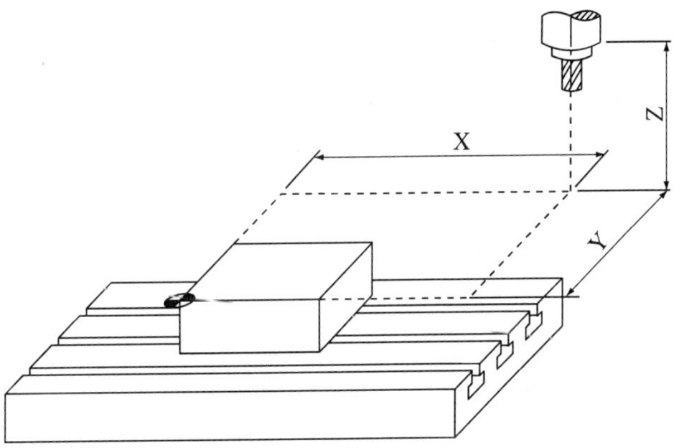

그림 7-1 공작물 좌표계 원점

① 공작물 좌표계 설징(G92)
② 기계 좌표계 선택(G53)
③ 공작물 좌표계 선택(G54~G59)

(1) 공작물 좌표계 설정(G92)

일반적으로 사용하는 방법이며, 공작물 원점으로 지정한 점에서 기계 원점까지의 거리를 지령한다. G92의 의미는 현재 지령한 좌표점이 공작물 원점이라는 뜻으로서 공작물 원점을 변경시키고자 할 경우에도 사용한다.

[지령 형식]

```
G92 G90 X__ Y__ Z__ ;
```

한 예로 기계 원점에서 공작물의 지정 원점까지의 좌표치가 다음과 같다고 하자.

적용 예

```
O____ ;                                → 프로그램 번호
NO1 G40 G49 G80 ;
NO2 G28 G91 X0. Y0. Z0. ;              → 기계 원점 복귀
NO3 G92 G90 X100. Y100. Z100. ;        → 공작물 좌표계 설정
```

앞의 프로그램 예는 항상 기계 원점에 복귀시킨 후 좌표계를 설정하여야 하므로 다소 번거롭다. 그러므로 공작물을 세팅한 다음 공구 끝을 공작물 원점의 가까운 곳에 위치시키고 공작물 원점에서 거리를 지령하는 방법 즉,

```
O____ ;
NO1 G40 G49 G89 ;
NO2 G92 G90 X0. Y0. Z100. ;        → 공작물 원점에 X0. Y0. Z100.의
                                      위치에 공구 끝이 있을 때
```

이와 같이 원점 복귀 블록을 생략할 수 있다.

(2) 기계 좌표계 선택(G53) 병행 이용

많이 사용하는 기능은 아니지만 기계 원점까지 복귀시키지 않고 기계 좌표계 선택(G53) 기능을 이용하여 공작물 좌표계를 설정할 수도 있다.

적용 예

```
O____ ;
NO1 G40 G49 G80 ;
NO2 G53 G90 X100. Y100. Z0. ;   → X, Y값은 주로 기계 원점에서 공작물 원
                                   점까지의 거리를 음수로 입력한다. 그 이
                                   유는 G53은 기계 좌표계 선택지령에 이
                                   어서 X, Y만큼 -방향으로 떨어져야만 공
                                   작물 원점이 되기 때문이다. 그러나 Z값
                                   을 이와 같이 지령하면 공구 인선부가 공
                                   작물에 접촉되므로 주의하여야 한다.
NO3 G92 X0 Y0 Z100. ;           → 현재의 공구 인선부가 X축은 원점에 Z축
                                   은 +100지점에 와 있음을 기계에 알린다.
```

G53 00의 G-Code로 절대지령에서는 유효하지만 증분지령에서는 무효다. 이 기능은 공구 교환 위치 등 기계 고유의 위치로 이동시키고자 할 때도 사용한다.

(3) 공작물 좌표계 선택(G54~G59) 이용

최근 가장 많이 이용하는 방법으로 보정 화면의 공작물 좌표계 G54~G59에 세팅하여 측정한 값을 입력해두고 공작물 좌표계 설정 시 선택하는 방법이다.

이 방법은 한 번에 6개까지 공작물 원점의 위치를 입력할 수 있고, 좌표값은 기계 원점 기준이므로 음수(-)의 좌표치를 입력하여야 한다.

[수동으로 입력한 경우의 프로그램 예]

```
O____ ;
NO1 G40 G49 G80 ;
NO2 G54 G90 G00 X10. Y50. ;   → G54는 공작물 좌표계 선택이고 X,
↓                                Y는 G00으로 위치결정 종점의 좌표
↓                                값에 해당
```

[프로그램으로 입력하는 경우의 예]

```
O____ ;
NO1 G40 G49 G80 ;
NO2 G10 L2 P01 X-100. Y-100. Z-100. ; → G10 : 데이터 설정기능
↓                                        L2 : 공작물 좌표계 보정값
↓                                        P01 :공작물 좌표계 1번(G54)
NO3 G54 G90 G00 X10. Y50. ;             → 입력된 G54 좌표계 선택
↓
```

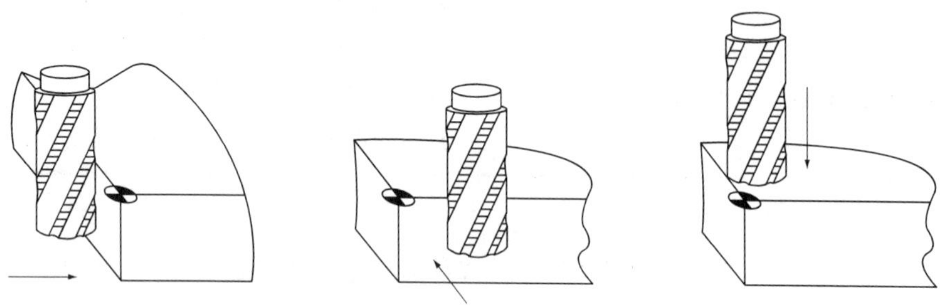

(a) X축 방향　　(b) Y축 방향　　(c) Z축 방향

그림 7-2 공작물 원점 설정방법

예제 17 다음 도면 형상을 가공할 프로그램을 공작물 좌표계(G92) 설정과 공작물 좌표계 선택(G54~G59)을 이용하여 작성 비교하시오.

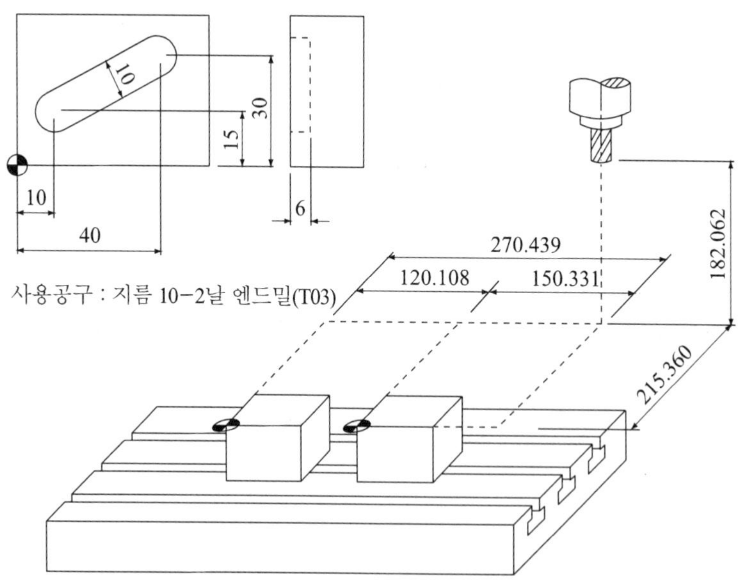

□ G92기능을 이용한 프로그램

```
O1001 ;
NO01 G40 G49 G80 ;
NO02 G28 G91 X0. Y0. Z0. ;
NO03 G92 G90 X270.439 Y215.368        → 1번 공작물 좌표계 설정
     Z182.062 ;
NO04 G30 G91 Z0. M19 ;
NO05 T03 M06 ;
NO06 G00 G90 X10. Y15. ;
NO07 G43 Z0. H03 S900 M03 ;
NO08 Z3. M08 ;
NO09 G01 Z-6. F25. ;
NO10 X40. Y30. F80. ;
NO11 G00 Z20. ;
NO12 X120.108 Y0. ;                   → 2번 공작물 좌표계 설정을
                                        위해 2번 원점 위치로 이동
NO13 G92 X0. ;                        → 2번 공작물 좌표계 설정
NO14 G00 X10. Y15. ;                    (Y, Z : 1번과 동일)
NO15 Z3. ;
NO16 G01 Z-6. F25 ;
NO17 X40. Y30. F80 ;
NO18 G00 Z20. M09 ;
NO19 G49 Z150. M19 ;
NO20 M02 ;
```

[G54~G59기능을 이용한 프로그램]

```
O1002 ;
N001 G40 G49 G80 ;
N002 G30 G91 Z0. M19 ;
N003 T01 M06 ;
N004 G54 G90 G00 X10. Y15. ;          → 1번 공작물 좌표계를 선택하고 가
                                        공 시점으로 이동
```

```
N005 G43 Z20. H03 S900 M03 ;
N006 Z3. M08 ;
N007 G01 Z-6. F25. ;
N008 X40. Y30. F80. ;
N009 G00 Z20. M09 ;
N010 G55 X10. Y15. ;                → 2번 공작물 좌표계를 선택하고
                                      가공 시점으로 이동
N011 Z3. M08 ;
N012 G01 X-6. F25. ;
N013 X40. Y30. F80. ;
N014 G00 Z20. M09 ;
N015 G49 Z200. M19 ;
N016 M02 ;
```

(4) 로컬 좌표계 설정(G52)

공작물 좌표계를 설정하고 난 후 프로그래밍할 때 공작물 좌표계 내에 또 다른 좌표계를 설정하여 작성하면 편리하다. 가령 공작물 원점에서 어떤 임의 형상의 각각의 좌표값을 계산하기가 불편하면 그 형상의 기준점에다 또다른 좌표계 원점의 설정이 가능하다. 이와 같이 공작물 좌표계 내에 또다른 좌표계를 로컬(Local) 좌표계라 한다.

[지령 형식]

```
G52 G90 X_ Y_ Z_ ;
```

[취소 형식]

```
G52 G90 X0. Y0. Z0. ;
```

[지령 워드 의미]

X, Y, Z : 공작물 좌표계 원점에서 로컬 좌표계 원점까지 각축의 좌표값을 지령,

로컬 좌표계가 지령되면 이후의 좌표 이동은 로컬 좌표계의 원점이 되며 취소하면 다시 공작물 좌표계가 기준이 된다. 로컬 좌표계를 변경하고자 할 때는 지령 형식대로 다시 지령하여야 하고,

```
G92 X_ Y_ Z_ ;
```

라고 공작물 좌표계를 설정해도 로컬 좌표계는 취소된다.

① 공구지름 보정 중에서는 일시적으로 G92에 의하여 보정 취소가 된다.
② G52 블록 직후 이동지령은 반드시 절대지령으로 하여야 한다.
③ 로컬 좌표계를 설정 후 취소해도 공작물 좌표계는 변하지 않는다.

예제 18 다음 도면과 같은 형상을 가공하기 위한 프로그램을 로컬 좌표계를 사용하여 작성하시오. (단, 사용 공구는 ∅10 mm 엔드밀이며, 절삭 깊이는 5 mm로 한다.)

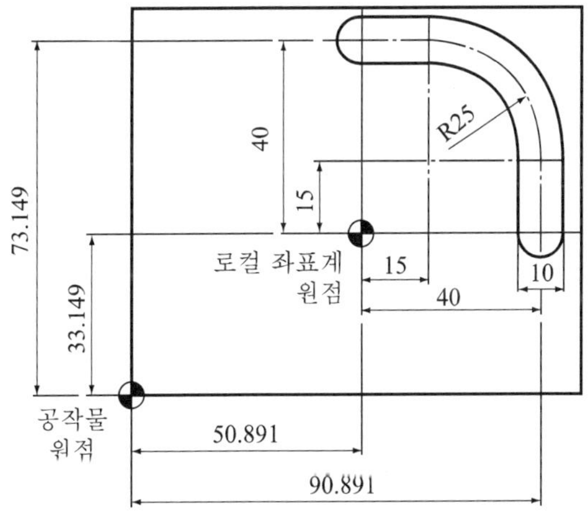

□ 프로그램

```
↓
G52 G90 X50.891 Y33.149 ;        → 로컬 좌표계 원점 설정
G00 X0. Y0. ;
```

```
G01 Z-5. F25. ;              → Z축 방향 절삭 이송
X15. F80. ;
G02 X40. Y15. R25. ;
G01 Y0 ;
G00 Z10. ;                   → Z축 방향 급속 이송
G52 X0. Y0. ;                → 로컬 좌표계 취소
↓
```

Chapter 8
보조기능(M Function)

(1) 보조기능의 개요

보조기능(Miscellaneous Function)은 어드레스 M 다음에 2자리의 숫자를 붙여 프로그램을 제어하거나, NC 기계의 보조 장치를 ON/OFF하는 기능을 주로 수행한다. 이제까지의 프로그램 예제에서 공구 교환, 주축 회전, 절삭유 ON/OFF 등의 중요한 보조기능들이 어떻게 사용되는지 간접적으로 알아보아왔다.

(2) 주요 보조기능 일람표

표 8-1 보조기능

M-Code	기 능	용 도
M00	프로그램 정지	프로그램을 일시정지시키며, 자동 개시를 누르면 재개
M01	선택적 프로그램 정지	조작반의 M01 스위치가 ON 상태이면 프로그램 일시정지
M02	프로그램 종료	프로그램 종료기능으로 모달 정보가 모두 말소된다.
M03	주축 정회전	주축 시계방향(CW)으로 회전(S_와 함께 사용)
M04	주축 역회전	주축을 반시계방향(CCW)으로 회전
M05	주축 정지	주축의 회전을 정지시키는 기능
M06	공구 교환	T_와 함께 사용되며, 지정된 공구로 교환
M08	절삭유 On	절삭유 펌프 스위치를 ON시켜 절삭유 토출
M09	절삭유 Off	절삭유 펌프 스위치 OFF
M19	주축 한 방향 정지 (Spindle Orientation)	주축을 한 방향으로 정지시키는 역할로 공구 교환 및 고정 사이클 사용 시, 공구를 이동 시에 이용된다.
M30	프로그램 종료 후 선두 복귀	프로그램 종료 후 선두로 되돌리는 기능과 다시 실행하는 기능을 파라미터로 선택 할 수 있다
M98	보조 프로그램 호출	보조 프로그램을 호출할 때 P-와 함께 사용
M99	주 프로그램 복귀	보조 프로그램 종료 표시로 주 프로그램으로 복귀한다.

[주] 여기에 나와 있지 않은 다른 보조기능도 많이 있으며, 제작회사와 기계의 종류에 따라 다소 차이가 있을 수 있으나, 위 기능들은 대부분 공통적으로 이용된다.

(3) 보조 프로그램

프로그램하고자 하는 가공 형상이 반복되는 경우 하나를 보조 프로그램(Sub Program)으로 작성해두고 주 프로그램(Main Program)에서 필요할 때마다 호출하여 가공하면 매우 편리하고, 또 프로그램을 간단히 할 수 있다. 보조 프로그램은 계속 반복하여 호출할 수 있으며, 하나의 보조 프로그램에서 또 다른 보조 프로그램을 호출할 수도 있다. 보조 프로그램 호출기능(M98 P+프로그램 번호)과 취소기능으로 M99를 사용한다.

보조 프로그램 호출횟수 지령 표시

- Fanuc : P□□□□ ○○○○
- □□□□ : 보조 프로그램 반복 횟수
- ○○○○ : 보조 프로그램 이름

예제 19 사각윤곽 40×40×30이 되도록 Sub Program을 이용하여 가공 프로그램을 작성하시오. 단, 엔드밀은 10 mm이다.

□ 주 프로그램

```
M98 P2 O0001 ;
G92 X100. Y100. Z100. ;
T02 M06 ;
S1000 M03 ;
G00 X-20. Y-20. ;
Z10. M08 ;
G01 Z-5. F100 ;
M98 P2 ;
Z-10. ;
M98 P2 ;
Z-15. ;
M98 P2 ;
Z-20. ;
M98 P2 ;
Z10. M05 ;
M09 ;
```

```
G28 G91 X0. Y0. Z0. ;
M02 ;
```

□ 보조 프로그램

```
O0002 ;
G01 X-5. Y-5. ;
X45. ;
Y45. ;
X-5. ;
Y-5. ;
G00 X-20. Y-20. ;
M99 ;
```

예제 20 소재의 크기가 60×60×30을 ∅10 mm 엔드밀로 40×40×30으로 가공하시오.

□ 주 프로그램

```
O0001 ;
G92 X100. Y100. Z100. ;
T02 M06 ;
S1000 M03 ;
G00 X-20. Y-20. ;
Z0. M08 ;
M98 P04 02 ;
M09 ;
Z10. M05 ;
G28 G91 X0. Y0. Z0. ;
M02 ;
```

□ 보조 프로그램 1

```
O0002 ;
G01 G91 Z-5. F100 ;
```

```
G90 X-10. Y-10. ;
X50. ;
Y50. ;
X-10. ;
Y-10. ;
M98 P0003 ;
M99 ;
```

□ 보조 프로그램 2

```
O0003 ;
G01 X-5.Y-5. ;
X45. ;
Y45. ;
X-5. ;
Y-5. ;
G00 X-20. Y-20. ;
M99 ;
```

Chapter 9

고정 사이클

머시닝센터를 이용하여 드릴링, 태핑, 보링 등의 작업을 프로그램하려면 여러 개의 블록으로 지령해야 한다. 그러나 고정 사이클 기능을 사용하면 구멍의 위치, 공구의 접근 위치, 가공 깊이, 일시정지 시간 등의 정보를 한 블록에 지시할 수 있으므로 프로그램을 간단하게 할 수 있다.

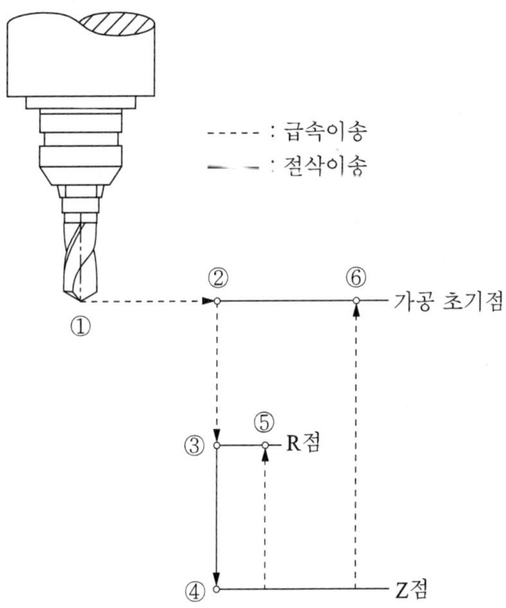

그림 9-1 고정 사이클 동작

①→② 구멍가공 위치(가공 초기점)로 급속이송

②→③ 가공 시작점(절삭이송 개시, 복귀점)까지 급속이송

③→④ 구멍가공(절삭이송)

④ 구멍바닥에서의 동작(드웰, 이송)

④→⑤ 가공 시작점으로 복귀(급속이송)

④→⑥ 가공 초기점으로 복귀(급속이송)

고정 사이클 기능을 지령하면 공구는 가공 초기점의 위치에서 사이클을 시작하여 다시 가공 초기점의 위치로 복귀하면서 종료된다. 그러므로 고정 사이클에서는 적절한 가공 초기점의 위치 지정이 매우 중요하다. 가공 초기점의 위치는 고정 사이클 기능을 지령하기 직전 공구의 Z좌표 위치이다.

[R, Z값의 절대지령과 증분지령]

절대지령은 프로그램 원점을 기준으로 한 좌표값을 지령하면 되고 증분지령 R값은 공작물 표면으로부터 거리이고 Z값은 R점으로부터의 구멍 바닥까지의 거리가 된다.

[초기점 복귀와 R점 복귀]

초기점이란 개념은 고정 사이클 지령 전에 Z방향 이송의 임의의 최종 위치를 나타내며, R점은 공작물 표면에 가까운 임의의 지점을 프로그래머가 정하여 가공 시작점이 된다.

[고정 사이클 지령 모드]

구멍 가공이 완료된 다음 절삭공구는 복귀 과정을 수행하게 된다. 고정 사이클에 G98(초기점 복귀)와 G99(R점 복귀) 중 선택하여 입력하면 입력된 G-code에 따라 G98의 경우에는 고정 사이클을 시작하는 초기점까지 복귀가 되며, G99는 고정 사이클에 설정한 R점까지 복귀하게 된다.

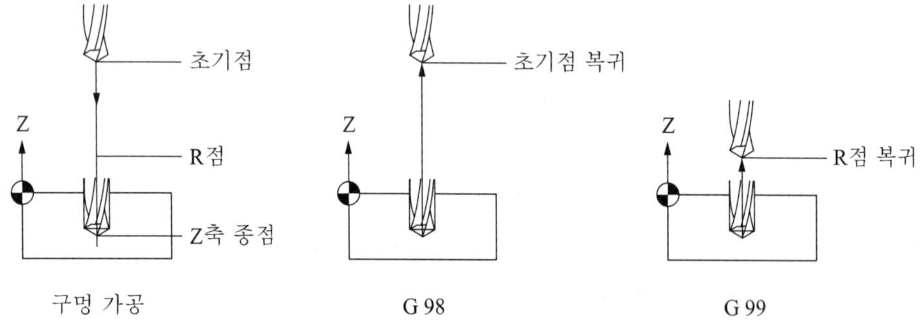

그림 9-2 고정 사이클에서의 복귀동작

[고정 사이클 취소(G80)]

고정 사이클 기능은 구멍의 좌표위치를 지령하면, 구멍가공을 계속 실행하는 모달 지령이다. 이러한 고정 사이클 기능을 취소하기 위해 G80을 사용한다.

```
G80;
```

[고정 사이클 파라미터]

$$\begin{bmatrix} G73 \\ \sim \\ G89 \end{bmatrix} \begin{bmatrix} G90 \\ G91 \end{bmatrix} \begin{bmatrix} G98 \\ G99 \end{bmatrix} X\_\ Y\_\ Z\_\ R\_\ P\_\ F\_\ Q\_\ \begin{bmatrix} L\_ \\ K\_ \end{bmatrix};$$

G17 : XY 평면(G18 ZX평면, G19 YZ평면)을 선택한다.

G__ : 고정 사이클 종류(G73~G89)

G90 : 절대지령을 적용한다.

G91 : 증분지령을 적용한다.

G98 : 고정 사이클 완료 후 초기점으로 복귀한다.

G99 : 고정 사이클 완료 후 R점으로 복귀한다.

X__ Y__ : 구멍의 위치를 설정한다.

Z__ : 구멍의 깊이를 설정한다.

R__ : R점을 설정한다.

Q__ : 고정 사이클이 G73, G83이면 매회 절입량, 고정 사이클이 G76, G87이면 시프트 복귀거리를 설정한다.

P__ : 구멍 바닥에서의 드웰(휴지) 시간을 설정한다.

F : 이송속도를 설정한다.

K__ : 반복회수를 설정한다.

L__ : 반복회수를 설정한다.

※ FANUC 0 Series 이외의 시스템은 주소 L로 반복 횟수를 명령한다.

① 고정 사이클 기능은 모달 기능이며 다른 사이클 기능이 대치될 때까지 그 기능이

유효하다.

② G80 블록을 지령하면 설정된 사이클 기능이 취소되며, G80 대신 01 그룹(G00 G01 G02 G03)을 프로그램하면 사이클 기능이 취소된다.

9-1. 드릴링 사이클(Drilling Cycle) G81

비교적 깊이가 작은 일반적인 드릴링, 스폿(spot) 드릴링 등과 같이 구멍의 깊이가 드릴지름보다 작아서 절삭 칩의 배출이 원활할 때 G81을 사용한다.

[지령 형식]

$$G81 \begin{bmatrix} G90 \\ G91 \end{bmatrix} \begin{bmatrix} G98 \\ G99 \end{bmatrix} \; X\_ \; Y\_ \; Z\_ \; R\_ \; F\_ \; \begin{bmatrix} L\_ \\ K\_ \end{bmatrix};$$

G98 : 고정 사이클 가공 초기점 복귀

G99 : 고정 사이클 가공 시작점(R점) 복귀

X : 구멍가공 위치의 X 좌표

Y : 구멍가공 위치의 Y 좌표

Z : 구멍가공 종점의 Z 좌표

R : 가공 시작점(F이송 시작점), 복귀점

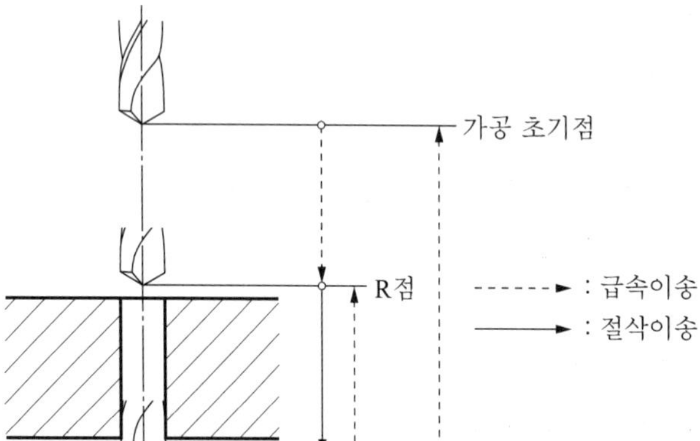

그림 9-3 드릴링 사이클

F : 이송속도(mm/min)

K : 고정 사이클 반복 횟수(증분지령과 함께 지령)

공구 이동경로는 그림 9-3과 같이 가공 초기점에서 R점까지 급속이송한 후 구멍가공 종점까지 절삭이송 한 다음, R점 또는 가공 초기점까지 급속이송으로 복귀한다.

예제 21 다음 도면과 같은 드릴작업을 하고자 할 때, 고정 사이클 G81기능을 이용하여 프로그램을 작성하시오. 단, 드릴은 ∅10(3번 공구)을 사용하고, 공구의 현재 위치 X100. Y100. Z200.에 있으며 이송속도 100 mm/min이다.

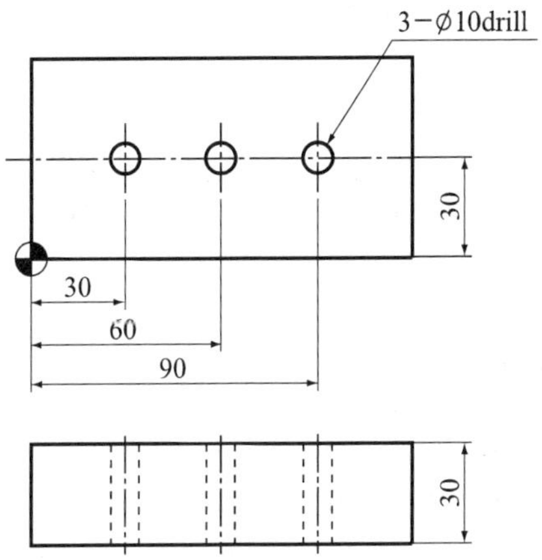

□ 프로그램

```
G90 G00 X30. Y30.;
G43 Z20. H03 S900 M03; (공구 길이보정하여 가공 초기점 위치
                       Z20.으로 급속이송)
G81 G99 Z-35. R3. F100 M08; (가공표면에서 3 mm 떨어진 지점부
                            터 100 mm/min로 Z-35.까지 절삭
                            이송)
X60.;
X90.;
G80 M09;
G49 G00 Z200.; (공구 길이보정 취소하고 Z200.의 위치로 급속이송)
```

예제 22 다음 도면과 같은 드릴작업을 고정 사이클 G81기능을 이용하여 프로그램 하시오. 단, 드릴은 ∅8(2번 공구)사용하고, 공구의 현재 위치 X100. Y100. Z200.에 있으며 이송속도 100 mm/min이다.

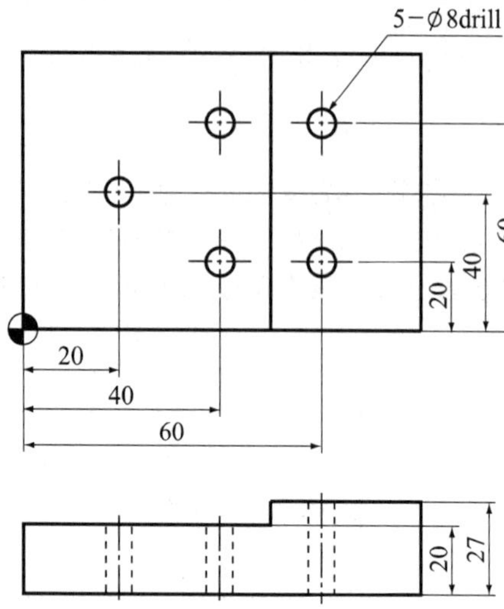

□ 프로그램

```
G90 G00 X20. Y40.;
G43 Z20. H02 S900 M03; (가공 초기점 위치 Z20.)
G81 G99 Z-25. R10. F100 M08; (가공 초기점 복귀 G98지령으로
                              단이 있는 구멍의 위치로 이동할
                              때 충돌 방지)
X40. Y60.;
Y20.;
X60.;
Y60.;
G80 M09;
G49 G00 Z200.;
```

9-2. 심공 드릴링 사이클(Peck Drilling Cycle) G83

매우 깊은 구멍을 가공할 때에는 절삭 칩의 배출과 절삭유 공급이 어렵게 된다. 이런 경우에 G83을 사용하면 1회 절입량 Q만큼 드릴링한 후 가공시작점(R점)까지 드릴을 급속 후퇴시켜 칩을 배출시킨 다음, 다시 절입량만큼 더 가공하고 R점까지 급속 이송하는 과정을 반복하여 최종 구멍의 깊이까지 드릴가공을 수행할 수 있다.

[지령 형식]

$$G83 \begin{bmatrix} G90 \\ G91 \end{bmatrix} \begin{bmatrix} G98 \\ G99 \end{bmatrix} X\_\ \ Y\_\ \ Z\_\ \ R\_\ \ Q\_\ \ F\_\ \ \begin{bmatrix} L\_ \\ K\_ \end{bmatrix};$$

G98 : 고정 사이클 가공 초기점 복귀

G99 : 고정 사이클 가공 시작점(R점) 복귀

X : 구멍가공 위치의 X좌표

Y : 구멍가공 위치의 Y좌표

Z : 구멍가공 종점의 Z좌표

R : 가공 시작점(F이송 시작점), 복귀점

Q : 1회 절입량

F : 이송속도(mm/min)

K : 고정 사이클 반복 횟수(증분지령과 함께 지령)

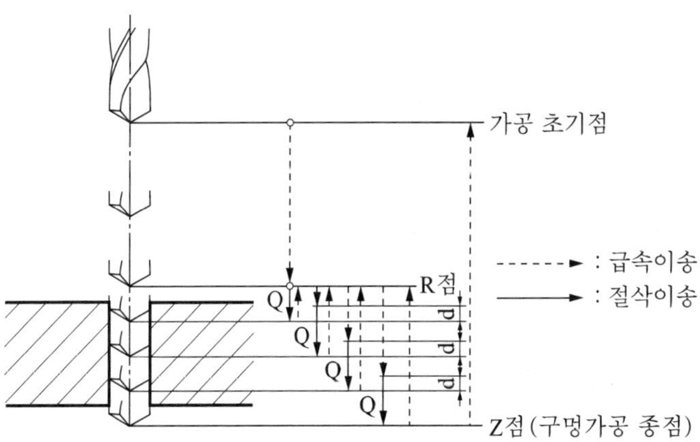

그림 9-4 심공 드릴링 사이클

공구 이동경로는 그림 9-4와 같이 가공 초기점에서 R점까지 급속이송 후 1회 절입량(Q) 만큼 절삭이송으로 가공한 다음 R점까지 후퇴를 반복하면서 가공 종점까지 드릴링한다. 가공 종점에서 R점 또는 가공 초기점까지 급속 이송으로 복귀한다. 후퇴량 d는 공작기계의 파라미터에 설정되어 있으며, 수정할 수 있다.

9-3. 고속 심공 드릴링 사이클(G73)

비교적 깊은 구멍을 가공할 때 일반적인 드릴링 사이클(G81)을 사용하면, 연속되어 배출되는 칩이 드릴과 엉키게 되어 드릴이 파손되거나 가공물 표면에 흠집을 낼 수 있다. 이러한 경우에 고속 심공 드릴링 사이클(G73)을 사용하면 드릴을 간헐적으로 이송시켜 절삭 칩을 짧게 끊어 가면서 구멍을 가공할 수 있다.

[지령 형식]

$$G73 \begin{bmatrix} G90 \\ G91 \end{bmatrix} \begin{bmatrix} G98 \\ G99 \end{bmatrix} X\_\ Y\_\ Z\_\ R\_\ Q\_\ F\_ \begin{bmatrix} L\_ \\ K\_ \end{bmatrix};$$

G98 : 고정 사이클 가공 초기점 복귀

G99 : 고정 사이클 가공 시작점(R점) 복귀

X : 구멍가공 위치의 X좌표

Y : 구멍가공 위치의 Y좌표

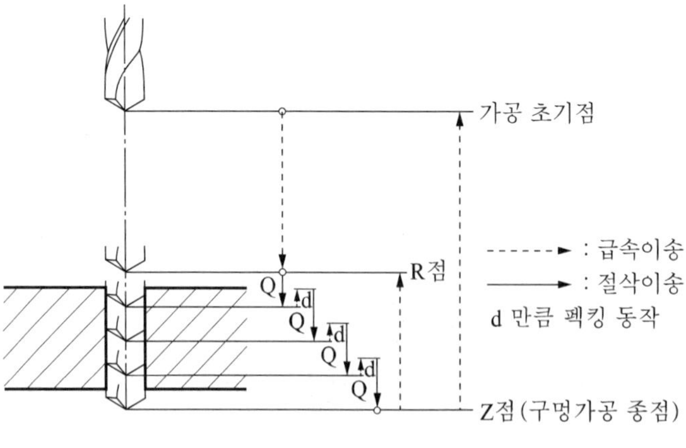

그림 9-5 고속 심공 드릴링 사이클

Z : 구멍가공 종점의 Z좌표

R : 가공 시작점(절삭이송 시작점), 복귀점

Q : 1회 절입량

F : 이송속도(mm/min)

K : 고정 사이클 반복 횟수(증분지령과 함께 지령)

공구 이동경로는 그림 9-5와 같이 가공 초기점에서 R점까지 급속이송 후 1회 절입량(Q)만큼 절삭이송으로 가공한 후 다시 d만큼 후퇴를 반복하면서 가공 종점까지 드릴링한 다음 가공 종점에서 R점 또는 가공 초기점까지 급속 이송으로 복귀한다. 후퇴량 d는 공작기계의 파라미터에 설정되어 있으며, 수정할 수 있다.

예제 23 다음 도면과 같이 드릴링 하는 프로그램을 G73기능을 이용하여 작성하시오. 단, 드릴 ∅8(5번 공구)을 사용하고, 1회 절입량은 5 mm, 공구의 현재 위치 X100. Y100. Z200.에 있으며, 이송속도는 100 mm/min이다.

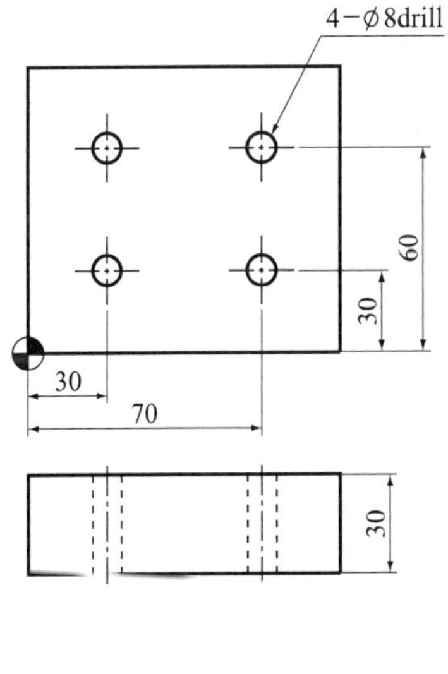

□ 프로그램

```
G90 G00 X30. Y30.;
G43 Z20. H05 S900 M03;
G73 G99 Z-35. R3. Q5000 F100 M08;
Y60.;
```

```
X70.;
Y30.;
G80 M09;
G49 G00 Z200.;
```

9-4. 카운터 보링 사이클(Counter Boring Cycle) G82

카운터 보링은 육각 구멍붙이 볼트의 머리 부분이 묻히는 자리파기 가공이다. 카운터 보링 가공에서 볼트 머리 밑 부분이 닿는 바닥면을 편평하게 하기 위해 가공 깊이까지 내려간 상태에서 일정시간 동안 드릴은 회전하면서 이송은 정지하는 드웰(휴지시간)을 지정할 수 있다.

지령된 구멍가공 종점의 좌표까지 절삭이송으로 카운터 보링을 한다. 휴지시간 지령을 제외하면 G81기능과 같다.

[지령 형식]

$$G82 \begin{bmatrix} G90 \\ G91 \end{bmatrix} \begin{bmatrix} G98 \\ G99 \end{bmatrix} \quad X\_ \ Y\_ \ Z\_ \ R\_ \ P\_ \ F\_ \ \begin{bmatrix} L\_ \\ K\_ \end{bmatrix};$$

G98 : 고정 사이클 가공 초기점 복귀

G99 : 고정 사이클 가공 시작점(R점) 복귀

X : 구멍가공 위치의 X좌표

Y : 구멍가공 위치의 Y좌표

Z : 구멍가공 종점의 Z좌표

R : 가공 시작점(절삭이송 시작점), 복귀점

P : 구멍가공 종점(바닥면)에서 휴지시간

F : 이송속도(mm/min)

K : 고정 사이클 반복 횟수(증분지령과 함께 지령)

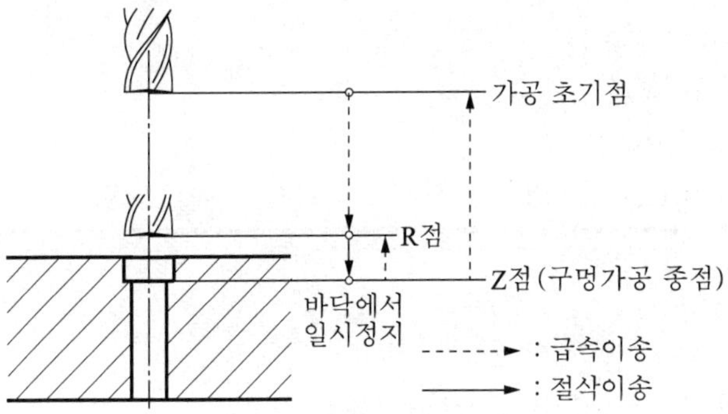

그림 9-6 카운터 보링 사이클

공구 이동경로는 그림 9-6과 같이 가공 초기점에서 R점까지 급속이송한 후 가공 종점까지 절삭이송 한 다음 R점 또는 가공 초기점까지 급속이송으로 복귀한다.

예제 24 다음 도면과 같이 볼트의 머리 자리파기 가공을 하기 위한 프로그램을 G82를 이용하여 작성하시오. 단, 평 엔드밀 ∅17(3번 공구)을 사용하고, 공구의 현재 위치 X100. Y100. Z200.에 있으며 이송속도 80 mm/min, 휴지시간은 0.5초이다.

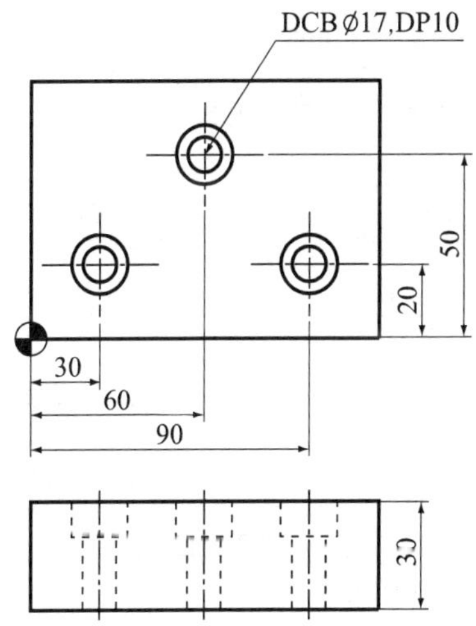

□ 프로그램

```
G90 G00 X30. Y20.;
G43 Z20. H03 S800 M03; (가공 초기점 위치 Z20.)
G82 G99 Z-10. R3. P500 F80 M08; (가공 시작점 R점 복귀)
```

```
X60. Y50.;
X90. Y20.;
G80 M09;
G49 G00 Z200.;
```

9-5. 태핑 사이클(Tapping Cycle) G84

G84는 오른나사를 가공하기 위한 사이클로 안지름이 가공된 공작물에 오른나사 탭을 이용하여 암나사를 가공하는 기능이다. 절삭행정에서는 주축이 정회전(CW)하여 이송하여 절삭가공하고, 후퇴행정에서는 역회전(CCW)하면서 빠져나오게 된다.

[지령 형식]

$$G84 \begin{bmatrix} G90 \\ G91 \end{bmatrix} \begin{bmatrix} G98 \\ G99 \end{bmatrix} X\_\ Y\_\ Z\_\ R\_\ P\_\ F\_ \begin{bmatrix} L\_ \\ K\_ \end{bmatrix};$$

G98 : 고정 사이클 가공 초기점 복귀

G99 : 고정 사이클 가공 시작점(R점) 복귀

X : 탭 가공 위치의 X좌표

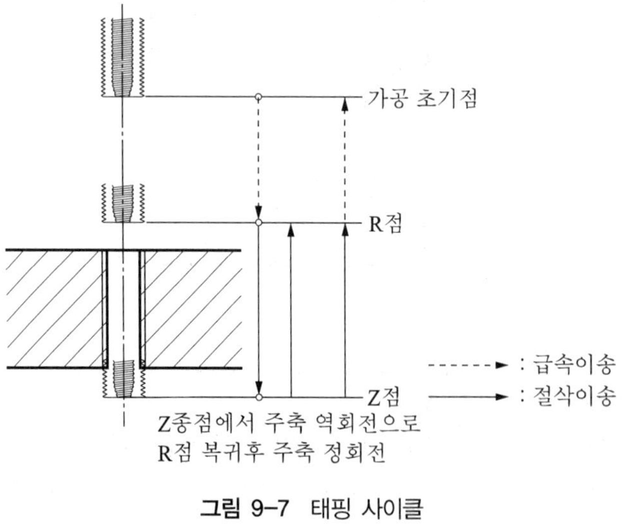

그림 9–7 태핑 사이클

Y : 탭 가공 위치의 Y좌표

Z : 탭 가공 종점의 Z좌표

R : 가공 시작점(F이송 시작점), 복귀점

F : 이송속도(mm/min) 이송속도(F) = 주축회전수(N) × 나사의 피치(P)

K : 고정 사이클 반복 횟수(증분지령과 함께 지령)

탭 가공 이송속도는 다음 식과 같이 주축의 회전수와 피치를 곱하여 계산한다.

$$F = N \times P$$ [F: 이송속도(mm/min), N: 주축회전수(rpm), P: 나사피치(mm)]

예를 들면, M10×1.5인 암나사 가공을 주축 회전수 400 rpm에서 한다고 하면 이송속도는 F=400×1.5=600 mm/min로 지령하면 된다.

공구 이동경로는 그림 9-7과 같이 가공 초기점에서 R점까지 급속이송한 후 절삭이송으로 가공 종점까지 정회전하면서 암나사 가공을 완료한 다음, 역회전하면서 R점까지 후퇴하고 난 후, 다시 정회전한다. R점에서 가공 초기점까지는 급속이송으로 복귀한다. 태핑 가공 중 Z이송이 정지되어 공구가 파손되는 것을 예방하기 위해 탭 가공 중 이송정지 버튼이 ON되었을 경우는 실행 중인 블록의 탭 가공을 종료한 후 정지한다.

예제 25 다음 도면과 같이 암나사를 태핑 가공을 하기 위한 프로그램을 작성하시오. 단, 주축 회전수는 500 rpm, 탭 공구(3번 공구)는 M8×1.25를 사용한다.

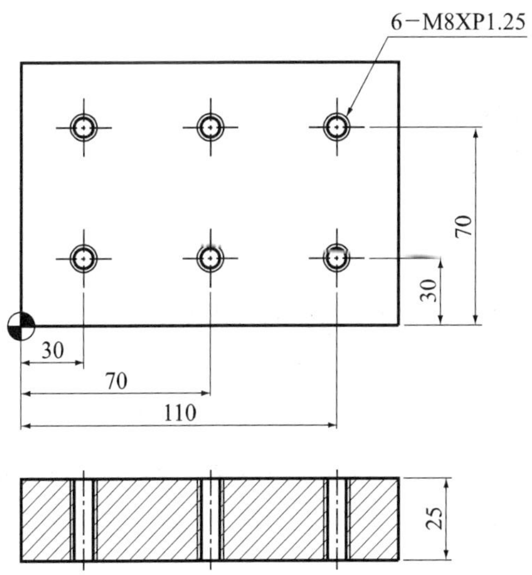

□ 프로그램

```
G90 G00 X30. Y30.;
G43 Z20. H03 S500 M03;
G84 G99 Z-30. R3. F625 M08;
X70.;
X110.;
Y70.;
X70.;
X30.;
G80 M09;
G49 G00 Z200.;
```

9-6. 역 태핑 사이클 G74

G74는 왼나사를 가공하기 위한 사이클로 안지름이 가공된 공작물에 왼나사 탭을 이용하여 암나사를 가공하는 기능이다. 왼나사 탭 공구를 사용해서 암나사를 가공하는 것 외에는 G84와 기능이 동일하다. 가공 시작점에서 절삭이송으로 지령 종점의 좌표까지 역회전으로 탭 가공하고 정회전하면서 가공 시작점(R점)까지 복귀한 다음, 다시 역회전한다.

[지령 형식]

$$G74\begin{bmatrix}G90\\G91\end{bmatrix}\begin{bmatrix}G98\\G99\end{bmatrix}X\_\ Y\_\ Z\_\ R\_\ P\_\ F\_\ \begin{bmatrix}L\_\\K\_\end{bmatrix};$$

9-7. 보링 사이클(Boring Cycle) G85

보링은 뚫려 있는 구멍을 넓히는 데 사용되는 가공법이다. G85는 공작물에 보링 가공을 할 때 구멍가공 종점까지 가공한 후 역회전을 하지 않고 정회전으로 후퇴하면서 구멍내면을 다시 다듬게 되는 기능이다.

[지령 형식]

$$G85 \begin{bmatrix} G90 \\ G91 \end{bmatrix} \begin{bmatrix} G98 \\ G99 \end{bmatrix} X\_\ \ Y\_\ \ Z\_\ \ R\_\ \ F\_\ \ \begin{bmatrix} L\_ \\ K\_ \end{bmatrix};$$

G98 : 고정 사이클 가공 초기점 복귀

G99 : 고정 사이클 가공 시작점(R점) 복귀

X : 구멍가공 위치의 X좌표

Y : 구멍가공 위치의 Y좌표

Z : 구멍가공 종점의 Z좌표

R : 가공 시작점(절삭이송 시작점), 복귀점

F : 이송속도(mm/min)

K : 고정 사이클 반복 횟수(증분지령과 함께 지령)

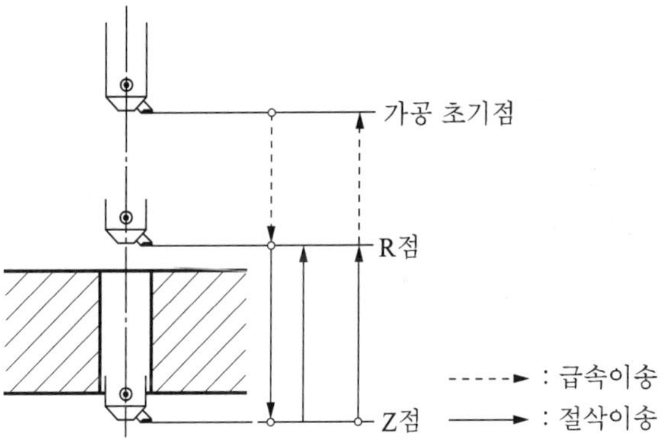

그림 9-8 보링 사이클

공구 이동경로는 그림 9-8과 같이 가공 초기점에서 R점까지 급속이송한 다음, 절삭이송으로 가공 종점(Z점)까지 보링 가공한 후, 다시 R점까지 절삭이송으로 후퇴한다. 이후 R점에서 가공 초기점까지는 급속이송으로 복귀한다.

9-8. 정밀 보링 사이클(Fine Boring Cycle) G76

가공 종점까지 보링 가공을 한 후 공구가 가공 면과 접촉상태에서 R점 또는 가공 초기점으로 복귀하게 되면 구멍내면에 공구의 접촉이송 흔적(tool mark)이 남게 된다. 이것을 보완하기 위해 G76 기능을 사용하면 가공종점까지 보링 가공한 후 공구를 지령된 이동량(Q)만큼 구멍 내면에서 후퇴시킨 상태에서 급속이송으로 복귀하게 된다.

즉, 정밀한 보링 가공을 위해 보링 가공 후 보링 바이트의 인선의 반대방향으로 일정량 이동한 후 급속이송으로 복귀하게 되어 Tool mark가 남지 않게 하기 위한 기능이다.

[지령 형식]

$$G76 \begin{bmatrix} G90 \\ G91 \end{bmatrix} \begin{bmatrix} G98 \\ G99 \end{bmatrix} X\_\ Y\_\ Z\_\ R\_\ Q\_\ F\_ \begin{bmatrix} L\_ \\ K\_ \end{bmatrix};$$

G98 : 고정 사이클 가공 초기점 복귀

G99 : 고정 사이클 가공 시작점(R점) 복귀

X : 구멍가공 위치의 X좌표

Y : 구멍가공 위치의 Y좌표

Z : 구멍가공 종점의 Z좌표

R : 가공 시작점(F이송 시작점), 복귀점

Q : 이동(shift)량

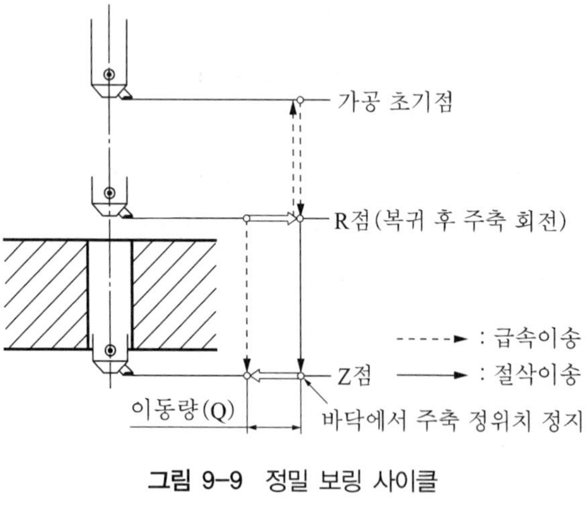

그림 9-9 정밀 보링 사이클

F : 이송속도(mm/min)

K : 고정 사이클 반복 횟수(증분지령과 함께 지령)

이동량 Q는 가공이 종료되고 주축 한 방향 정지 후 이동하고 이동방향은 파라미터에서 설정할 수 있다. Q지령을 생략하면 이동하지 않는다.

공구 이동경로는 그림 9-9와 같이 가공 초기점에서 R점까지 급속 이송 후 절삭이송으로 가공 종점까지 보링하고 나면 주축은 한 방향 정지(spindle orientation stop)가 되고 이후 지령된 양(Q)만큼 공구가 후퇴한 후 다시 R점 또는 가공 초기점까지 급속이송으로 복귀한다.

9-9. 백 보링 사이클(Back Boring Cycle) G87

G87은 구멍이 가공된 공작물의 반대쪽에서 보링 가공이나 자라파기를 해야 하는 경우 보링바이트가 구멍의 센터를 따라 이동하지 않고 보링 바이트인선의 반대로 일정량 이동하여 내려가고 이동량만큼 원위치로 이동하여 중심에 일치시키고 보링 가공을 하고 가공이 완료되면 보링 바이트 인선의 반대로 일정량 이동하여 올라와서 이동량만큼 원위치로 이동하여 중심에 일치시키고 가공을 마무리하는 기능이다.

[지령 형식]

$$G87 \begin{bmatrix} G90 \\ G91 \end{bmatrix} G98\ X\_\ \ Y\_\ \ Z\_\ \ R\_\ \ Q\_\ \ F\_\ \begin{bmatrix} L\_ \\ K\_ \end{bmatrix};$$

G98 : 고정 사이클 가공 초기점 복귀

X : 구멍가공 위치의 X좌표

Y : 구멍가공 위치의 Y좌표

Z : 구멍가공 종점의 Z좌표

R : 가공 시작점(F이송 시작점), 복귀점

Q : 이동(shift)량

F : 이송속도(mm/min)

K : 고정 사이클 반복 횟수(증분지령과 함께 지령)

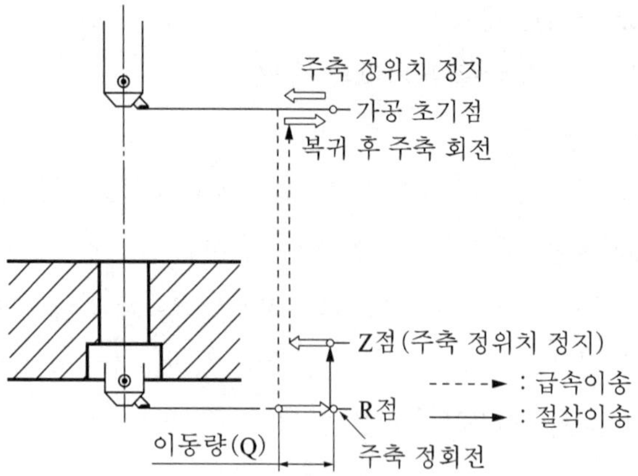

그림 9-10 백 보링 사이클

지령된 가공 종점까지 절삭이송으로 보링하고 Q에 지령된 이동량만큼 공구 선단 반대 방향으로 후퇴 후 공구는 급속 이송으로 가공 초기점으로 복귀한다. R점은 공작물 바닥면 아래에 위치하므로 R점 복귀 G99지령은 할 수 없다.

이동량 Q는 가공이 종료되고 주축 한 방향 정지 후 이동하고 이동방향은 파라미터에서 설정할 수 있다.

공구 이동경로는 그림 9-10과 같이 공구는 가공 초기점 주축 한 방향 정지 상태에서 Q에 지령된 양만큼 공구 선단의 반대방향으로 이동하고 R점까지 급속 이송 후 공구 선단 방향으로 다시 이동 절입한 후 절삭이송으로 이동 종점까지 보링 가공한다. 보링이 종료되면 다시 주축 한 방향 정지상태에서 Q에 지령된 양만큼 공구 선단의 반대방향으로 이동하여 가공 초기점으로 급속 이송 복귀하고 공구는 다시 선단 방향으로 이동 후 주축은 회전한다.

9-10. 보링 사이클(Boring Cycle) G88

G88은 구멍 종점까지 가공한 후 수동 모드로 바꾸어서 공구를 수동 이송할 필요가 있을 때 사용하는 기능으로써 대형 기계에서 절삭 상태를 확인할 경우에 주로 사용한다. 수동 이송한 다음 다시 자동 개시를 정상적으로 복귀한다.

[지령 형식]

$$G88\begin{bmatrix}G90\\G91\end{bmatrix}\begin{bmatrix}G98\\G99\end{bmatrix}X\_\ \ Y\_\ \ Z\_\ \ R\_\ \ P\_\ \ F\_\ \ \begin{bmatrix}L\_\\K\_\end{bmatrix};$$

G98 : 고정 사이클 가공 초기점 복귀

G99 : 고정 사이클 가공 시작점(R점) 복귀

X, Y, Z : 구멍가공 위치의 X, Y, Z 좌표

R : 가공 시작점(F이송 시작점), 복귀점

P : 구멍가공 종점(바닥면)에서 휴지시간

F : 이송속도(mm/min)

K : 고정 사이클 반복 횟수(증분지령과 함께 지령)

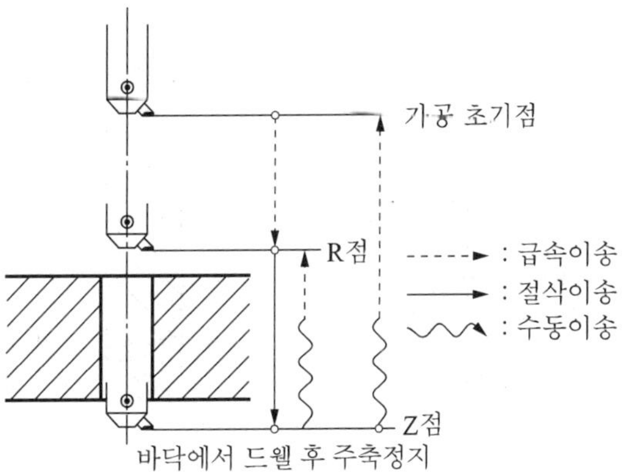

그림 9-11 보링 사이클

공구 이동경로는 그림 9-11과 같이 가공 초기점에서 R점까지 급속 이송 후 F이송으로 가공 종점까지 보링하고 지령시간 동안 드웰한 후 주축은 정지한다. 이때 작업자가 공구를 임의의 위치까지 후퇴시킨 후 자동개시(cycle start)를 실행하면 급속 이송으로 복귀한다.

9-11. 보링 사이클(Boring Cycle) G89

보링 사이클 G89는 G85 보링 사이클과 유사하며, 구멍가공 종점에서 일시정지 기능이 추가된 기능을 가진 고정 사이클이다.

지령된 가공 종점까지 절삭이송으로 보링한 후, 지정 시간동안 이송이 일시 정지한 후에 다시 절삭이송으로 복귀한다.

[지령 형식]

$$G89 \begin{bmatrix} G90 \\ G91 \end{bmatrix} \begin{bmatrix} G98 \\ G99 \end{bmatrix} X\_\ Y\_\ Z\_\ R\_\ P\_\ F\_\ \begin{bmatrix} L\_ \\ K\_ \end{bmatrix};$$

예제 26 다음 도면을 구멍가공 프로그램을 작성하시오.

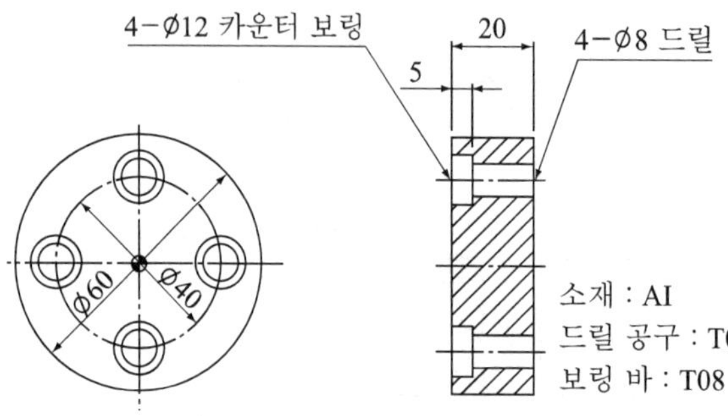

소재 : AI
드릴 공구 : T06
보링 바 : T08

□ 프로그램

```
N10 G40 G49 G80 ;
N20 G30 G91 Z0 M19 ;             → 제2원점 복귀 주축 위치 정위치
N30 T06 M06 ;                    → 공구 교환
N40 G54 G00 G90 X0. Y20. ;       → 공작물 좌표계 설정 및 위치결정
N50 G43 Z20. H06 S1000 M03 ;     → 공구길이 보정 주축 정회전
N60 M08 ;                        → 절삭유 On
N70 G81 G99 Z-23. R3. F80 ;      → 드릴 고정 사이클 지령
N80 X-20. Y0. ;                  → 두 번째 구멍 가공
N90 X0 Y-20. ;                   → 세 번째 구멍 가공
```

```
N100 G98 X20. Y0. ;                    → 네 번째 구멍 가공, 초기점 결정
N110 G80 G49 G00 Z50. M09 ;            → 고정 사이클 및 길이 보정 취소
N120 M05 ;                             → 주축 정지
N130 G30 G91 Z0. M19 ;
N140 T08 M06 ;                         → 공구(보링) 교환
N150 G43 G90 G00 Z20. H08
     S1000 M03 ;
N160 M08 ;
N170 G86 G99 Z-5. R3. F50 ;            → G86 보링 사이클 지령 첫 번째
                                         보링
N180 X-20. ;                           → 두 번째 보링
N190 X0. Y20. ;                        → 세 번째 보링
N200 G98 Y-20. ;                       → 네 번째 보링
N210 G80 G49 G00 Z50. M09 ;            → 고정 사이클 및 길이 보정 취소
N220 M05 ;                             → 주축 정지
N230 M02 ;                             → 프로그램 끝
```

Chapter 10

기타기능

10-1. 헬리컬 가공

지정된 평면(예로 XY평면)에서 G02, G03은 X, Y좌표를 종점으로 하는 원호에 Z좌표를 추가하여 헬리컬(나선) 곡선을 가공하는 기능이다.

[X-Y평면[G17] 지령 형식]

$$\text{G17} \begin{bmatrix} \text{G90} \\ \text{G91} \end{bmatrix} \begin{bmatrix} \text{G02} \\ \text{G03} \end{bmatrix} \text{X\_\_ } \text{Y\_\_ } \begin{bmatrix} \text{R\_\_} & \\ \text{I\_\_} & \text{J\_\_} \end{bmatrix} \text{Z\_\_ } \text{F\_\_ } ;$$

[X-Z평면[G18] 지령 형식]

$$\text{G18} \begin{bmatrix} \text{G90} \\ \text{G91} \end{bmatrix} \begin{bmatrix} \text{G02} \\ \text{G03} \end{bmatrix} \text{X\_\_ } \text{Y\_\_ } \begin{bmatrix} \text{R\_\_} & \\ \text{I\_\_} & \text{K\_\_} \end{bmatrix} \text{Z\_\_ } \text{F\_\_ } ;$$

[Y-Z평면[G19] 지령 형식]

$$\text{G19} \begin{bmatrix} \text{G90} \\ \text{G91} \end{bmatrix} \begin{bmatrix} \text{G02} \\ \text{G03} \end{bmatrix} \text{X\_\_ } \text{Y\_\_ } \begin{bmatrix} \text{R\_\_} & \\ \text{J\_\_} & \text{K\_\_} \end{bmatrix} \text{Z\_\_ } \text{F\_\_ } ;$$

[지령 워드 의미]

X, Y, Z : 헬리컬(나선)의 종점 좌표

R : 헬리컬(나선)의 반지름

I, J, K : 헬리컬(나선)의 시작점에서 중심점까지의 거리

• 해당 평면의 절입량 표시 어드레스

평 면	1회 절입량
XY평면(G17)	Z
XZ평면(G18)	Y
YZ평면(G19)	K

예제 27 지름 8 mm볼 엔드밀로 다음 형상을 가공할 프로그램을 작성하시오.

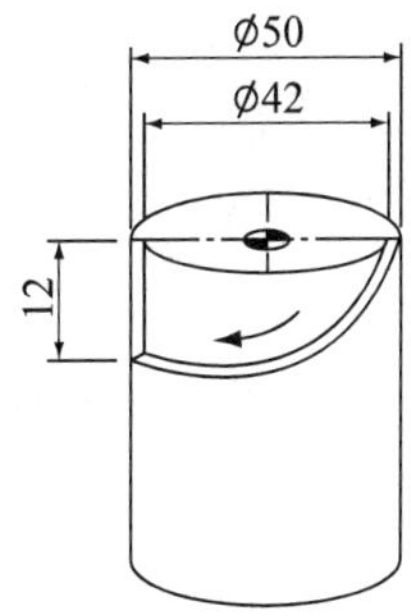

□ 프로그램

```
↓
G00 G90 X25. Y0. ;
Z3. ;
G01 Z0. F20 ;
G02 X-25.Y0. Z-12. I-25. ;
G00 Z20. ;
↓
```

10-2. 나사 가공

나사는 바이트를 사용하여 일정 간격리드(Lead)의 나사를 가공할 수 있다. 한 번에 가공하는 것이 아니고, 나사산의 높이를 적절히 나누어 해당 깊이만큼 수동으로 조절하면서 반복 절삭하여 나사를 완성한다.

[지령 형식]

```
G90  G33 Z___  F___ ;
```

[지령 워드 의미]

- Z : 나사 가공 중심 좌표값
- F : 나사의 리드값으로 바이트 1회전당 Z축 방향의 이송값과 동일하다.

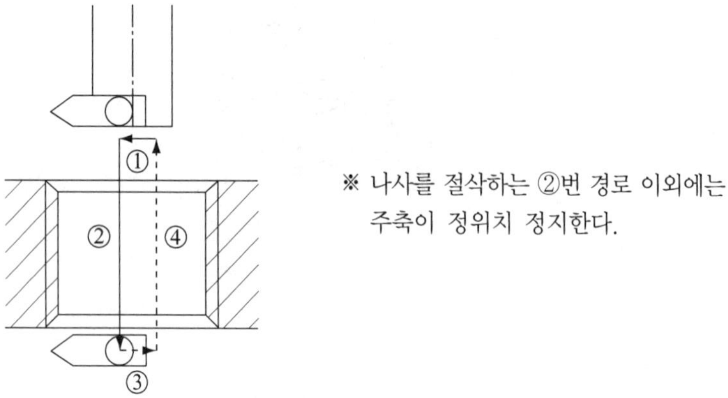

그림 10-1 나사 가공의 공구 경로

경 로	이 송	설 명
①	수동 조절	주축 정지 후 바이트 절입 깊이 조절
②	절삭 행정	Z축 방향으로 절삭
③	급속 이송	X축이나 Y축으로 급속 이송(주축 정지)
④	급속 이송	Z축 방향으로 급속 이송하여 초기점 복귀

G33기능을 이용한 나사 가공 방식은 매 1회 절삭 시 마다 주축을 정위치에 정지시키고 나사 바이트의 절입 깊이를 조절하여야 하므로 불편하다. 따라서 최근에는 G02, G03기능을 이용한 헬리컬 절삭으로 가공하는 것이 일반적이라고 한다.

예제 28 나사 가공 데이터를 참고로 G33기능을 사용하여 다음을 프로그램하시오.

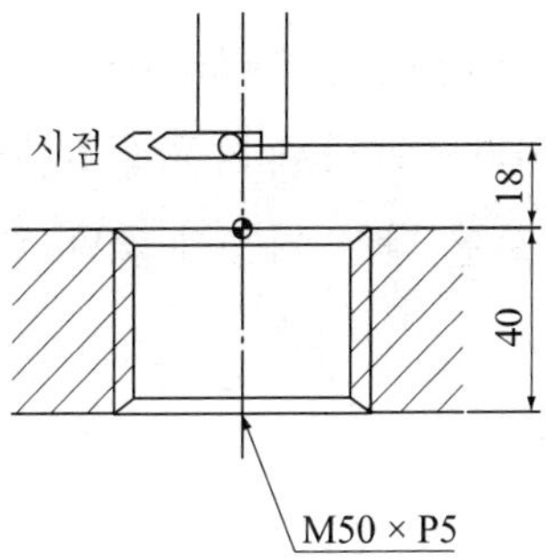

□ 프로그램

```
↓
G00 G90 Z18. ;          → 시작점으로 급속 이송
M00 ;                   → 프로그램 일시정지(바이트 조절)
G97 S100 M03 ;          → 주축 정회전
G33 Z-45. F5. ;         → 1회 절삭(F는 피치값)
M19 ;                   → 주축 정위치 정지
G00 X5. ;               → 바이트 후퇴
Z18. ;                  → 시점으로 복귀
X0. ;
M00 ;                   → 바이트 절입 깊이 조절
M03 ;
G33 Z-45. ;             → 2회 절삭(F값 모달)
M19 ;
G00 X5. ;
Z18. ;
X0. ;
M00 ;                   → 바이트 절입 깊이 조절
M03 ;
G33 Z-45. ;             → 3회 절삭
↓
```

(피치에 따른 바이트의 절입량의 결정과 가공 횟수는 선반 편 나사 가공 절입 깊이 도표 참조)

① 나사 절삭 시점은 내장된 포지션 센서(Position Sensor : 위치검출기)로 검출하기 때문에 항상 일정하다.
② 나사 가공에는 절삭 이송속도 오버라이드(Override)를 변화시킬 수 없다.
③ 일시정지(Feed Hold)기능도 나사 가공에서는 취소된다. 만약 G33기능 실행 중에 피드홀드 버튼을 누르면 나사 가공이 끝난 후 정지한다.

10-3. 좌표축 회전기능

지정된 평면의 한축을 기준으로 좌표를 회전하는 기능이다.

[지령 형식]

```
G68 X_ Y_ R_ ;
```

[취소 형식]

```
G69 ;
```

[지령 워드 의미]

X, Y : G17 평면에서 회전 중심의 좌표값을 항상 절대값으로 입력한다(G18, G19 평면에서는 해당 두 축이어야 한다).
R : 회전각의 값을 입력하며 3시 방향을 0°로 하여 (+)는 반시계방향 (−)는 시계방향으로 회전하고, 파라미터 수치를 조정하여 절대값 또는 증분값으로 할 수 있다.

G68을 만나면 X, Y로 지령한 점을 중심으로 R_로 지령한 각도로 회전한다. X_, Y_지령을 생략하면 현 위치가 회전 중심이 되며, R_지령을 생략하면 파라미터 설정값만큼 회전한다.

예제 29 다음 도형을 좌표축 회전기능을 이용하여 프로그램하시오.

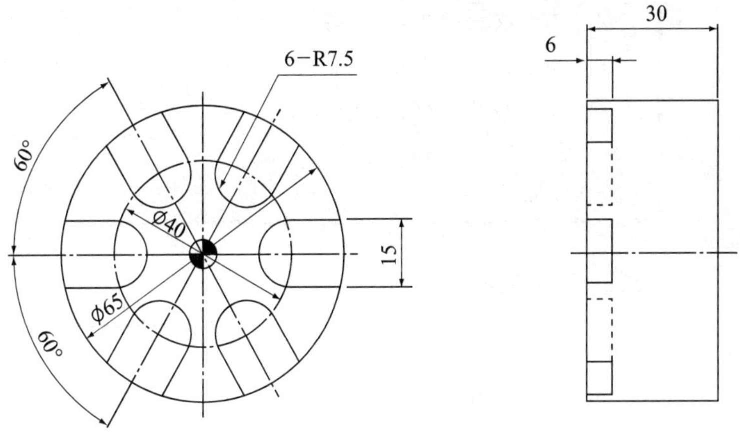

□ 주 프로그램

```
N10 G40 G49 ;
N20 G54 G90 G00 X0. Y0. ;        → 공작물 좌표계 1번 선택 후 원
점 이동
N30(10 mm 2날 엔드밀) ;           → 주역부
N40 G30 G91 Z0. M19 ;
N50 T03 M06 ;
N60 G43 G90 G00 Z20. H03 S1000 M03 ;
N70 Z3. M08 ;
N80 X40. ;
N90 M98 P0003 ;                  → 보조 프로그램 3번 호출
N100 M98 P0004 0005 ;            → 보조 프로그램 4번 5회 호출
N110 G69 ;                       → 좌표계 회전기능 취소
N120 G00 G90 Z20. M19 ;
N130 G49 Z100. M09 ;             → 공구길이 보정 취소
N140 M02 ;
```

□ 보조 프로그램 1

```
O0003 ;
N10 Z-6. ;
N20 G42 G00 G90 X40. Y-7.5 D03 ;
```

```
N30 G01 X20. Y-7.5 F70. ;
N40 G02 X20. Y7.5 R7.5 ;
N50 G01 X40. Y7.5 ;
N60 G40 G00 X40. Y0. ;
N70 Z3. ;
N80 M99 ;
```

ㅁ보조 프로그램 2

```
O0004 ;
N10 G68 G91 X0 Y0 R60. ;        → 좌표 회전 지령(각도 60°로
                                   증분지령)
N20 M98 0003 ;                  → 보조 프로그램 3번 호출
N30 M99 ;
```

① 좌표 회전기능 G68을 지령하고 난 후 절대치 지령의 경우는 평면상의 두 축(G17일 때)을 다 지령하여야 한다. 만약 한 축의 지령치만 지령하면 알람이 발생한다.
② 공구지름 보정 중이나 스케일링 모드 중에도 좌표 회전을 지령할 수 있으나, 좌표회전 지령 후 평면(G17, G18, G19) 선택은 변경할 수 없다. 만약 필요하다면 평면 선택은 G68지령 이전에 하여야 한다.

10-4. 스케일링 기능

스케일링 기능은 G51로 적용하고 G50으로 취소한다. 원호에 대한 스케일링은 2축을 같은 양으로 스케일링한다(I, J, K는 사용 불가).

스케일링 인자를 여러 번 반복 변경하여 지령할 수 있다.

[지령 형식]

$$G51 X\_ \ Y\_ \ Z\_ \begin{bmatrix} P\_ \\ I\_ \ J\_ \ K\_ \end{bmatrix} ;$$

[취소 형식]

```
G50;
```

[지령 워드 의미]

X, Y, Z : 스케일링의 중심 좌표값을 절대지령으로 입력. 이 좌표값을 생략하면 G51을 지령한 지점이 중심이 된다.

P : 스케일링 배율 지정(P 다음의 수치에는 소수점을 사용할 수 없으므로 2배 확대 = P2000, 0.5배 축소 = P500으로 지령하여야 하며, P를 생략하면 파라미터 6410번에 설정된 배율이 적용된다.)

I, J, K : 각 축마다 스케일링 배율을 달리할 때 X, Y, Z축의 배율을 지정한다.

스케일링기능을 이용하기 위해서는 로컬 좌표계지령과 보조 프로그램이 주로 같이 사용된다. 반복 형상 하나를 보조 프로그램화하고 다른 형상의 중심점에 로컬 좌표계 원점을 설정한 다음 앞의 지령 형식과 같이 스케일링 지령(G51 X_ Y_ P_ ;)을 하고, 이후 보조 프로그램을 불러 가공하는 형식이다.

예제 30 다음 도형을 스케일링기능을 사용하여 프로그램하시오.

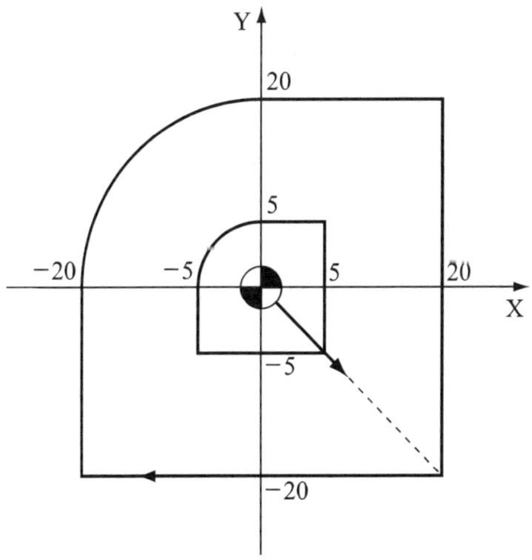

□ 주 프로그램

```
↓
S1000 M03 ;
G90 G00 X0. Y0. ;
Z5. M08 ;
G51 X0. Y0. P4000 ;
G98 P0051 ;
G50 ;
G72 ;
G00 Z50. M09 ;
Z100. M05 ;
M02 ;
```

□ 보조 프로그램

```
O0051 ;
X5. Y-5. ;
G01 Z-2. F100 ;
X-5. Y-5. ;
X-5. Y0. ;
G02 X0. Y5. R5. ;
G01 X5. Y5. ;
X5. Y-5. ;
G00 Z10. ;
M99 ;
```

예제 31 스케일링기능을 이용하여 다음 형상을 가공하는 주프로그램을 작성하시오. (∅4 엔드밀)

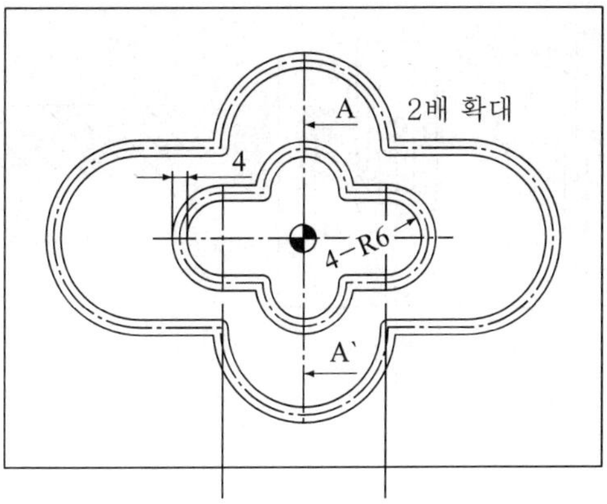

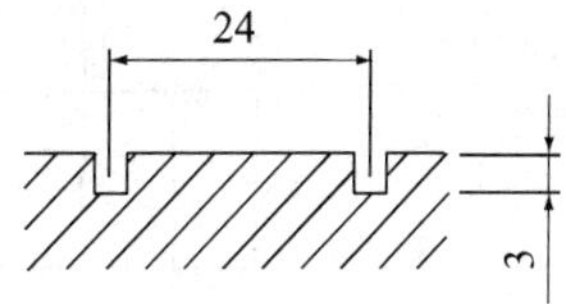

Section A－A`

□ 주 프로그램

```
N10 G40 G49 G80 ;
N20 G54 G90 G00 X0. Y0. ;
N30 G30 G91 Z0 M19 ;
N40 T02 M06 ;
N50 G43 G90 G00 Z20. H02
    S1000 M03 ;
N60 Z3. M08 ;
N70 G51 X0. Y0. P1000 ;        → 스케일링 지령(P1000=1배)
N80 M98 P1111 ;                → 보조 프로그램(1111) 호출
N90 G51 X0. Y0. P2000 ;        → 스케일링 지령(P2000=2배)
N100 M98 P1111 ;               → 보조 프로그램(1111) 호출
N110 G50 M09 ;                 → 스케일링 취소
N120 G49 G00 Z100. ;
N130 M05 ;
N140 M02 ;
```

예제 32 ∅4 mm 엔드밀로 다음 형상을 프로그램을 작성하시오.(가로방향 : 1/2로 축소, 세로방향 : 1.5배 확대)

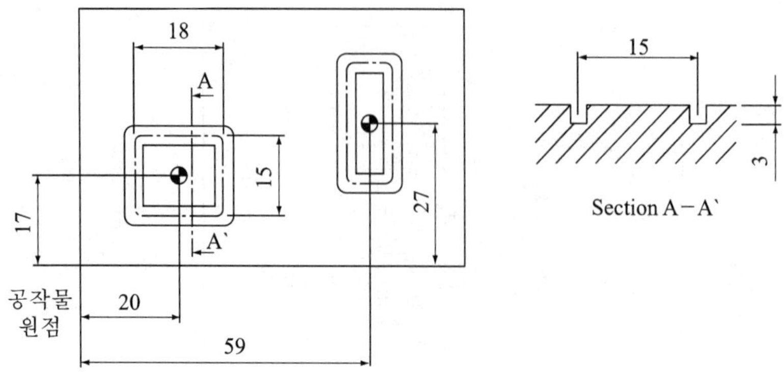

□ 주 프로그램

```
O1000(Scaling Program) ;
N10 G40 G49 G80 ;
N20 G54 G90 G00 X0. Y0. ;
N30 G91 Z0. M19 ;
N40 T02 M06 ;
N50 G43 G90 G00 Z20. H02 S1000 M03 ;
N60 Z3. M08 ;
N70 G52 X59. Y27. ;              → 로컬 좌표계 설정
N80 G51 X0. Y0. I500 J500 ;      → 스케일링 지령(X축 = 0.5배
                                    Y축 = 1.5배)
N90 M98 P2222 ;                  → 보조 프로그램 호출
N100 G50 M09 ;                   → 스케일링 취소
N110 G52 X0. Y0. ;
N120 G49 G00 Z100 ;
N130 M05 ;
N140 M02 ;
```

□ 보조 프로그램

```
O2222 ;
N10 G00 G90 X-9. Y7.5 ;
```

```
N20 G01 Z-3. F20 ;
N30 X9. F70 ;
N40 Y-7.5 ;
N50 X-9. ;
N60 Y7.5 ;
N70 G00 Z3. ;
N80 M99 ;
```

Chapter 11
실습예제 및 프로그래밍 실습

[실습예제 1]

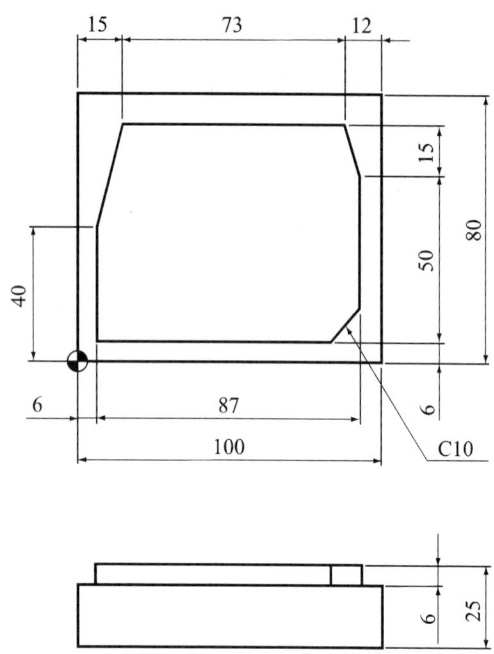

[프로그램 1]

```
N10 O1001 ;
N20 G40 G49 G80 ;
N30 G28 G91 X0. Y0. Z0. ;
N40 G92 G90 X_ Y_ Z_ ;          → 공작물 좌표계 설정
N50 G00 X-10. Y-10. ;           → X, Y평면 초기 위치 이동
N60 Z20. S1200 M03 ;
N70 Z-6. M08 ;                  → Z-6까지 급속 이송, 절삭유 ON
N80 G42 Y5. D01 ;               → Y축으로 이동하면서 공구지름 보정
N90 G01 X90. F100. ;            → X방향 90까지 절삭 이송
```

```
N100 X94. Y16. F80. ;
N110 Y72. F100. ;
N120 X5. ;
N130 Y6. ;
N140 X83. ;
N150 X93. Y16. F80. ;
N160 Y56. F100. ;
N170 X88. Y71. ;
N180 X15. ;
N190 X6. Y40. ;
N200 Y5. ;
N210 G40 G00 X-10. M09 ;
N220 Z100. M19 ;
N230 M02 ;
```

[실습예제 2]

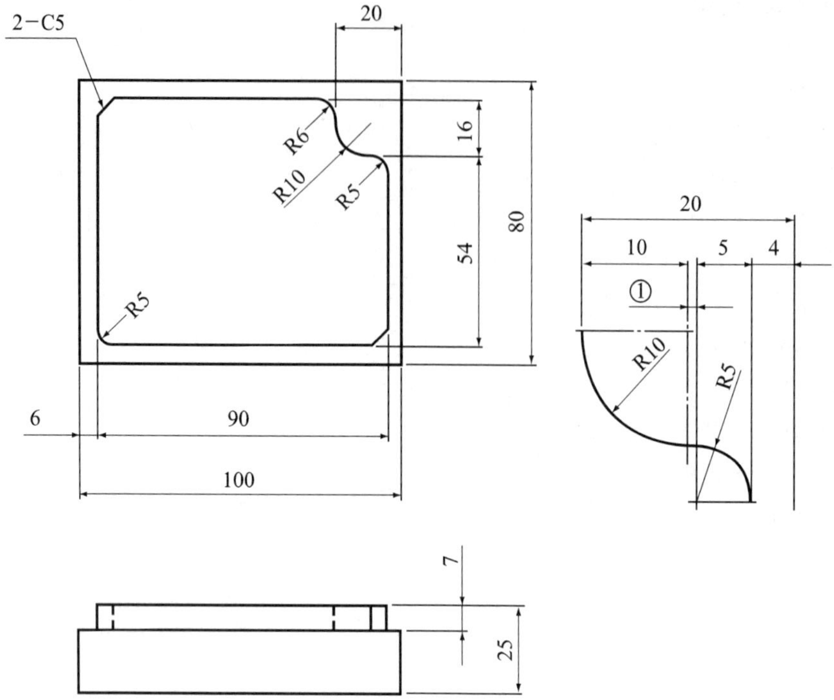

※ R10 원호의 반지름 10 mm, R5 원호 반지름 5 mm 및 오른쪽 4 mm 부의 합은 19 mm가 되나 20 mm로 되어 있으므로 1 mm의 직선부가 존재한다.

[프로그램 2]

```
N10 O1002 ;
N20 G40 G49 G80 ;
N30 G28 G91 X0. Y0. Z0. ;
N40 G92 G90 X_ Y_ Z_ ;          → 공작물 원점은 왼쪽 아래 모서리
N50 G00 X-10. Y-10. ;
N60 Z20. S1200 M03 ;
N70 Z-7. M08 ;
N80 G42 Y5. D04 ;
N90 G01 X98 F100 ;
N100 Y59. ;
N110 X90. F80 ;                 → 여백이 남지 않도록 주의
N120 Y75. ;
```

```
N130 X6. F100 ;
N140 Y10. ;
N150 G03 X11. Y5. R5. ;
N160 G01 X96.  , C5. ;          → 2.12의 모따기기능 참조
N170 Y54. ;
N180 G03 X91. Y59. R5. F70 ;
N190 G01 X90. ;                 → 1 mm 직선 구간이 있음을 주의
N200 G02 X80. Y69. R10. ;
N210 G03 X74. Y75. R6. ;
N210 G03 X74. Y75. R6. ;
N220 G01 X6.  , C5. F100 ;
N230 Y8. ;
N240 G40 G00 X-10. M09 ;
N250 Z100. M19 ;
N260 M02 ;
```

[실습예제 3]

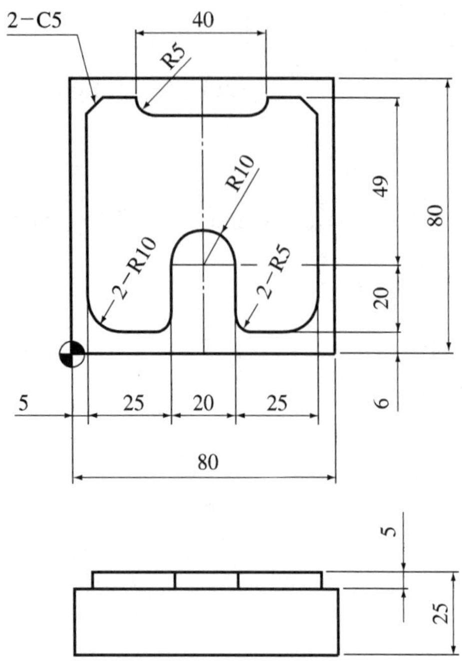

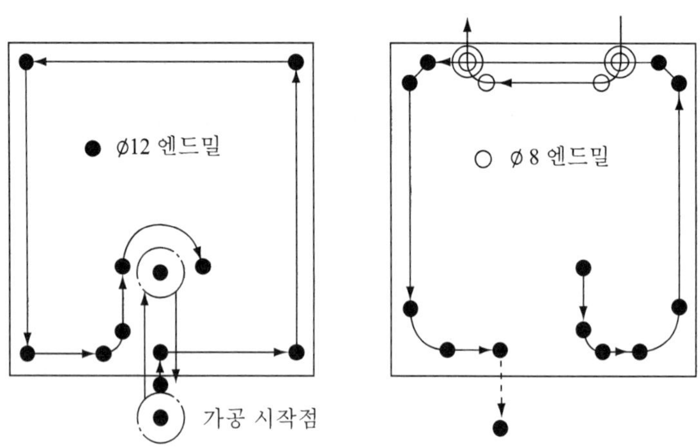

[프로그램 3]

N10 O1003 ;

N20 G40 G49 G80 ;

N30 G28 G92 X0. Y0. Z0. ;

N40 G92 G90 X_ Y_ Z_ ;

N50 G00 X40. Y−10. ; → 폭 20 mm의 홈 중심을 보정없이 가공하기 위한 위치 결정

```
N60 Z20. S1200 M03 ;
N70 Z-5. M08 ;
N80 G01 Y26. F70 ;
N90 G00 Y-2. ;
N100 G42 G01 Y6. D01 F100 ;
N110 X75. ;
N120 Y75. ;
N130 X5. ;
N140 Y6. ;
N150 X25. ;
N160 G03 X30. Y11. R5 ;
N170 G01 Y26. ;
N180 G02 X50. R10. ;
N190 G01 Y11. ;
N200 G03 X55. Y6. R5. ;
N210 G01 X75. , R10. ;     → 모따기 기능 참조
N220 Y75. , C5. ;
N230 X5. , C5. ;
N240 Y6. , R10. ;
N250 X32. ;
N260 G40 G00 Y-10. M09 ;
N270 Z100. M05 ;
N280 G30 G91 Z0 M19 ;
N290 T03 M06 ; → 도면 윗부분을 가공하기 위하여 공구 교환(반경 5 mm 이하)
N300 G00 G90 X40. Y88. ;
N310 G43 Z20. H03 S1500 M03 ;
N320 Z-5. ;
N330 G42 X60. D03 M08 ;
N340 G02 X55. Y70. R5. ;
N350 G01 X25. ;
N360 G02 X20. Y75. R5. ;
N370 G01 X8. ;
N380 G00 G40 Y90. M09 ;
N390 G49 Z100. M19 ;
N400 M02 ;
```

[실습예제 4]

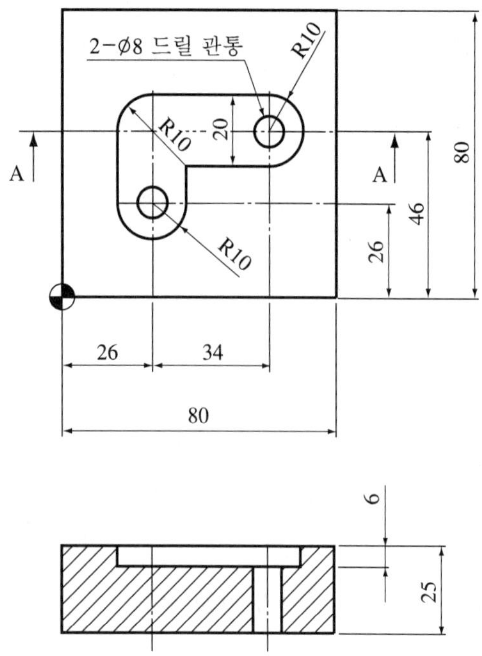

Section A−A

[프로그램 4]

```
N01 O1004 ;
N10 G40 G49 G80 ;
N20 G54 G00 G90 X26. Y26. ;
N30 G30 G91 Z0 M19 ;
N40 T04 M06 ;
N50 G43 G90 G00 Z20. H04 S1500 M03 ;
N60 Z3. M08 ;
N70 G01 Z-6. F25 ;
N80 Y46. F80 ;
N90 X60. ;
N100 G42 Y56. D01 ;
N110 G02 Y36. R10. ;
N120 G01 X36. ;
N130 Y26. ;
```

```
N140 G02 X16. R10. ;
N150 G01 Y46. ;
N160 G02 X26. Y56. R10. ;
N170 G01 X60. ;
N180 G40 Y46. M09 ;
N190 G00 Z20. ;
N200 G49 Z100. M19 ;
N210 G30 G91 Z0. ;            → 주역부
N220(T05 DIA-8Drill)
N230 T08 M06 ;
N240 G43 G90 G00 Z20. H08 S800 M03 ;
N250 G81 G99 X60. Y46. Z-20. R3. F25 M08 ;
N260 X26. Y26. ;
N270 G49 G00 Z100. M09 ;      → G00으로도 고정 사이클 취소
N280 M05 ;
N290 M02 ;
```

[실습예제 5]

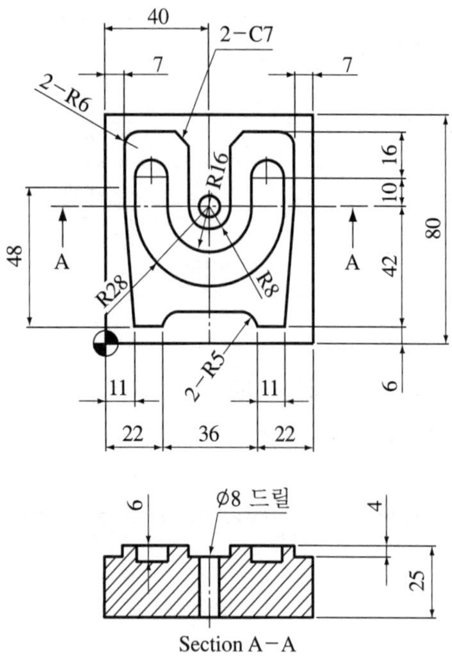

[프로그램 5]

```
N01 O1005 ;
N02 G40 G49 G80 ;
N03 G54 G00 G90 X-10. Y-10. ;
N04 G30 G91 Z0. M19 ;
N05 T04 M06 ;
N06 G43 G90 G00 Z20. H04 S1500 N03 ;
N07 Z-4. M08 ;
N08 G42 Y5.5 D04 ;
N09 G01 X73.5 F90. ;
N10 Y74.5 ;
N11 X40. ;
N12 Y48. ;
N13 Y74.5 ;
N14 X6.5 ;
N15 Y6. ;
N16 X22. ;
N17 G02 X27. Y11. R5. ;
N18 G01 X53. ;
```

```
N19 G02 X58. Y6. R6. ;
N20 X69. ;
N21 X73. Y54. ;
N22 Y74.  , R6. ;
N23 X48.  , C7. ;
N24 Y48. ;
N25 G02 X32. R8. ;
N26 G01 Y74.  , C7. ;
N27 X7.  , R6. ;
N28 Y54. ;
N29 X11. Y6. ;
N30 G40 Y0. ;
N31 G00 Z20. ;
N32 X18. Y58. ;
N33 Z3. ;
N34 G01 Z-6. F25 ;
N35 Y48. F70 ;
N36 G03 X62. R22. ;
N37 G01 Y58. ;
N38 G42 X56. D04 F80 ;
N39 G02 X68 R6. ;
N40 G01 Y48. ;
N41 G02 X12. R28. ;
N42 G01 Y58. ;
N43 G02 X24. R6. ;
N44 G01 Y48. ;
N45 G03 X56. R16. ;
N46 G01 Y58. ;
N47 G40 X62. M09 ;
N48 G00 Z20. ;
N49 G49 Z100. M19 ;
N50 G30 G91 Z0. ;
N51 T05 M06 ;
N52 G00 G90 X40. Y48. ;
N53 G43 Z20. H05 S800 M03 ;
N54 M08 ;
N55 G81 G99 Z-29. R3. F25 ;
N56 M09 ;
N57 G49 Z100. M19 ;
N58 M02 ;
```

[프로그래밍 실습 1]

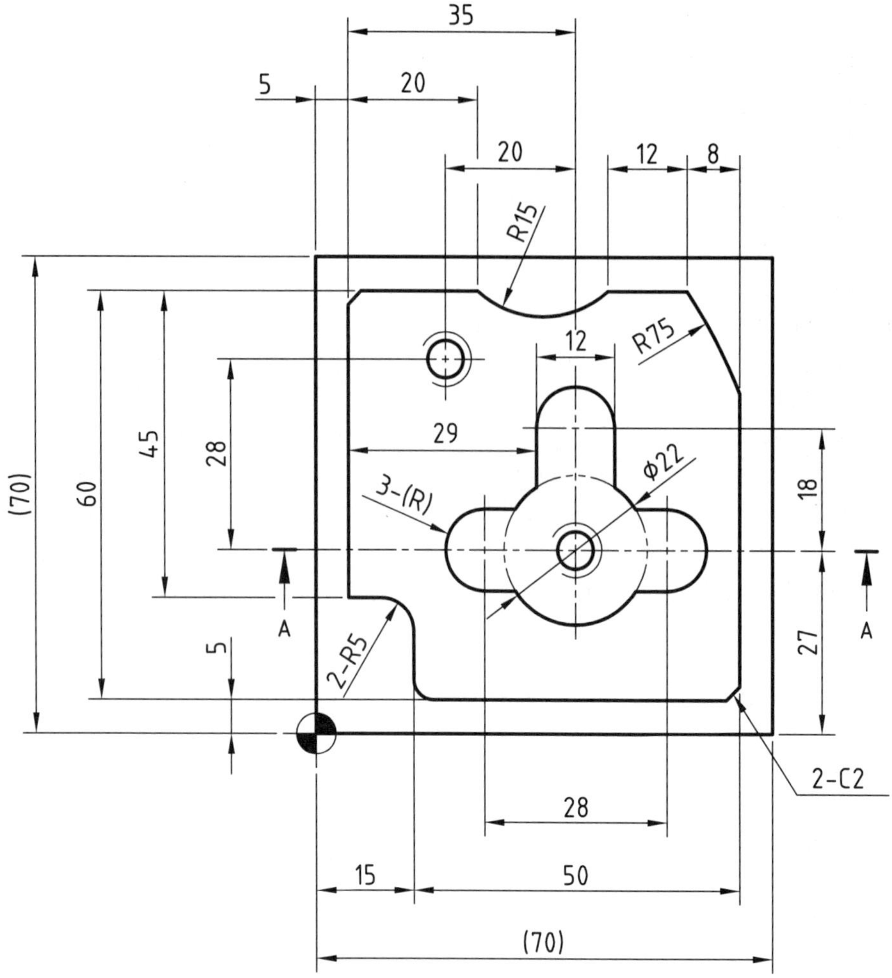

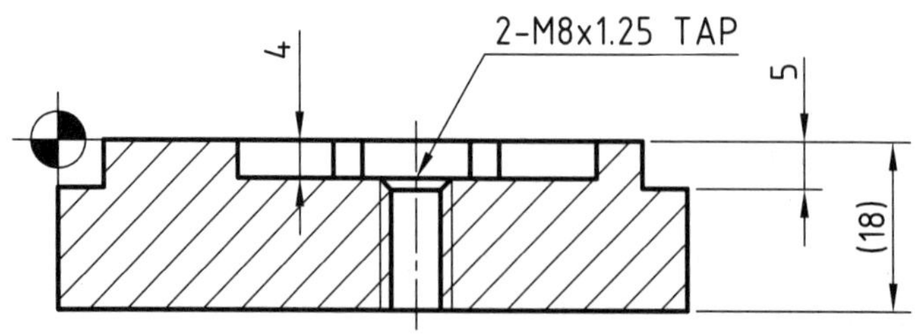

Setion A-A

```
O2001 ;
G40 G49 G80 ;
T02 M06 ;
G90 G54 G00 X20. Y55. ;
G43 Z200. H02 S1000 M03 ;
Z10. ;
G81 G98 Z-2. R5. F100 M08 ;
X40. Y27. ;
G00 G49 G80 Z200. M09 ;
T03 M06 ;
G90 G54 G00 X20. Y55. ;
G43 Z200. H03 S1000 M03 ;
Z10. ;
G83 G98 Z-26. R5. F100 Q4. M08 ;
X40. Y27. ;
G00 G49 G80 Z200. M09 ;
T05 M06 ;
G90 G54 G00 X20. Y55. ;
G43 Z200. H05 S300 M03 ;
Z10. ;
G84 G98 Z-24. R5. F250 M08 ;
X40. Y27. ;
G00 G49 G80 Z200. M09 ;
T04 M06 ;
G90 G54 G00 X-10. Y-10. ;
G43 Z200. H04 S1200 M03 ;
Z10. ;
G01 Z-5. F100 M08 ;
G41  X5.  D04 ;
Y65. ;
X65. ;
Y5. ;
X5. ;
G01  Y63. ;
X7. Y65. ;
X25. ;
G03 X45. R15. ;
G01 X57. ;
G02 X65. Y45. R75. ;
G01 Y7. ;
X63. Y5. ;
X20. ;
G02 X15. Y10. R5. ;
G01 Y20. ;
X-10. ;
G40 Y5. ;
X5. ;
G00 G40 Z100. M09 ;
X40. Y27. ;
Z10. ;
G01 Z-4.1 F100 M08 ;
G41 Y21. D01 ;
X54. ;
G03 Y33. R6. ;
G01 X46. ;
Y45. ;
G03 X34. R6. ;
G01 Y33. ;
X26. ;
G03 Y21. R6. ;
G01 X40. ;
G40 Y27. ;
X46. ;
G03 I-6. ;
G00 G40 G49 Z200. M09 ;
M05 ;
M02 ;
```

[프로그래밍 실습 2]

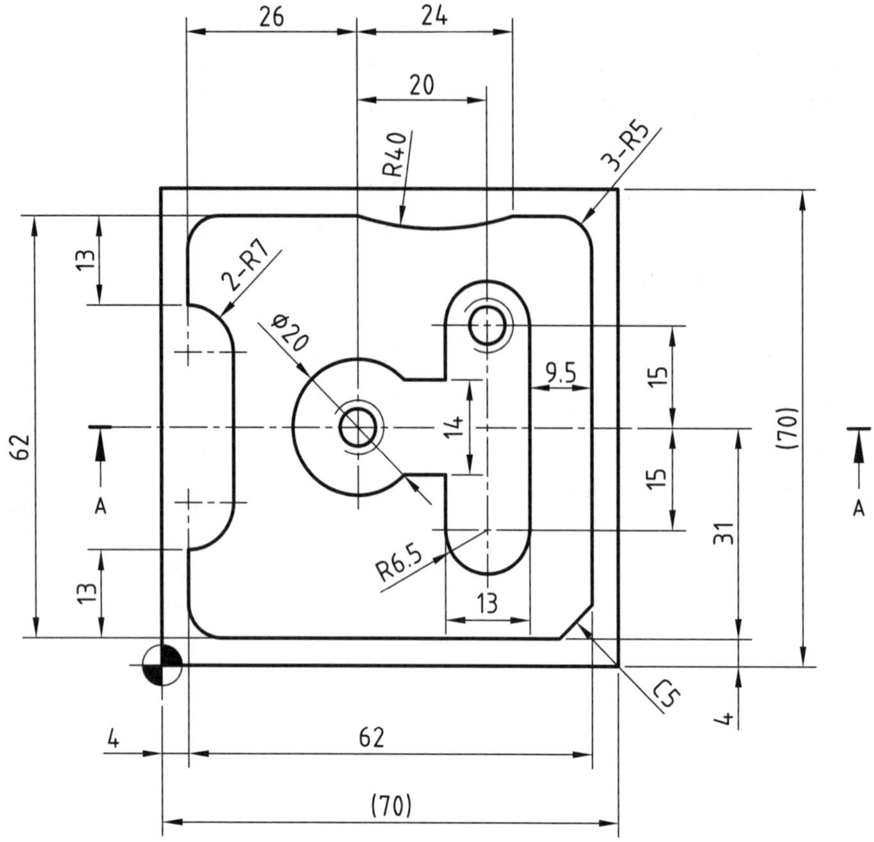

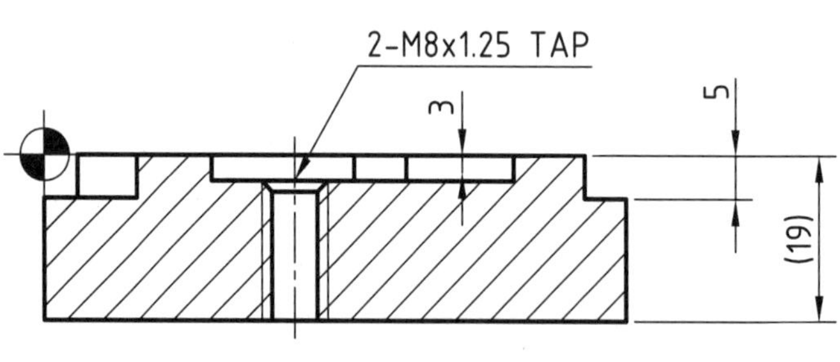

Setion A-A

```
O2002 ;
G40 G49 G80 ;
T02 M06 ;
G90 G54 G00 X30. Y35. ;
G43 Z200. H02 S1000 M03 ;
Z10. ;
G81 G98 Z-2. R5. F100 M08 ;
X50. Y50. ;
G00 G49 G80 Z200. M09 ;
T03 M06 ;
G90 G54 G00 X30. Y35. ;
G43 Z200. H03 S1000 M03 ;
Z10. ;
G83 G98 Z-26. R5. F100 Q4. M08 ;
X50. Y50. ;
G00 G49 G80 Z200. M09 ;
T05 M06 ;
G90 G54 G00 X30. Y35. ;
G43 Z200. H05 S200 M03 ;
Z10. ;
G84 G98 Z-24. R5. F250 M08 ;
X50. Y50. ;
G00 G49 G80 Z200. M09 ;
T04 M06 ;
G90 G54 G00 X-10. Y-10. ;
G43 Z200. H04 S1200 M03 ;
Z10. ;
G01 Z-5. F100 M08 ;
G41  X4.  D04 ;
Y66. ;
X66. ;
Y4. ;
X4. ;
Y17. ;
G03 X11. Y24. R7. ;
G01  Y46. ;
G03  X4.  Y53.  R7. ;
G01  Y61. ;
G02  X9. Y66. R5. ;
G01 X30. ;
G03 X54. R40. ;
G01 X61. ;
G02 X66. Y61. R5. ;
G01 Y9. ;
X61. Y4. ;
X9. ;
G02 X4. Y9. R5. ;
G01 Y20. ;
G00 Z100. M09 ;
X30. Y35. ;
G40 Z10. ;
G01 Z-3.1 F100 M08 ;
G41 Y28. D04 ;
X43.5 ;
Y20. ;
G03 X56.5 R6.5 ;
G01 Y50. ;
G03 X43.5 R6.5 ;
G01 Y42. ;
X30. ;
Y35. ;
G40 X35. ;
G03  I-5. ;
G00 G40 G49 Z200. M09 ;
M05 ;
M02 ;
```

[프로그래밍 실습 3]

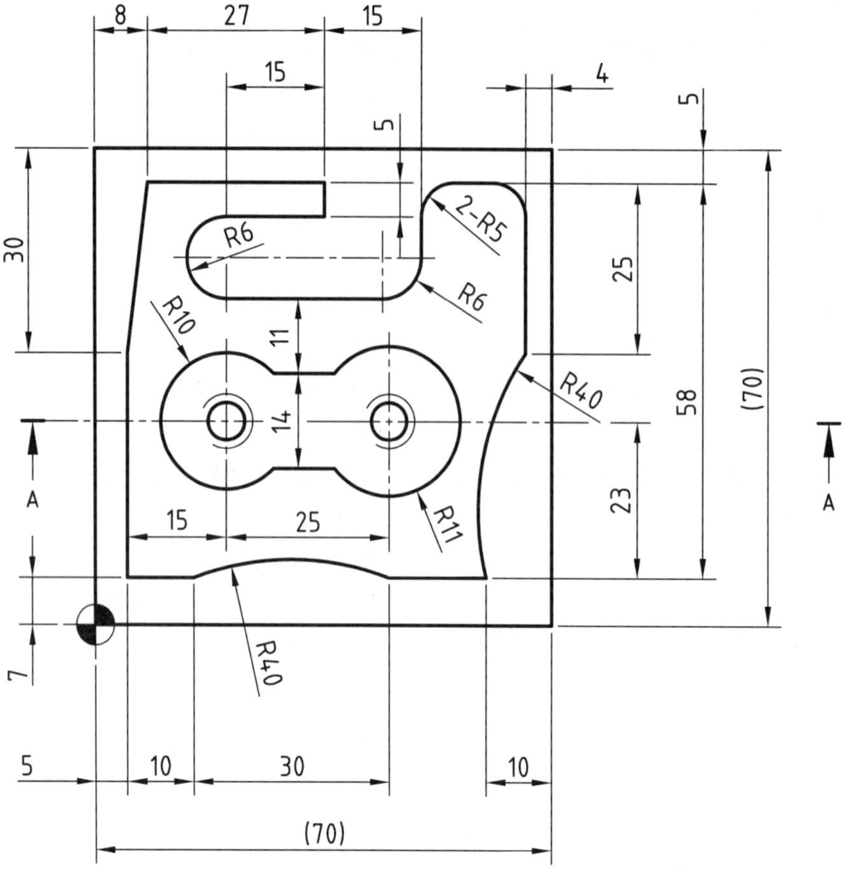

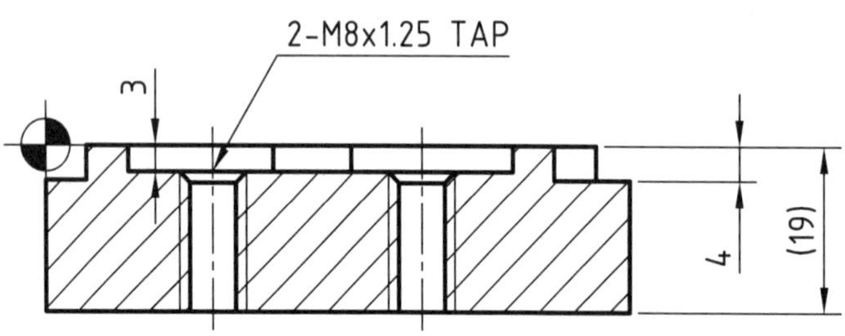

Setion A-A

```
O2003 ;
G40 G49 G80 ;
T02 M06 ;
G90 G54 G00 X20. Y30. ;
G43 Z200. H02 S1000 M03 ;
Z10. ;
G81 G98 Z-2. R5. F100 M08 ;
X45. ;
G00 G49 G80 Z200. M09 ;
T03 M06 ;
G90 G54 G00 X20. Y30. ;
G43 Z200. H03 S1000 M03 ;
Z10. ;
G83 G98 Z-26. R5. F100 Q4. M08 ;
X45. ;
G00 G49 G80 Z200. M09 ;
T05 M06 ;
G90 G54 G00 X20. Y30. ;
G43 Z200. H05 S200 M03 ;
Z10. ;
G84 G98 Z-24. R5. F250 M08 ;
X45. ;
G00 G49 G80 Z200. M09 ;
T04 M06 ;
G90 G54 G00 X-10. Y-10. ;
G43 Z200. H04 S1200 M03 ;
Z10. ;
G01 Z-4.1 F100 M08 ;
G41 X5. D04 ;
Y65. ;
X66. ;
Y7. ;
X5. ;
Y40. ;
X8. Y65. ;
X35. ;
Y60. ;
X20. ;
G03 Y48. R6. ;
G01 X44. ;
G03 X50. Y54. R6. ;
G01 Y60. ;
G02 X55. Y65. R5. ;
G01 X61. ;
G02 X66. Y60. R5. ;
G01 Y40. ;
G03 X60. Y7. R40. ;
G01 X45. ;
G03 X15. R40. ;
G01 X-10. ;
G00 Z100. M09 ;
G40 X20. Y30. ;
G01 Z-3. F100 M08 ;
G41 Y23. D04 ;
X45. ;
Y37. ;
X20. ;
G40 Y35. ;
G03 J-5. ;
G01 Y30. ;
X51. ;
G03 I-6. ;
X39. R6. ;
G00 G49 Z200. M09 ;
M05 ;
M02 ;
```

[프로그래밍 실습 4]

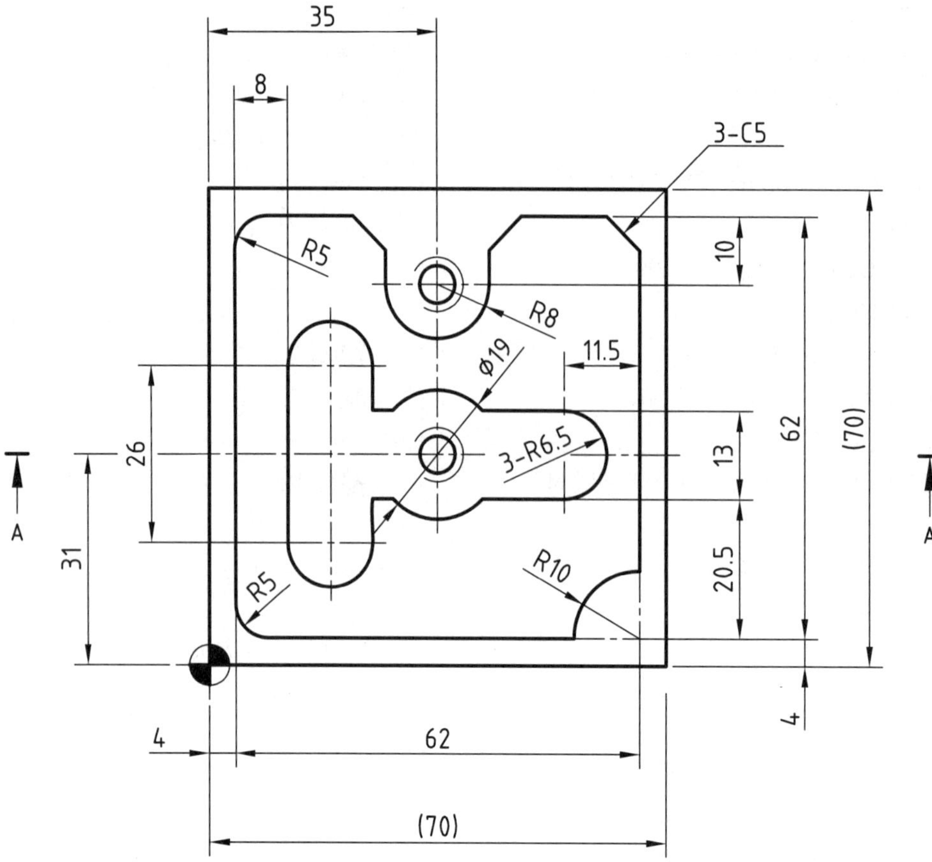

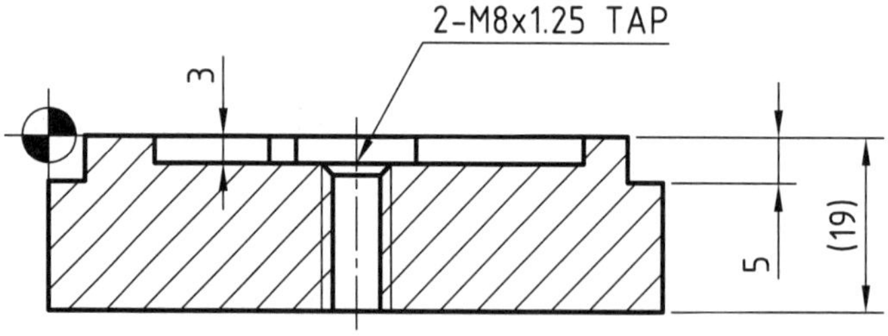

Setion A-A

```
O2004 ;
G40 G49 G80 ;
T02 M06 ;
G90 G54 G00 X35. Y56. ;
G43 Z200. H02 S1000 M03 ;
Z10. ;
G81 G98 Z-2. R5. F100 M08 ;
Y31. ;
G00 G49 G80 Z200. M09 ;
T03 M06 ;
G90 G54 G00 X35. Y56. ;
G43 Z200. H03 S1000 M03 ;
Z10. ;
G83 G98 Z-26. R5. F100 Q4. M08 ;
Y31. ;
G00 G49 G80 Z200. M09 ;
T05 M06 ;
G90 G54 G00 X35. Y56. ;
G43 Z200. H05 S200 M03 ;
Z10. ;
G84 G98 Z-24. R5. F250 M08 ;
Y31. ;
G00 G49 G80 Z200. M09 ;
T04 M06 ;
G90 G54 G00 X-10. Y-10. ;
G43 Z200. H04 S1200 M03 ;
Z10. ;
G01 Z-5.1 F100 M08 ;
G41 X4. D04 ;
Y66. ;
X66. ;
Y4. ;
X4. ;
Y61. ;
G02 X9. Y66. R5. ;
G01 X22. ;
X27. Y61. ;
Y56. ;
G03 X43. R8. ;
G01 Y61. ;
X48. Y66. ;
X61. ;
X66. Y61. ;
Y14. ;
G03 X56. Y4. R10. ;
G01 X9. ;
G02 X4. Y5. R5. ;
G00 Z100. M09 ;
G40 X35. Y31. ;
Z10. ;
G01 Z-3. F100 M08 ;
G41 Y24.5 D04 ;
X54.5 ;
G03 Y37.5 R6.5 ;
G01 X25. ;
Y44. ;
G03 X12. R6.5 ;
G01 Y18. ;
G03 X25. R6.5 ;
G01 Y24.5 ;
X35. ;
Y31. ;
G40 X39.5 ;
G03 I-4.5 ;
G00 G49 Z200. M09 ;
M05 ;
M02 ;
```

[프로그래밍 실습 5]

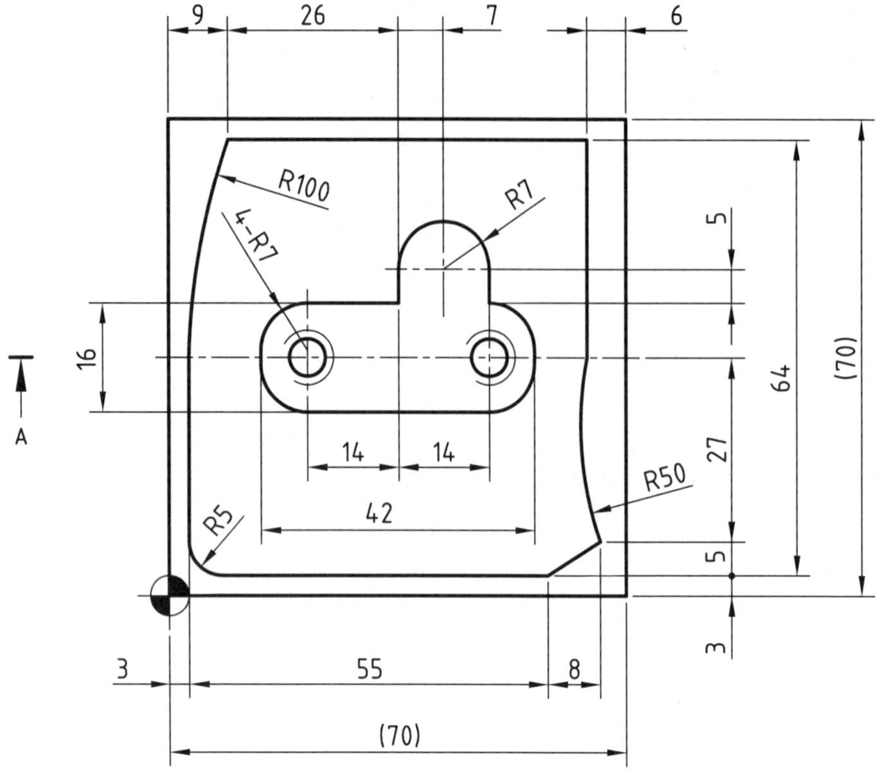

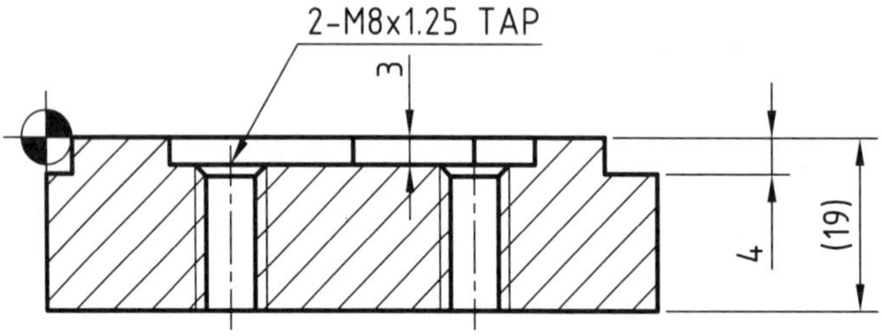

Setion A-A

```
O2005 ;
G40 G49 G80 ;
T02 M06 ;
G90 G54 G00 X21. Y35. ;
G43 Z200. H02 S1000 M03 ;
Z10. ;
G81 G98 Z-2. R5. F100 M08 ;
X49. ;
G00 G49 G80 Z200. M09  ;
T03 M06 ;
G90 G54 G00 X21. Y35. ;
G43 Z200. H03 S1000 M03 ;
Z10. ;
G83 G98 Z-26. R5. F100 Q4. M08 ;
X49. ;
G00 G49 G80 Z200. M09 ;
T05 M06 ;
G90 G54 G00 X21. Y35. ;
G43 Z200. H05 S200 M03 ;
Z10. ;
G84 G98 Z-24. R5. F250 M08 ;
X49. ;
G00 G49 G80 Z200. M09 ;
T04 M06 ;
G90 G54 G00 X-10. Y-10. ;
G43 Z200. H04 S1200 M03 ;
Z10. ;
G01 Z-4. F100 M08 ;
G41 X3. D04 ;
Y67. ;
X66. ;
Y3. ;
X3. ;
Y35. ;
G02 X9. Y67. R100. ;
G01 X64. ;
Y35. ;
G03 X66. Y8. R50. ;
G01 X58. Y3. ;
X8. ;
G02 X3. Y8. R5. ;
G01 Y70. ;
G00 Z100. M09 ;
G40 X21. Y35. ;
Z10. ;
G01 Z-3. F100 M08 ;
G41 X25. D04 ;
Y27. ;
X49. ;
G03 X56. Y34. R7. ;
G01 Y36. ;
G03 X49. Y43. R7. ;
G01 Y48. ;
G03 X35. R7. ;
G01 Y43. ;
X21. ;
G03 X14. Y36. R7. ;
G01 Y34. ;
G03 X21. Y27. R7. ;
G01 X49. ;
G03 Y41. R-7. ;
G00 G49 Z200. M09 ;
M05 ;
M02 ;
```

[프로그래밍 실습 6]

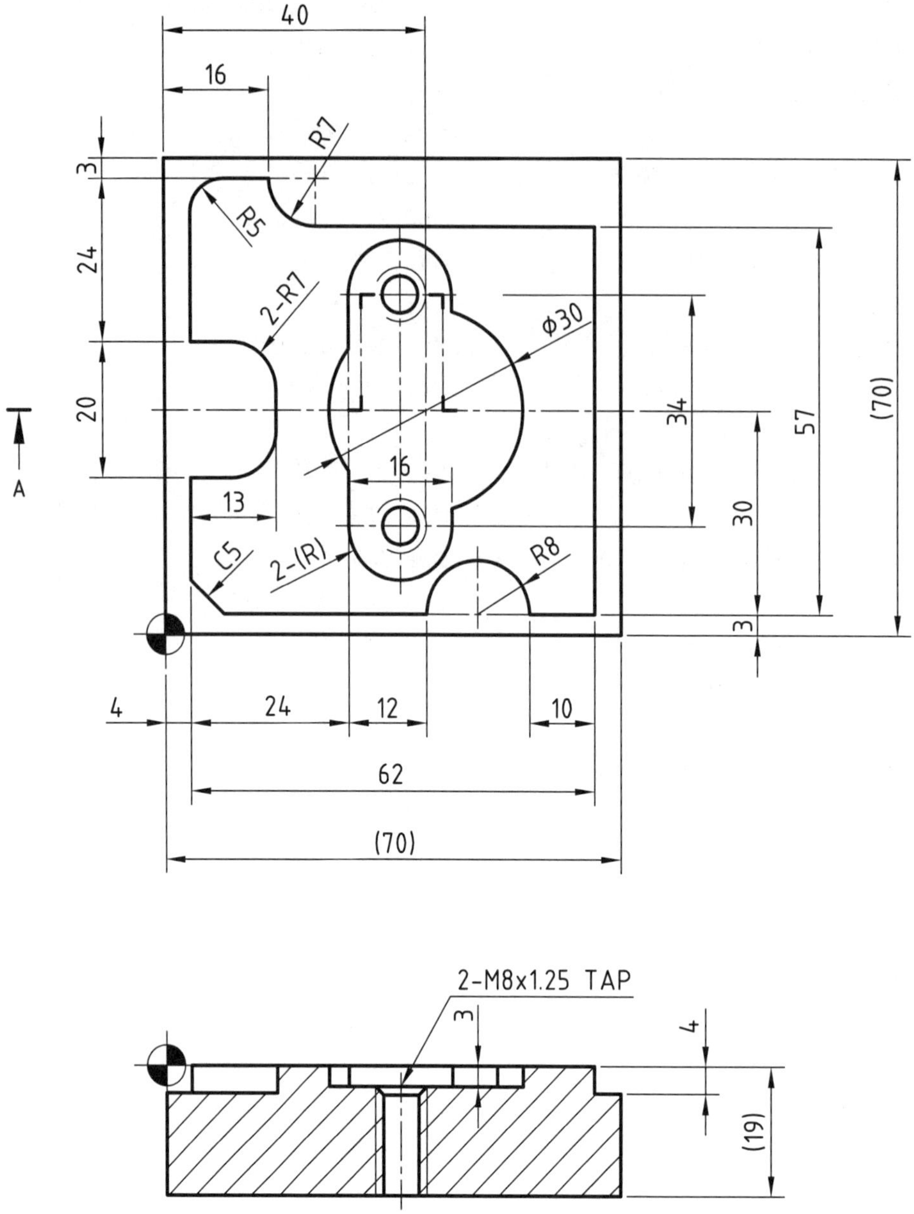

Setion A-A

```
O2006 ;
G40 G49 G80 ;
T02 M06 ;
G90 G54 G00 X36. Y16. ;
G43 Z200. H02 S1000 M03 ;
Z10. ;
G81 G98 Z-2. R5. F100 M08 ;
Y50. ;
G00 G49 G80 Z200. M09 ;
T03 M06 ;
G90 G54 G00 X36. Y16. ;
G43 Z200. H03 S1000 M03 ;
Z10. ;
G83 G98 Z-26. R5. F100 Q4. M08 ;
Y50. ;
G00 G49 G80 Z200. M09 ;
T05 M06 ;
G90 G54 G00 X36. Y16. ;
G43 Z200. H05 S200 M03 ;
Z10. ;
G84 G98 Z-24. R5. F250 M08 ;
Y50. ;
G00 G49 G80 Z200. M09 ;
T04 M06 ;
G90 G54 G00 X-10. Y-10. ;
G43 Z200. H04 S1200 M03 ;
Z10. ;
G01 Z-4. F100 M08 ;
G41 X4. D04 ;
Y67. ;
X66. ;
Y3. ;
X4. ;
Y23. ;
X10. ;
G03 X17. Y30. R7. ;
G01 Y36. ;
G03 X10. Y43. R7. ;
G01 X4. ;
Y62. ;
G02 X9. Y67. R5. ;
G01 X16. ;
G03 X23. Y60. R7. ;
G01 X66. ;
Y3. ;
X56. ;
G03 X40. R8. ;
G01 X9. ;
X4. Y8. ;
Y33. ;
G00 Z100. M09 ;
G40 X36. Y16. ;
Z10. ;
G01 Z-3.1 F100 M08 ;
G41 X44. D04 ;
Y50. ;
G03 X28. R8. ;
G01 Y16. ;
G03 X44. R8. ;
G01 Y33. ;
G40 X40. ;
Y43. ;
G03 J-10. ;
G00 G40 G49 Z200. M09 ;
M05 ;
M02 ;
```

[프로그래밍 실습 7]

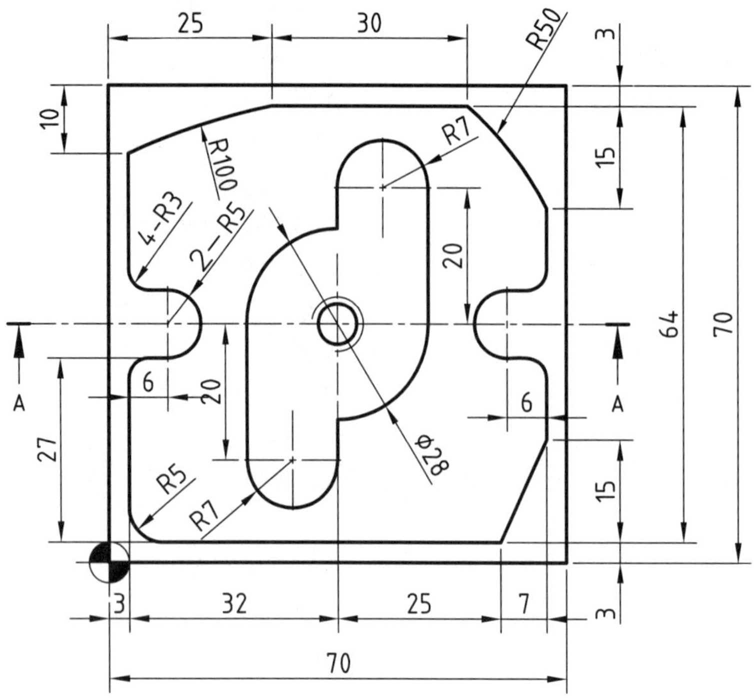

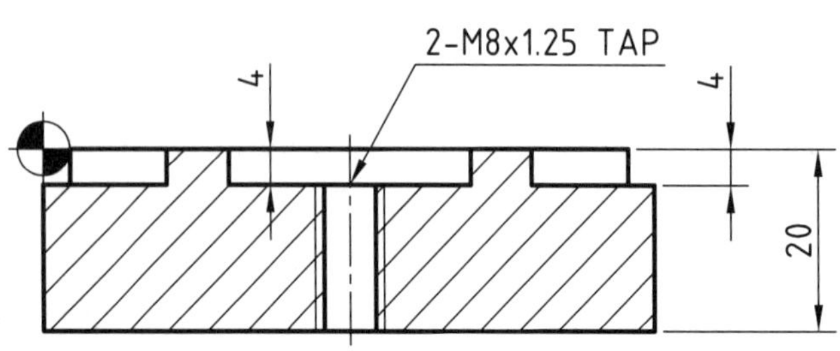

단면 A-A

```
O2007 ;
G40 G49 G80 ;
T02 M06 ;
G90 G54 G00 X35. Y35. ;
G43 Z200. H02 S1200 M03 ;
Z50.
G81 G98 Z-2. R3. F100 M08 ;
G00 G49 Z200. M09 ;
T03 M06 ;
G90 G54 G00 X35. Y35. ;
G43 Z200. H03 S1200 M03 ;
Z50. ;
G83 G98 Z-24. R3. F100 Q4. M08 ;
G00 G49 G80 Z200. M09 ;
T05 M06 ;
G90 G54 G00 X35. Y35. ;
G43 Z200. H05 S200 M03 ;
Z50. ;
G84 G98 Z-24. R5. F250 M08 ;
G00 G49 G80 Z200. M09 ;
T04 M06 ;
G90 G54 G00 X-10. Y-10.
G43 Z200. H04 S1200 M03 ;
Z10. ;
G01 Z-4. F100 M08 ;
G41 X3. D04 ;
Y67. ;
X67. ;
Y3. ;
X3.
Y27. ;
G02 X6. Y30. R3. ;
G01 X9. ;
G03 Y40. R5. ;
G01 X6. ;
G02 X3. Y43. R3. ;
G01 Y60. ;
X25. Y67. ;
X55. ;
X67. Y52. ;
Y43. ;
G02 X64. Y40. R3. ;
G01 X61. ;
G03 Y30. R5. ;
G01 X64. ;
G02 X67. Y27. R3. ;
G01 Y18. ;
X60. Y3. ;
G01 X8. ;
G02 X3. Y8. R5. ;
G01 Y35. ;
G00 Z50. M09 ;
G40 X35. Y35. ;
G01 Z-4. F100 M08 ;
G41 X49. D04 ;
Y55. ;
G03 X35. R7. ;
G01 Y49. ;
G03 X21. Y35. R14. ;
G01 Y15. ;
G03 X35. R7. ;
G01 Y35. ;
G40 Y44. ;
G03 J-9. ;
G02 X32. Y41. R3. ;
G00 G49 Z200. M09 ;
M05 ;
M02 ;
```

[프로그래밍 실습 8]

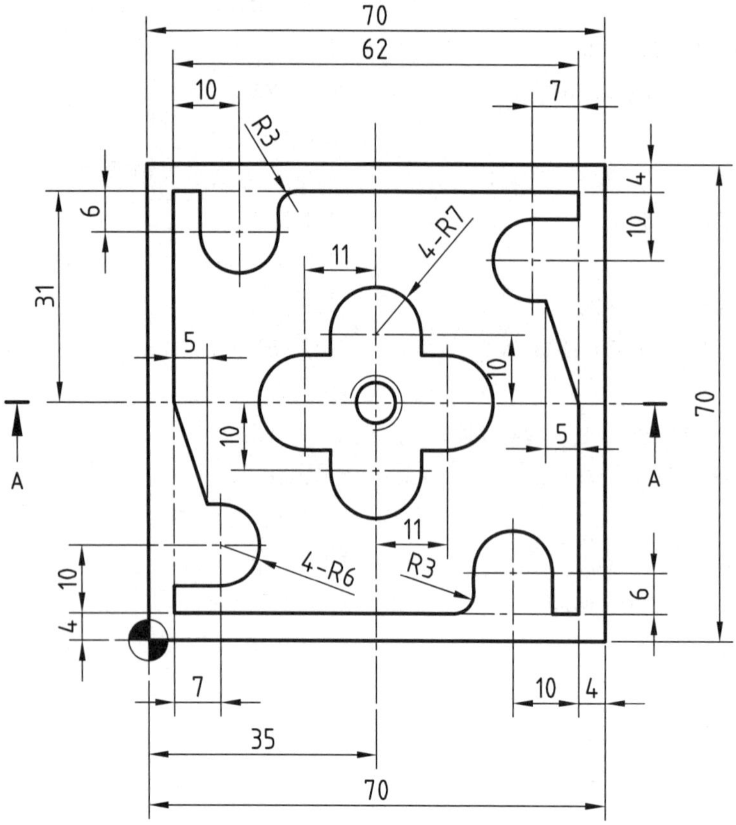

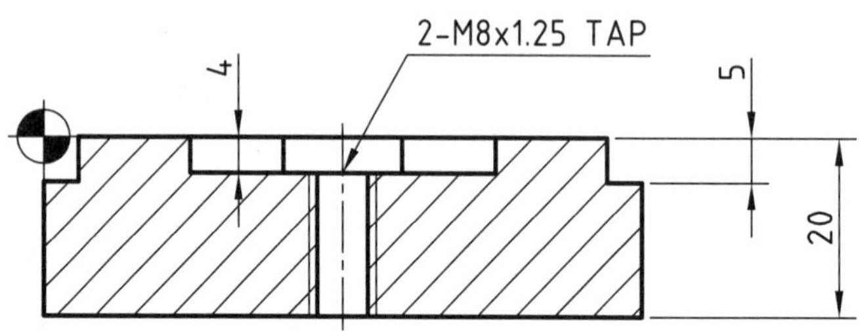

단면 A-A

```
O2008 ;
G40 G49 G80 ;
T02 M06 ;
G90 G54 G00 X35. Y35. ;
G43 Z200. H02 S1200 M03 ;
Z50.
G81 G98 Z-2. R3. F100 M08 ;
G00 G49 Z200. M09 ;
T03 M06 ;
G90 G54 G00 X35. Y35. ;
G43 Z200. H03 S1200 M03 ;
Z50. ;
G83 G98 Z-24. R3. F100 Q4. M08 ;
G00 G49 G80 Z200. M09 ;
T05 M06 ;
G90 G54 G00 X35. Y35. ;
G43 Z200. H05 S200 M03 ;
Z50. ;
G84 G98 Z-24. R5. F250 M08 ;
G00 G49 G80 Z200. M09 ;
T04 M06 ;
G90 G54 G00 X-10. Y 10.
G43 Z200. H04 S1200 M03 ;
Z10. ;
G01 Z-5. F100 M08 ;
G41 X4. D04 ;
Y8. ;
X11. ;
G03 Y20. R6. ;
G01 X9. ;
X4. Y35. ;
Y66. ;
X8. ;
Y60. ;
G03 X20. R6. ;
G01 Y63. ;
G02 X23. Y66. R3. ;
G01 X66. ;
Y62. ;
G01 X59. ;
G03 Y50. R6. ;
G01 X61. ;
X66. Y35. ;
Y4. ;
X62. ;
Y10. ;
G03 X50. R6. ;
G01 Y7. ;
G02 X47. Y4. R3. ;
G01 X-10. ;
G00 Z50. M09 ;
G40 X35. Y35. ;
Z10. ;
G01 Z-4. F100 M08 ;
G41 X42. D04 ;
Y45. ;
G03 X28. R7. ;
G01 Y42. ;
X24. ;
G03 Y28. R7. ;
G01 X28. ;
Y25. ;
G03 X42. R7. ;
G01 Y28. ;
X46. ;
G03 Y42. R7. ;
G01 X35. ;
G00 G49 Z200. M09 ;
M05 ;
M02 ;
```

[프로그래밍 실습 9]

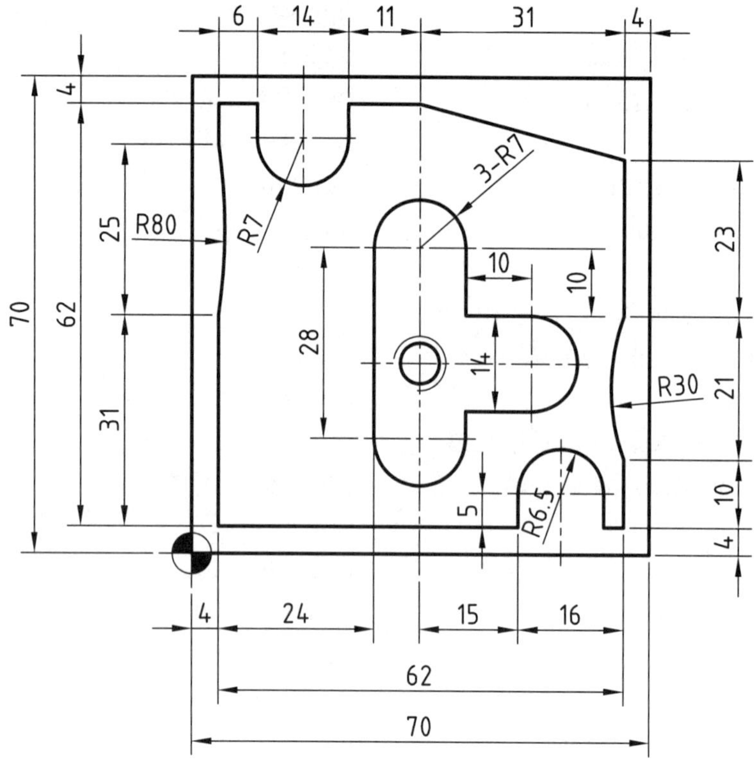

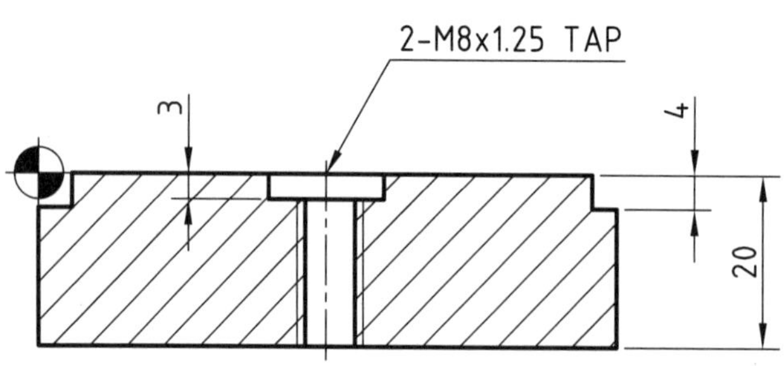

단면 A-A

```
O2009 ;
G40 G49 G80 ;
T02 M06 ;
G90 G54 G00 X35. Y28. ;
G43 Z200. H02 S1200 M03 ;
Z50.
G81 G98 Z-2. R3. F100 M08 ;
G00 G49 Z200. M09 ;
T03 M06 ;
G90 G54 G00 X35. Y28. ;
G43 Z200. H03 S1200 M03 ;
Z50. ;
G83 G98 Z-24. R3. F100 Q4. M08 ;
G00 G49 G80 Z200. M09 ;
T05 M06 ;
G90 G54 G00 X35. Y28. ;
G43 Z200. H05 S200 M03 ;
Z50. ;
G84 G98 Z-24. R5. F250 M08 ;
G00 G49 G80 Z200. M09 ;
T04 M06 ;
G90 G54 G00 X-10. Y-10.
G43 Z200. H04 S1200 M03 ;
Z10. ;
G01 Z-4. F100 M08 ;
G41 X4. D04 ;
Y66. ;
X66. ;
Y4. ;
X4. ;
Y35. ;
G03 Y60. R80. ;
G01 Y66. ;
X10. ;
Y61. ;
G03 X24. R7. ;
G01 Y66. ;
X35. ;
X66. Y58. ;
Y35. ;
G03 Y14. R30. ;
G01 Y4. ;
X63. ;
Y9. ;
G03 X50. R6.5 ;
G01 Y4. ;
X-10. ;
G00 Z50. ;
G40 X35. Y28. ;
Z10. ;
G01 Z-3. F100 M08 ;
G41 X42. D04 ;
Y45. ;
G03 X28. R7. ;
G01 Y17. ;
G03 X42. R7. ;
G01 Y21. ;
X52. ;
G03 Y35. R7. ;
G01 X35. ;
G00 G49 Z200. M09 ;
M05 ;
M02 ;
```

[프로그래밍 실습 10]

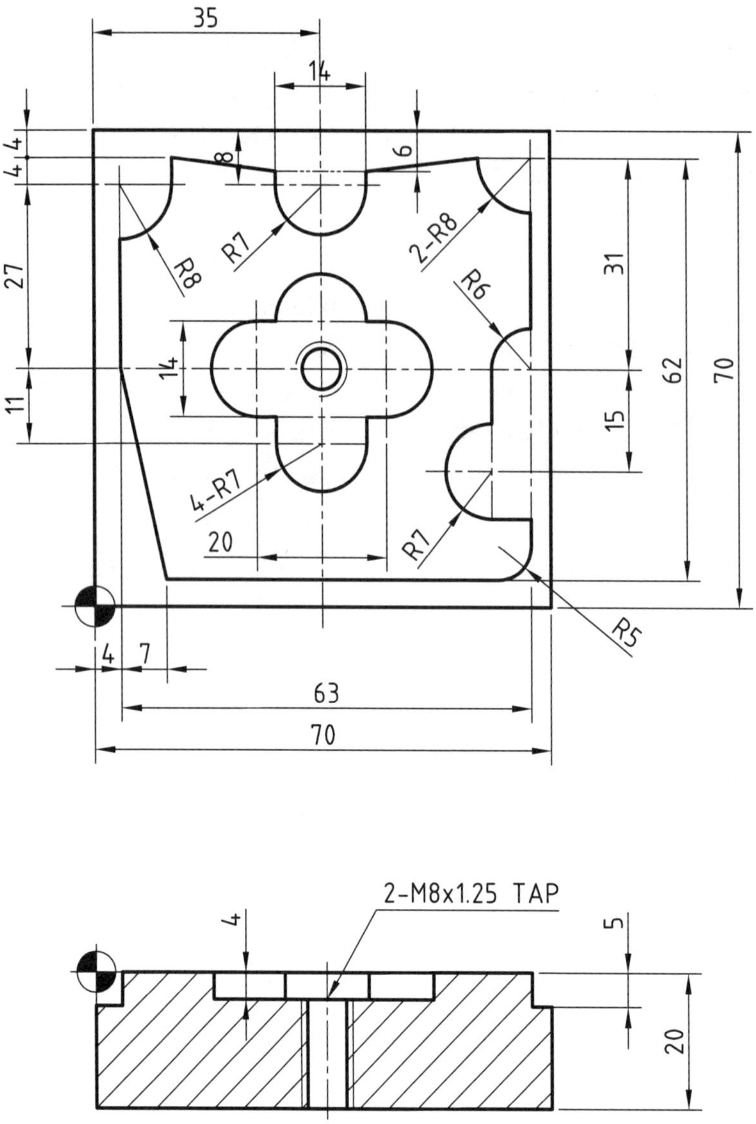

단면 A-A

```
O2010 ;
G40 G49 G80 ;
T02 M06 ;
G90 G54 G00 X35. Y35. ;
G43 Z200. H02 S1200 M03 ;
Z50.
G81 G98 Z-2. R3. F100 M08 ;
G00 G49 Z200. M09 ;
T03 M06 ;
G90 G54 G00 X35. Y35. ;
G43 Z200. H03 S1200 M03 ;
Z50. ;
G83 G98 Z-24. R3. F100 Q4. M08 ;
G00 G49 G80 Z200. M09 ;
T05 M06 ;
G90 G54 G00 X35. Y35. ;
G43 Z200. H05 S200 M03 ;
Z50. ;
G84 G98 Z-24. R5. F250 M08 ;
G00 G49 G80 Z200. M09 ;
T04 M06 ;
G90 G54 G00 X-10. Y-10.
G43 Z200. H04 S1200 M03 ;
Z10. ;
G01 Z-5. F100 M08 ;
G41 X4. D04 ;
Y66. ;
X67. ;
Y4. ;
X4. ;
Y54. ;
G03  X12.  Y62.  R8. ;
G01  Y66. ;
X28.  Y64. ;
Y62. ;
G03 X42. R7. ;
G01 Y64. ;
X59. Y66. ;
G03 X67. Y58. R8. ;
G01 Y41. ;
G03 X61. Y35. R6. ;
G01 Y27. ;
G03 Y13. R7. ;
G01 X67. ;
Y9. ;
G02 X62. Y4. R5. ;
G01 X11. ;
X4. Y35. ;
Y62. ;
G00 Z50. ;
G40 X35. Y35. ;
Z10. ;
G01 Z-4. F100 M08 ;
G41 X45. D04 ;
Y42. ;
X42. ;
G03 X28. R7. ;
G01 X25. ;
G03 Y28. R7. ;
G01 X28. ;
Y24. ;
G03 X42. R7. ;
G01 Y28. ;
X45. ;
G03 Y42. R7. ;
G01 X35. ;
G00 G49 Z200. M09 ;
M05 ;
M02 ;
%
```

[프로그래밍 실습 11]

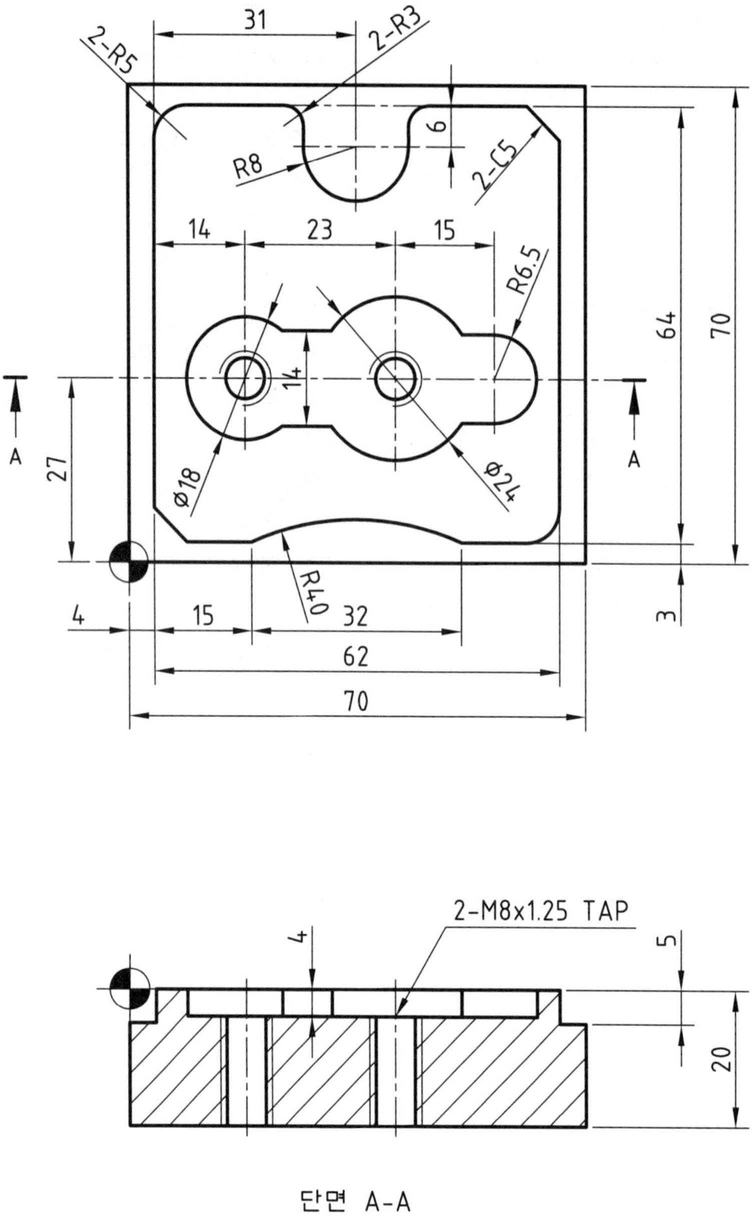

단면 A-A

```
O2011 ;
G40 G49 G80 ;
T02 M06 ;
G90 G54 G00 X41. Y27. ;
G43 Z200. H02 S1200 M03 ;
Z50.
G81 G98 Z-2. R3. F100 M08 ;
X18.
G00 G49 Z200. M09 ;
T03 M06 ;
G90 G54 G00 X41. Y27. ;
G43 Z200. H03 S1200 M03 ;
Z50. ;
G83 G98 Z-24. R3. F100 Q4. M08 ;
X18.
G00 G49 G80 Z200. M09 ;
T05 M06 ;
G90 G54 G00 X41. Y27. ;
G43 Z200. H05 S200 M03 ;
Z50. ;
G84 G98 Z-24. R5. F250 M08 ;
X18.
G00 G49 G80 Z200. M09 ;
T04 M06 ;
G90 G54 G00 X-10. Y-10.
G43 Z200. H04 S1200 M03 ;
Z10. ;
G01 Z-5. F100 M08 ,
G41 X4. D04 ;
Y62. ;
G02 X9. Y67. R5. ;
G01 X24. ;
G02 X27. Y64. R3. ;
G01 Y61. ;
G03 X43. R8. ;
G01 Y64. ;
G02 X46. Y67. R3. ;
G01 X61. ;
X66. Y62. ;
Y8. ;
G02 X61. Y3. R5. ;
G01 X51. ;
G03 X19. R40. ;
G01 X9. ;
X4. Y8. ;
Y27. ;
X-10. ;
G00 Z50. M09 ;
G40 X41. Y27. ;
Z10. ;
G01 Z-4. F100 M08 ;
G41 X56. D04 ;
Y33.5 ;
X18. ;
Y20.5 ;
X56. ;
G03 Y33.5 R6.5 ;
G01 X41. ;
G40 Y27. ;
X34. ;
G03 I7. ;
G01 X18. ;
X22. ;
G03 I-4. ;
G00 G49 Z200. M09 ;
M05 ;
M02 ;
```

[프로그래밍 실습 12]

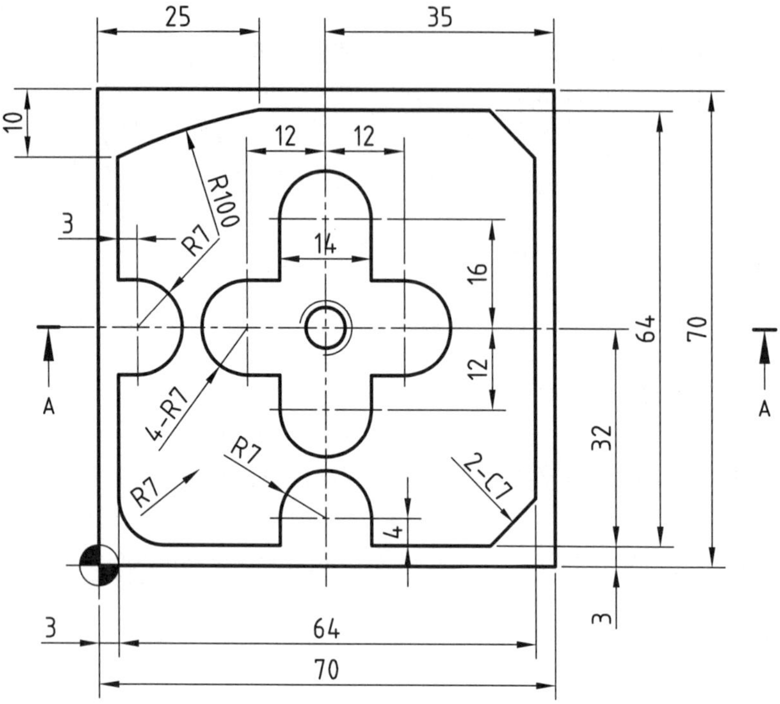

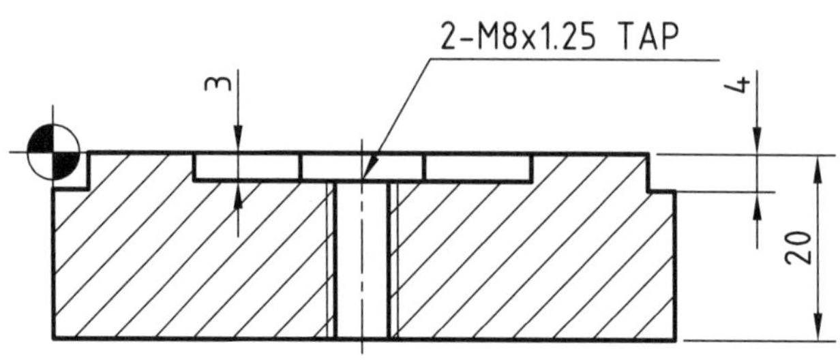

단면 A-A

```
O2012 ;
G40 G49 G80 ;
T02 M06 ;
G90 G54 G00 X35. Y35. ;
G43 Z200. H02 S1200 M03 ;
Z50.
G81 G98 Z-2. R3. F100 M08 ;
G00 G49 Z200. M09 ;
T03 M06 ;
G90 G54 G00 X35. Y35. ;
G43 Z200. H03 S1200 M03 ;
Z50. ;
G83 G98 Z-24. R3. F100 Q4. M08 ;
G00 G49 G80 Z200. M09 ;
T05 M06 ;
G90 G54 G00 X35. Y35. ;
G43 Z200. H05 S200 M03 ;
Z50. ;
G84 G98 Z-24. R5. F250 M08 ;
G00 G49 G80 Z200. M09 ;
T04 M06 ;
G90 G54 G00 X-10. Y-10.
G43 Z200. H04 S1200 M03 ;
Z10. ;
G01 Z-4. F100 M08 ;
G41 X3. D04 ;
Y28. ;
X6. ;
G03 Y42. R7. ;
G01 X3. ;
Y60. ;
G02 X25. Y67. R100. ;
G01 X60. ;
X67. Y60. ;
Y10. ;
X60. Y3. ;
X42. ;
Y7. ;
G03 X28. R7. ;
G01 Y3. ;
X10. ;
G02 X3. Y10. R7. ;
G01 Y35. ;
G00 Z50. M09 ;
G40 X35. Y35. ;
Z10. ;
G01 Z-3. F100 M08 ;
G41 X42. D04 ;
Y51. ;
G03 X28. R7. ;
G01 Y42. ;
X23. ;
G03 Y28. R7. ;
G01 X28. ;
Y23. ;
G03 X42. R7. ;
G01 Y28. ;
X47. ;
G03 Y42. R7. ;
G01 X35. ;
G00 G49 Z200. M09 ;
M05 ;
M02 ;
```

[프로그래밍 실습 13]

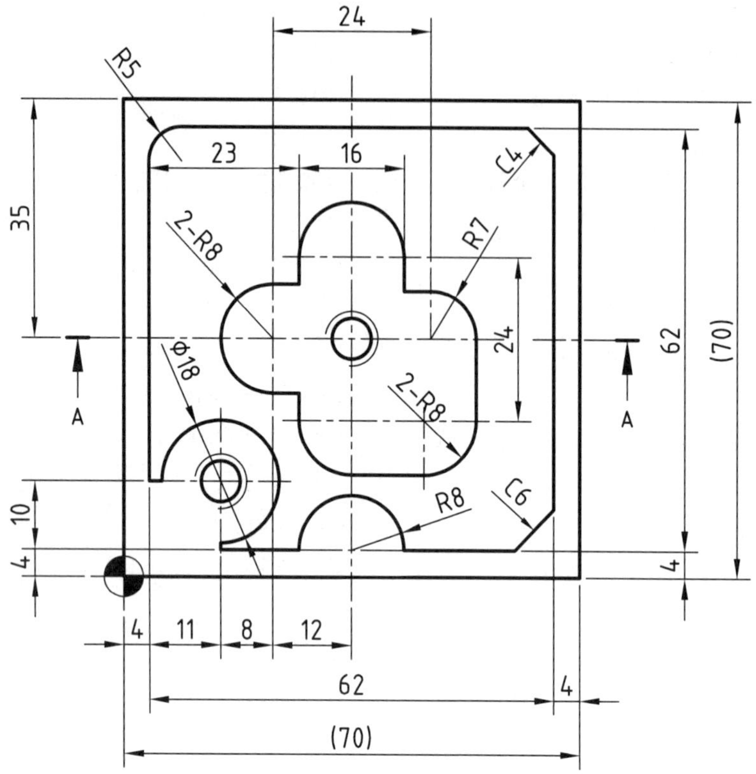

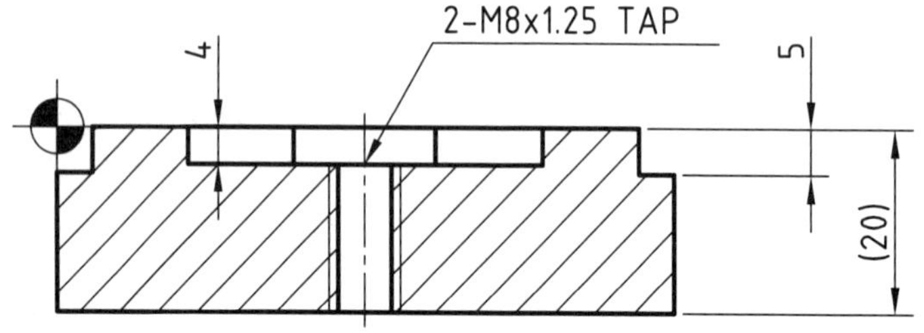

단면 A-A

```
O2013 ;
G40 G49 G80 ;
T02 M06 ;
G90 G54 G00 X35. Y35. ;
G43 Z200. H02 S1200 M03 ;
Z50.
G81 G98 Z-2. R3. F100 M08 ;
X15. Y14.
G00 G49 Z200. M09 ;
T03 M06 ;
G90 G54 G00 X35. Y35. ;
G43 Z200. H03 S1200 M03 ;
Z50. ;
G83 G98 Z-24. R3. F100 Q4. M08 ;
X15. Y14.
G00 G49 G80 Z200. M09 ;
T05 M06 ;
G90 G54 G00 X35. Y35. ;
G43 Z200. H05 S200 M03 ;
Z50. ;
G84 G98 Z-24. R5. F250 M08 ;
X15. Y14.
G00 G49 G80 Z200. M09 ;
T04 M06 ;
G90 G54 G00 X-10. Y-10.
G43 Z200. H04 S1200 M03 ;
Z10. ;
G01 Z-5. F100 M08 ;
G41 X4. D04 ;
Y61. ;
G02 X9. Y66. R5. ;
G01 X62. ;
X66. Y62. ;
Y10. ;
X60. Y4. ;
X43. ;
G03 X27. R8. ;
G01 X15. ;
Y5. ;
G03 X6. Y14. R-9. ;
G01 X-0. ;
Y0. ;
X4. ;
G00 Z50. M09 ;
G40 X35. Y35. ;
Z10. ;
G01 Z-4. F100 M08 ;
G41 X43. D04 ;
Y47. ;
G03 X27. R8. ;
G01 Y43. ;
X23. ;
G03 Y27. R8. ;
G01 X27. ;
Y23. ;
G03 X35. Y15. R8. ;
G01 X46. ;
G03 X54. Y23. R8. ;
G01 Y35. ;
G03 X47. Y42. R7. ;
G01 X35. ;
G40 Y28. ;
X42. ;
G00 G49 Z200. M09 ;
M05 ;
M02 ;
```

[프로그래밍 실습 14]

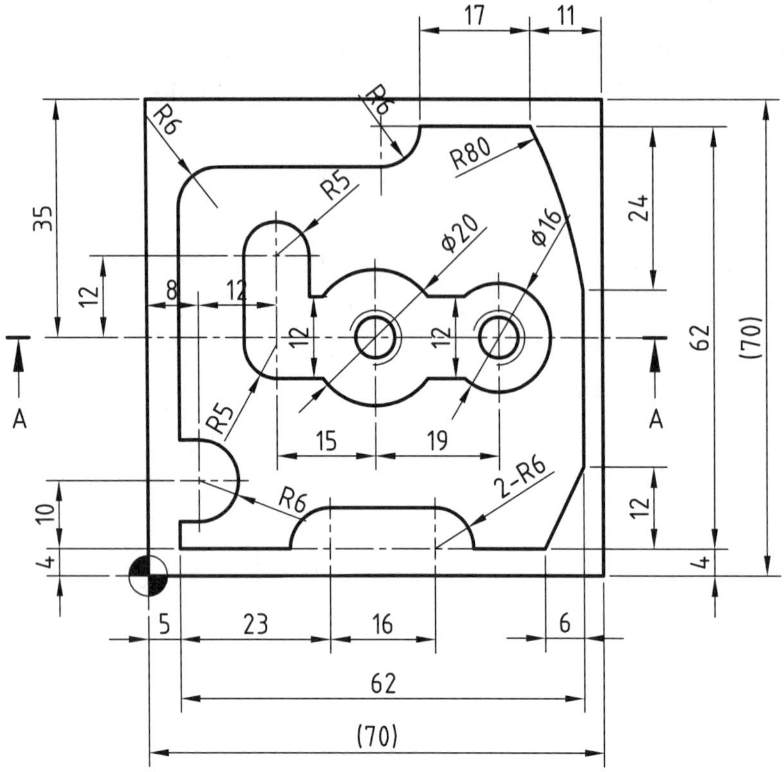

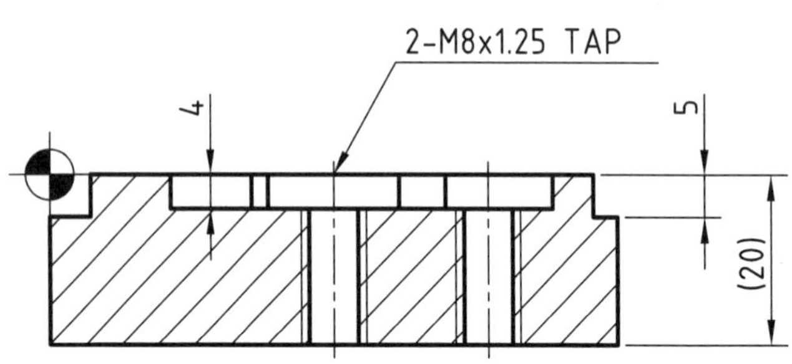

단면 A-A

```
O2014 ;
G40 G49 G80 ;
T02 M06 ;
G90 G54 G00 X35. Y35. ;
G43 Z200. H02 S1200 M03 ;
Z50.
G81 G98 Z-2. R3. F100 M08 ;
X54.
G00 G49 Z200. M09 ;
T03 M06 ;
G90 G54 G00 X35. Y35. ;
G43 Z200. H03 S1200 M03 ;
Z50. ;
G83 G98 Z-24. R3. F100 Q4. M08 ;
X54.
G00 G49 G80 Z200. M09 ;
T05 M06 ;
G90 G54 G00 X35. Y35. ;
G43 Z200. H05 S200 M03 ;
Z50. ;
G84 G98 Z-24. R5. F250 M08 ;
X54.
G00 G49 G80 Z200. M09 ;
T04 M06 ;
G90 G54 G00 X-10. Y-10.
G43 Z200. H04 S1200 M03 ;
Z10. ;
G01 Z-5. F100 M08 ;
G41 X5. D04 ;
Y66. ;
X67. ;
Y4. ;
X4. ;
Y8. ;
X8. ;
G03 Y20. R6. ;
G01 X5. ;
Y54. ;
G02 X11. Y60. R6. ;
G01 X36. ;
G03 X42. Y66. R6. ;
G01 X59. ;
G02 X67. Y42. R80. ;
G01 Y16. ;
X61. Y4. ;
X50. ;
G03 X44. Y10. R6. ;
G01 X28. ;
G03 X22. Y4. R6. ;
G01 X-10. ;
G00 Z50. M09 ;
G40 X35. Y35. ;
Z10. ;
G01 Z-4. F100 M08 ;
G41 X54. D04 ;
Y41. ;
X25. ;
Y47. ;
G03 X15. R5. ;
G01 Y35. ;
G03 X20. Y30. R5. ;
G01 X54. ;
G40 Y35. ;
X51. ;
G03 I3. ;
G01 X35. ;
X30. ;
G03 I5. ;
G00 G49 Z200. M09 ;
M05 ;
M02 ;
```

[프로그래밍 실습 15]

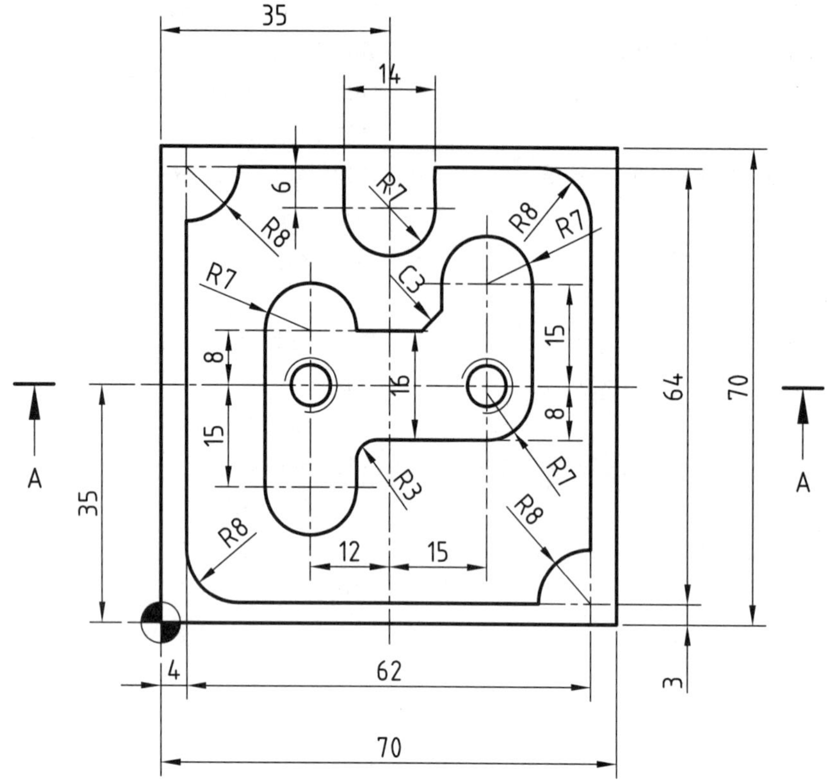

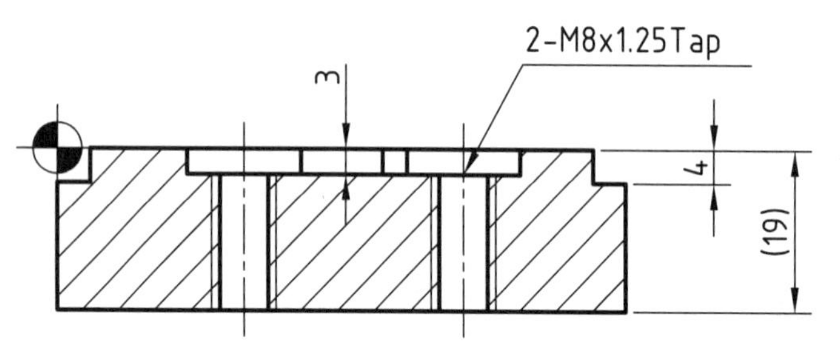

단면 A-A

```
O2015 ;
G40 G49 G80 ;
T02 M06 ;
G90 G54 G00 X23. Y35. ;
G43 Z200. H02 S1200 M03 ;
Z50.
G81 G98 Z-2. R3. F100 M08 ;
X50.
G00 G49 Z200. M09 ;
T03 M06 ;
G90 G54 G00 X23. Y35. ;
G43 Z200. H03 S1200 M03 ;
Z50. ;
G83 G98 Z-24. R3. F100 Q4. M08 ;
X50.
G00 G49 G80 Z200. M09 ;
T05 M06 ;
G90 G54 G00 X23. Y35. ;
G43 Z200. H05 S200 M03 ;
Z50. ;
G84 G98 Z-24. R5. F250 M08 ;
X50.
G00 G49 G80 Z200. M09 ;
T04 M06 ;
G90 G54 G00 X-10. Y-10.
G43 Z200. H04 S1200 M03 ;
Z10. ;
G01 Z-4. F100 M08 ;
G41 X4. D04 ;
Y59. ;
G03 X12. Y67. R8. ;
G01 X28. ;
Y61. ;
G03 X42. R7. ;
G01 Y67. ;
X58. ;
G02 X66. Y59. R8. ;
G01 Y11. ;
G03 X58. Y3. R8. ;
G01 X12. ;
G02 X4. Y11. R8. ;
G01 Y66. ;
G00 Z50. M09 ;
G40 X50. Y35. ;
Z10. ;
G01 Z-3. F100 M08 ;
G41 X57. D04 ;
Y50. ;
G03 X43. R7. ;
G01 Y46. ;
X40. Y43. ;
X30. ;
G03 X16. R7. ;
G01 Y20. ;
G03 X30. R7. ;
G01 Y24. ;
G02 X33. Y27. R3. ;
G01 X50. ;
G03 X57. Y34. R7. ;
G01 Y50. ;
G03 X50. Y43. R-7. ;
G00 G49 Z200. M09 ;
M05 ;
M02 ;
```

[프로그래밍 실습 16]

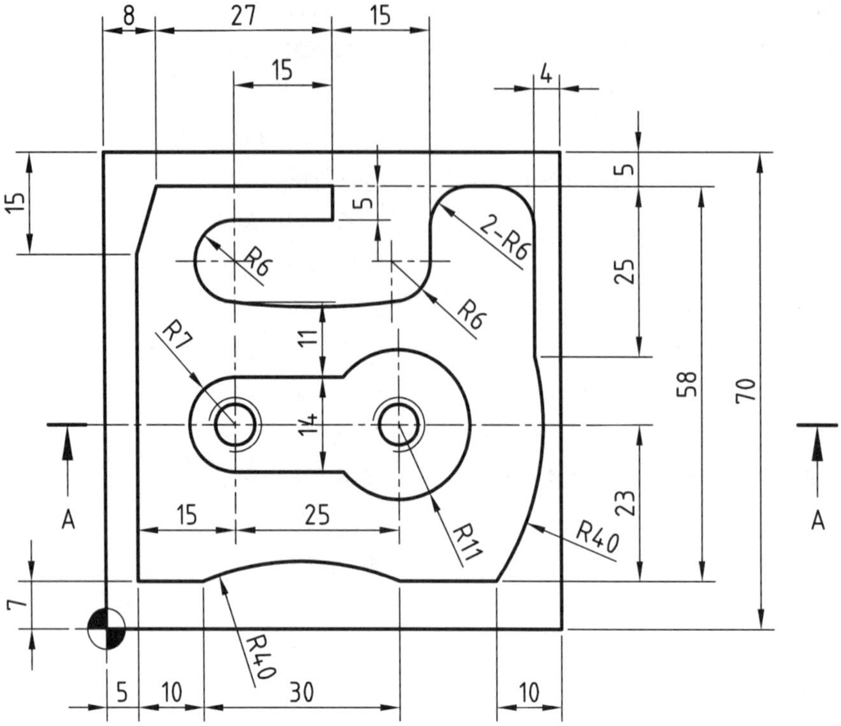

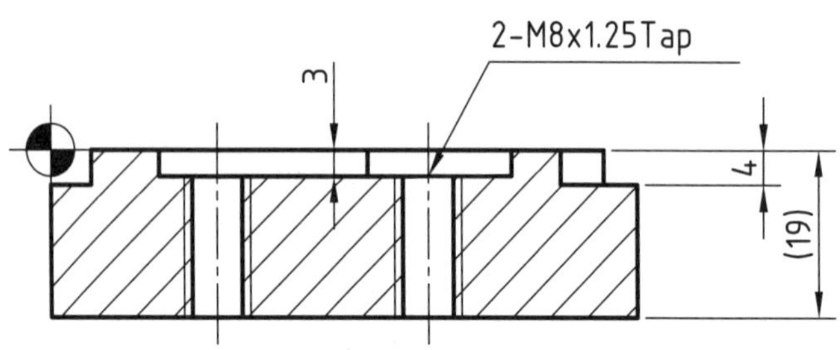

단면 A-A

```
O2016 ;
G40 G49 G80 ;
T02 M06 ;
G90 G54 G00 X20. Y30. ;
G43 Z200. H02 S1200 M03 ;
Z50.
G81 G98 Z-2. R3. F100 M08 ;
X45.
G00 G49 Z200. M09 ;
T03 M06 ;
G90 G54 G00 X20. Y30. ;
G43 Z200. H03 S1200 M03 ;
Z50. ;
G83 G98 Z-24. R3. F100 Q4. M08 ;
X45.
G00 G49 G80 Z200. M09 ;
T05 M06 ;
G90 G54 G00 X20. Y30. ;
G43 Z200. H05 S200 M03 ;
Z50. ;
G84 G98 Z-24. R5. F250 M08 ;
X45.
G00 G49 G80 Z200. M09 ;
T04 M06 ;
G90 G54 G00 X-10. Y-10. ;
G43 Z200. H04 S1200 M03 ;
Z10. ;
G01 Z-4. F100 M08 ;
G41 X5. D04 ;
Y55. ;
X8. Y65. ;
X35. ;
Y60. ;
X20. ;
G03 Y48. R6. ;
G01 X44. ;
G03 X50. Y54. R6. ;
G01 Y59. ;
G02 X56. Y65. R6. ;
G01 X60. ;
G02 X66. Y59. R6. ;
G01 Y40. ;
G02 X60. Y7. R40. ;
G01 X45. ;
G03 X15. R40. ;
G01 X-10. ;
G40 Y-10. ;
X70. ;
Y0. ;
G00 Z50. M09 ;
G40 X45. Y30. ;
Z10. ;
G01 Z-3. F100 M08 ;
G41 X47. D04 ;
Y37. ;
X20. ;
G03 Y23. R7. ;
G01 X45. ;
G40 Y30. ;
X39. ;
G03 I6. ;
G00 G49 Z200. M09 ;
M05 ;
M02 ;
```

[프로그래밍 실습 17]

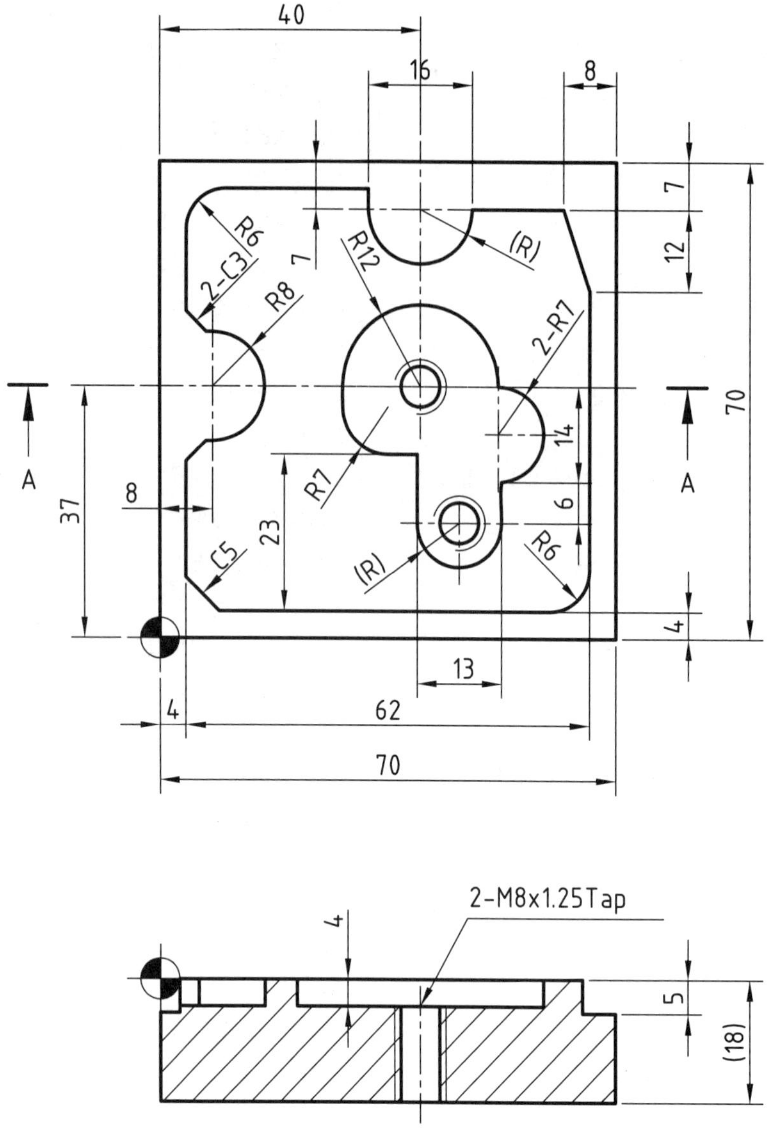

단면 A-A

```
O2017 ;
G40 G49 G80 ;
T02 M06 ;
G90 G54 G00 X40. Y37. ;
G43 Z200. H02 S1200 M03 ;
Z50.
G81 G98 Z-2. R3. F100 M08 ;
X45.5 Y17.
G00 G49 Z200. M09 ;
T03 M06 ;
G90 G54 G00 X40. Y37. ;
G43 Z200. H03 S1200 M03 ;
Z50. ;
G83 G98 Z-24. R3. F100 Q4. M08 ;
X45.5 Y17.
G00 G49 G80 Z200. M09 ;
T05 M06 ;
G90 G54 G00 X40. Y37. ;
G43 Z200. H05 S200 M03 ;
Z50. ;
G84 G98 Z-24. R5. F250 M08 ;
X45.5 Y17. ;
G00 G49 G80 Z200. M09 ;
T04 M06 ;
G90 G54 G00 X-10. Y-10. ;
G43 Z200. H04 S1200 M03 ;
Z10. ;
G01 Z-5. F100 M08 ;
G41 X4. D04 ;
Y26. ;
X7. Y29. ;
X8. ;
G03 Y45. R8. ;
G01 X7. ;
X4. Y48. ;
Y60. ;
G02 X10. Y66. R6. ;
G01 X32. ;
Y63. ;
G03 X48. R8. ;
G01 X62. ;
X66. Y51. ;
Y10. ;
G02 X60. Y4. R6. ;
G01 X9. ;
X4. Y9. ;
Y37. ;
G00 Z50. M09 ;
G40 X45.5 Y17. ;
Z10. ;
G01 Z-4. F100 M08 ;
G41 X52. D04 ;
Y23. ;
G03 Y37. R7. ;
X28. Y37. R12. ;
G01 Y34. ;
G03 X35. Y27. R7. ;
G01 X39. ;
Y17. ;
G03 X52. R6.5 ;
G01 Y30. ;
G00 G49 Z200. M09 ;
M05 ;
M02 ;
```

[프로그래밍 실습 18]

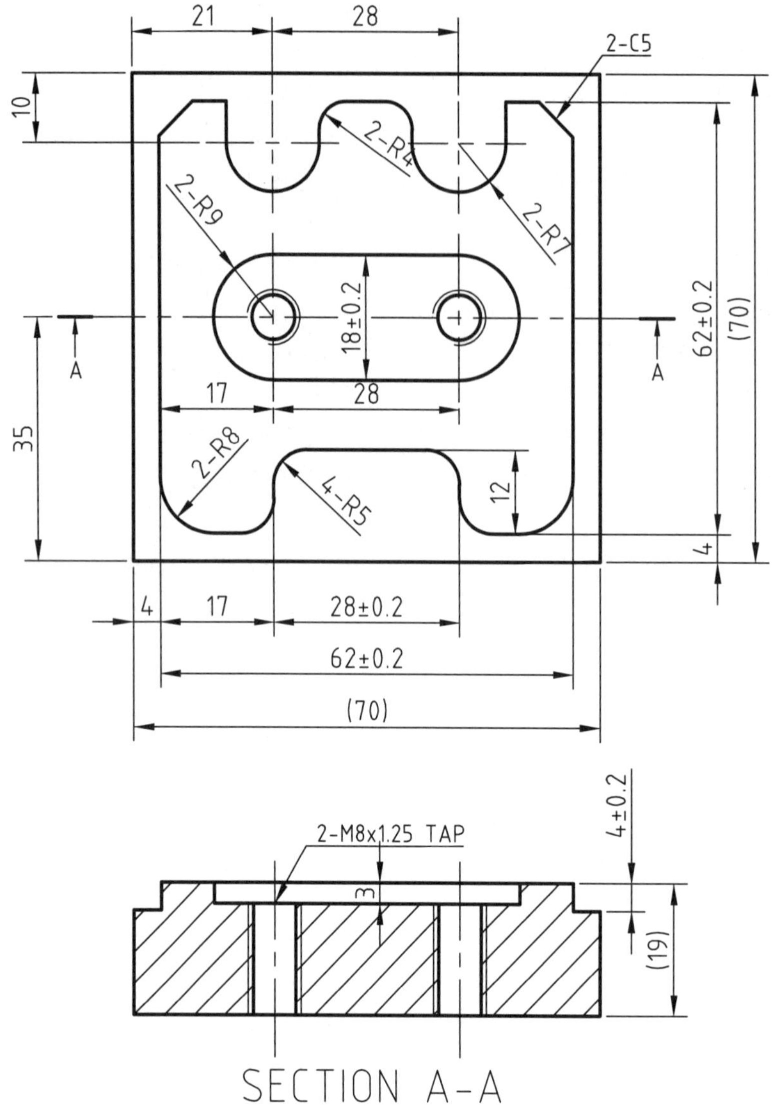
21
28
2-C5
10
2-R4
2-R7
2-R9
18±0.2
62±0.2
(70)
A
A
17
28
35
2-R8
4-R5
12
4
4
17
28±0.2
62±0.2
(70)
4±0.2
2-M8x1.25 TAP
3
(19)
SECTION A-A

```
O2018 ;
G40 G49 G80 ;
T02 M06 ;
G90 G54 G00 X21. Y35. ;
G43 Z200. H02 S800 M03 ;
G81 G98 Z-2. R3. F100 M08 ;
X49. ;
G00 G49 G80 Z200. M09 ;
T03 M06 ;
G90 G54 G00 X21. Y35. ;
G43 Z200. H03 S800 M03 ;
G83 G98 Z-24. R3. F100 Q4. M08 ;
X49. ;
G00 G49 G80 Z200. M09 ;
T05 M06 ;
G90 G54 G00 X21. Y35. ;
G43 Z200. H05 S200 M03 ;
G84 G98 Z-24. R3. F250 M08 ;
X49. ;
G00 G49 G80 Z200. M09 ;
T04 M06 ;
G90 G54 G00 X-10. Y-10. ;
G43 Z200. H04 S1200 M03 ;
Z10. ;
G01 Z-4. F100 M08 ;
G41 X4. D04 ;
Y61. ;
X9. Y66. ;
X14. ;
Y60. ;
G03 X28. R7. ;
G01 Y62. ;
G02 X32. Y66. R4. ;
G01 X38. ;
G02 X42. Y62. R4. ;
G01 Y60. ;
G03 X56. R7. ;
G01 Y66. ;
X61. ;
X66. Y61. ;
Y12. ;
G02 X58. Y4. R8. ;
G01 X54. ;
G02 X49. Y9. R5. ;
G01 Y11. ;
G03 X44. Y16. R5. ;
G01 X26. ;
G03 X21. Y11. R5. ;
G01 Y9. ;
G02 X16. Y4. R5. ;
G01 X12. ;
G02 X4. Y12. R8. ;
G01 Y20. ;
X-10. ;
G40 Y-10. ;
X26. ;
Y3. ;
X39. ;
G00 Z50. M09 ;
X21. Y35. ;
Z10. ;
G01 Z-3. F100 M08 ;
G41 X49. D04 ;
Y44. ;
X21. ;
G03 Y26. R9. ;
G01 X49. ;
G03 Y44. R9. ;
G01 X21. ;
G03 X30. Y35. R-9. ;
G00 G49 Z200. M09 ;
M05 ;
```

[프로그래밍 실습 19]

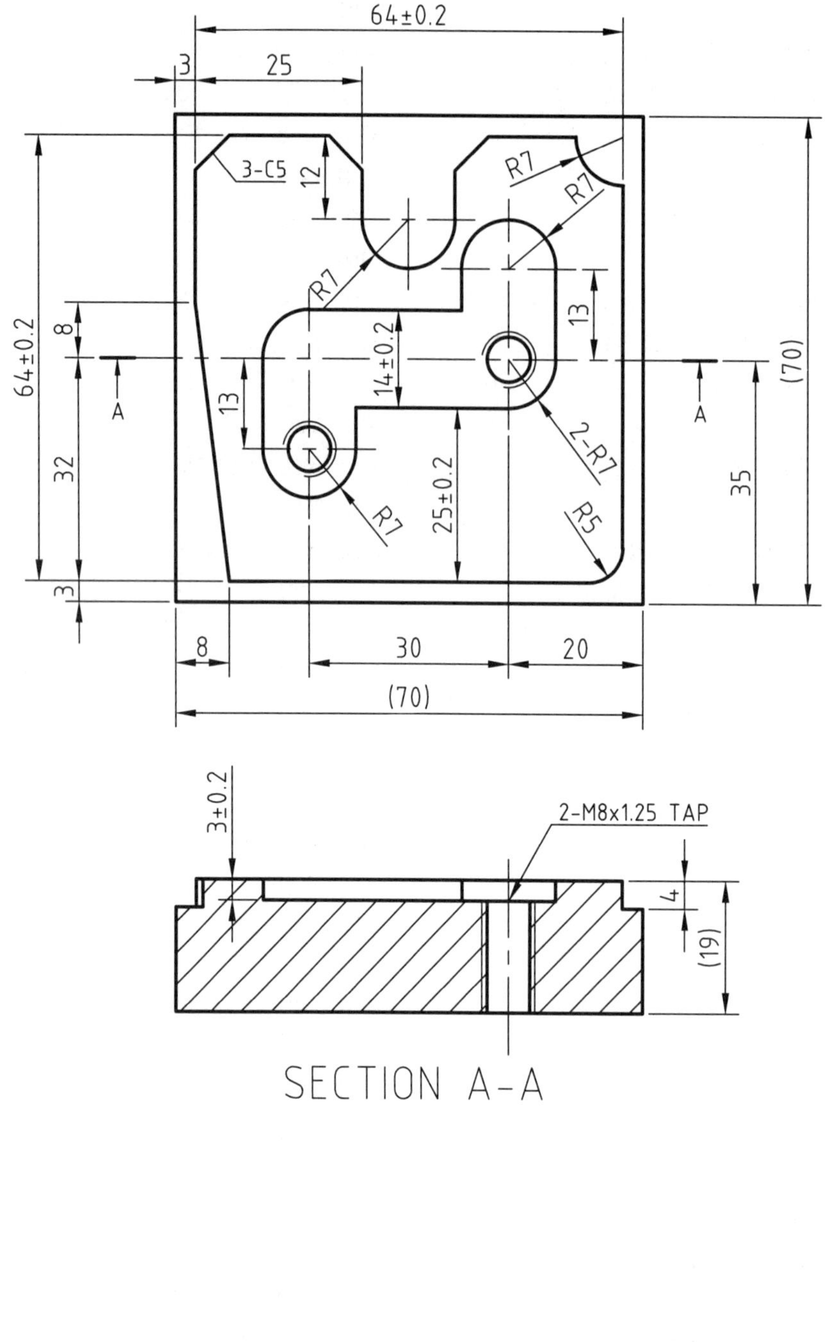

64±0.2
3
25
3-C5
12
R7
R7
R7
64±0.2
8
14±0.2
13
13
A
A
(70)
13
32
2-R7
35
R7
25±0.2
R5
3
8
30
20
(70)
3±0.2
2-M8x1.25 TAP
4
(19)
SECTION A-A

```
O2019 ;
G40 G49 G80 ;
T02 M06 ;
G90 G54 G00 X20. Y22. ;
G43 Z200. H02 S800 M03 ;
G81 G98 Z-2. R3. F100 M08 ;
X50. Y35. ;
G00 G49 G80 Z200. M09 ;
T03 M06 ;
G90 G54 G00 X20. Y22. ;
G43 Z200. H03 S800 M03 ;
G83 G98 Z-24. R3. F100 Q4. M08 ;
X50. Y35. ;
G00 G49 G80 Z200. M09 ;
T05 M06 ;
G90 G54 G00 X20. Y22. ;
G43 Z200. H05 S200 M03 ;
G84 G98 Z-24. R3. F250 M08 ;
X50. Y35. ;
G00 G49 G80 Z200. M09 ;
T04 M06 ;
G90 G54 G00 X-10. Y-10. ;
G43 Z200. H04 S1200 M03 ;
Z10. ;
G01 Z-4. F100 M08 ;
G41 X3. D04 ;
Y62. ;
X8. Y67. ;
X23. ;
X28. Y62. ;
Y55. ;
G03 X42. R7. ;
G01 Y62. ;
X47. Y67. ;
X60. ;
G03 X67. Y60. R7. ;
G01 Y8. ;
G02 X62. Y3. R5. ;
G01 X8. ;
X3. Y43. ;
Y67. ;
X35. ;
G00 Z50. M09 ;
G40 X50. Y35. ;
Z10. ;
G01 Z-3. F100 M08 ;
G41 X57. D04 ;
Y48. ;
G03 X43. R7. ;
G01 Y42. ;
X20. ;
G03 X13. Y35. R7. ;
G01 Y22. ;
G03 X27. R7. ;
G01 Y28. ;
X50. ;
G03 X57. Y35. R7. ;
G01 Y48. ;
G03 X50. Y41. R-7. ;
G00 G49 Z200. M09 ;
M05 ;
M02 ;
```

[프로그래밍 실습 20]

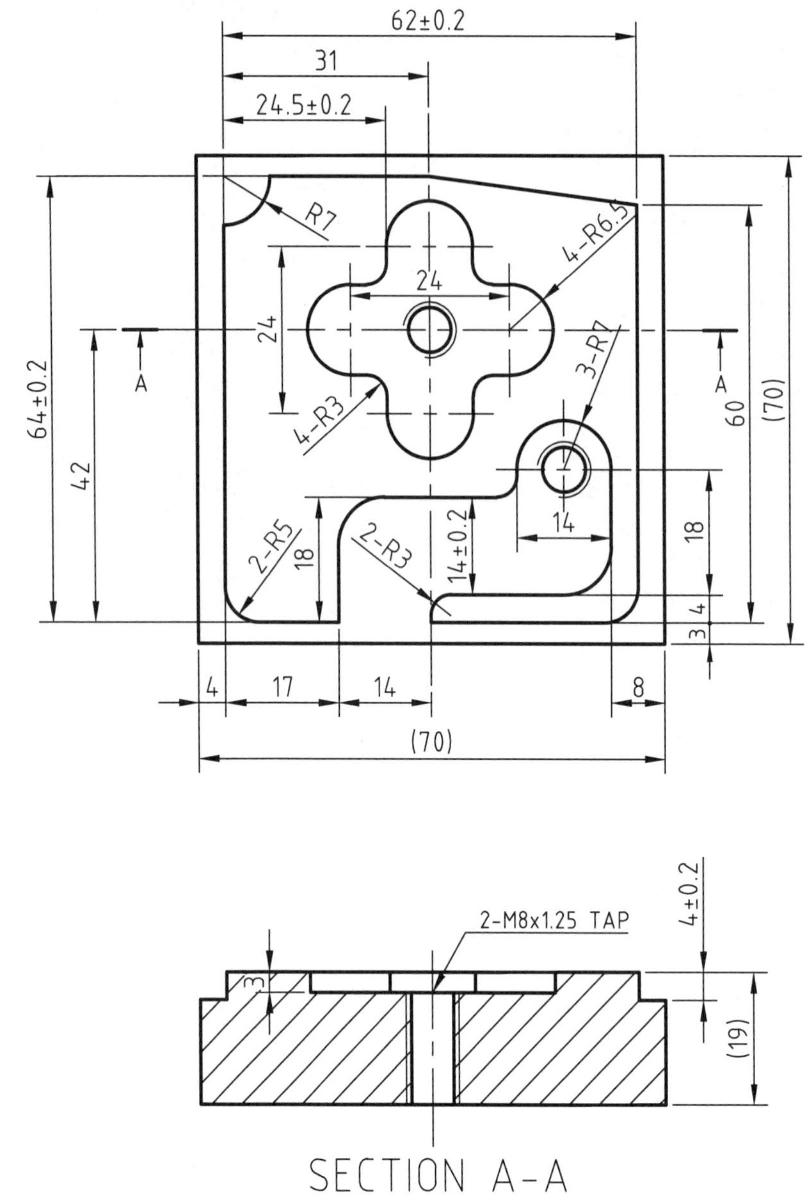
62±0.2
31
24.5±0.2
R7
4-R6.5
24
24
3-R7
A
A
64±0.2
42
4-R3
60
(70)
14
2-R5
18
2-R3
14±0.2
18
4
3
4
17
14
8
(70)
4±0.2
2-M8x1.25 TAP
3
(19)
SECTION A-A

```
O2020 ;
G40 G49 G80 ;
T02 M06 ;
G90 G54 G00 X35. Y45. ;
G43 Z200. H02 S800 M03 ;
G81 G98 Z-2. R3. F100 M08 ;
X55. Y25. ;
G00 G49 G80 Z200. M09 ;
T03 M06 ;
G90 G54 G00 X35. Y45. ;
G43 Z200. H03 S800 M03 ;
G83 G98 Z-24. R3. F100 Q4. M08 ;
X55. Y25. ;
G00 G49 G80 Z200. M09 ;
T05 M06 ;
G90 G54 G00 X35. Y45. ;
G43 Z200. H05 S200 M03 ;
G84 G98 Z-24. R3. F250 M08 ;
X55. Y25. ;
G00 G49 G80 Z200. M09 ;
T04 M06 ;
G90 G54 G00 X-10. Y-10. ;
G43 Z50. H04 S1200 M03 ;
G01 Z-4. F100 M08 ;
G41 X4. D04 ;
Y60. ;
G03 X11. Y67. R7. ;
G01 X35 ;
X66. Y63. ;
Y8. ;
G02 X61. Y3. R5. ;
G01 X35. ;
Y4. ;
G02 X38. Y7. R3. ;
G01 X55. ;
G03 X62. Y14. R7. ;
G01 Y25. ;
G03 X48. R7. ;
G01 Y24. ;
G02 X45. Y21. R3. ;
G01 X28. ;
G03 X21. Y14. R7. ;
G01 Y3. ;
X9. ;
G02 X4. Y8. R5. ;
G01 Y70. ;
G00 Z50. M09 ;
G40 X35. Y42. ;
Z10. ;
G01 Z-3. F100 M08 ;
G41 X41.5 D04 ;
Y57. ;
G03 X28.5 R6.5 ;
G01 Y54.5 ;
G02 X25.5 Y51.5 R3. ;
G01 X23. ;
G03 Y38.5 R6.5 ;
G01 X25.5 ;
G02 X28.5 Y35.5 R3. ;
G01 Y33. ;
G03 X41.5 R6.5 ;
G01 Y35.5 ;
G02 X44.5 Y38.5 R3. ;
G01 X47. ;
G03 Y51.5 R6.5 ;
G01 X44.5 ;
G02 X41.5 Y54.5 R3. ;
G01 Y57. ;
G03 X35. Y50. R-6.5 ;
G00 G49 Z200. M09 ;
M05 ;
M02 ;
```

[프로그래밍 실습 21]

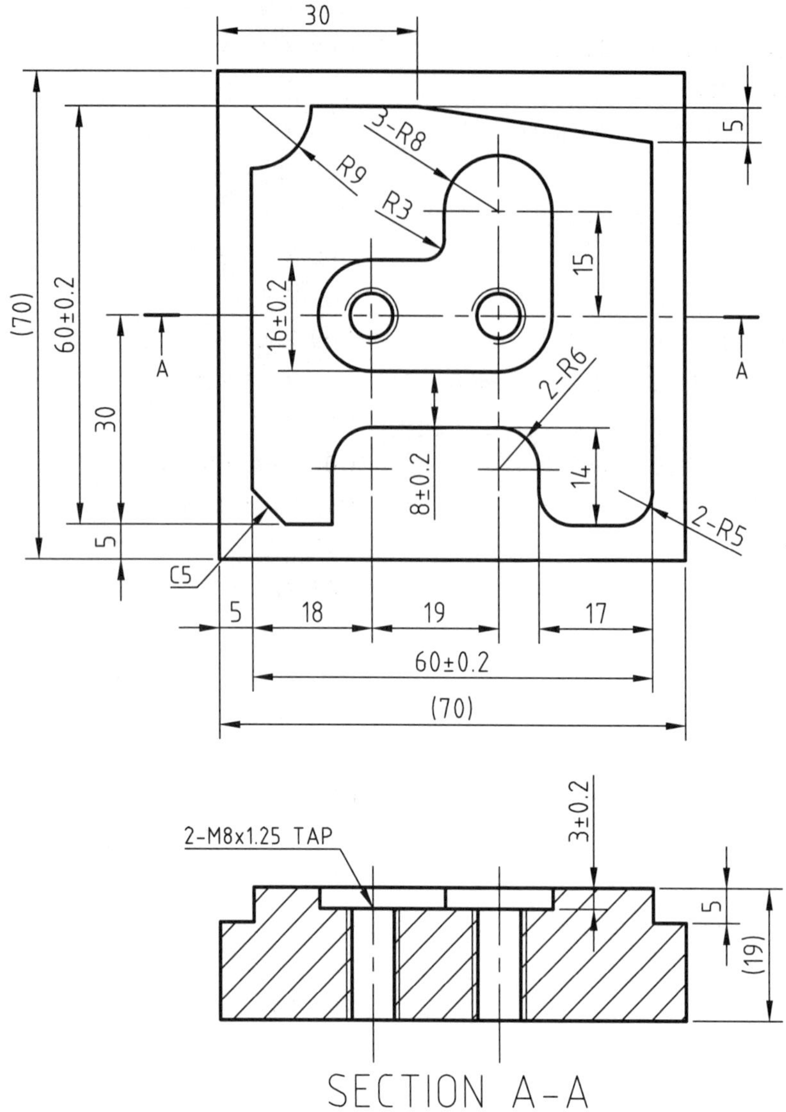
30
5
3-R8
R9
R3
15
(70)
60±0.2
16±0.2
A
A
2-R6
30
8±0.2
14
5
2-R5
C5
5
18
19
17
60±0.2
(70)
2-M8x1.25 TAP
3±0.2
5
(19)
SECTION A-A

```
O2021 ;
G40 G49 G80 ;
T02 M06 ;
G90 G54 G00 X23. Y35. ;
G43 Z200. H02 S800 M03 ;
G81 G98 Z-2. R3. F100 M08 ;
X42. ;
G00 G49 G80 Z200. M09 ;
T03 M06 ;
G90 G54 G00 X23. Y35. ;
G43 Z200. H03 S800 M03 ;
G83 G98 Z-24. R3. F100 Q4. M08 ;
X42. ;
G00 G49 G80 Z200. M09 ;
T05 M06 ;
G90 G54 G00 X23. Y35. ;
G43 Z200. H05 S200 M03 ;
G84 G98 Z-24. R3. F250 M08 ;
X42. ;
G00 G49 G80 Z200. M09 ;
T04 M06 ;
G90 G54 G00 X-10. Y-10. ;
G43 Z200. H04 S1200 M03 ;
Z10. ;
G01 Z-5. F100 M08 ;
G41 X5. D04 ;
Y65. ;
X65. ;
Y5. ;
X5. ;
Y56. ;
G03 X14. Y65. R9. ;
G01 X30. ;
X65. Y60. ;
Y10. ;
G02 X60. Y5. R5. ;
G01 X53. ;
G02 X48. Y10. R5. ;
G01 Y13. ;
G03 X42. Y19. R6. ;
G01 X23. ;
G03 X17. Y13. R6. ;
G01 Y5. ;
X10. ;
X5. Y10. ;
Y20. ;
X-10. ;
G40 Y-5. ;
X23. ;
Y8. ;
X37. ;
G00 Z50. M09 ;
X42. Y35. ;
Z10. ;
G01 Z-3. F100 M08 ;
G41 X50. D04 ;
Y50. ;
G03 X34. R8. ;
G01 Y46. ;
G02 X31. Y43. R3. ;
G01 X23. ;
G03 Y27. R8. ;
G01 X42. ;
G03 X42. Y43. R8. ;
G00 G49 Z200. M09 ;
M05 ;
M02 ;
```

[프로그래밍 실습 22]

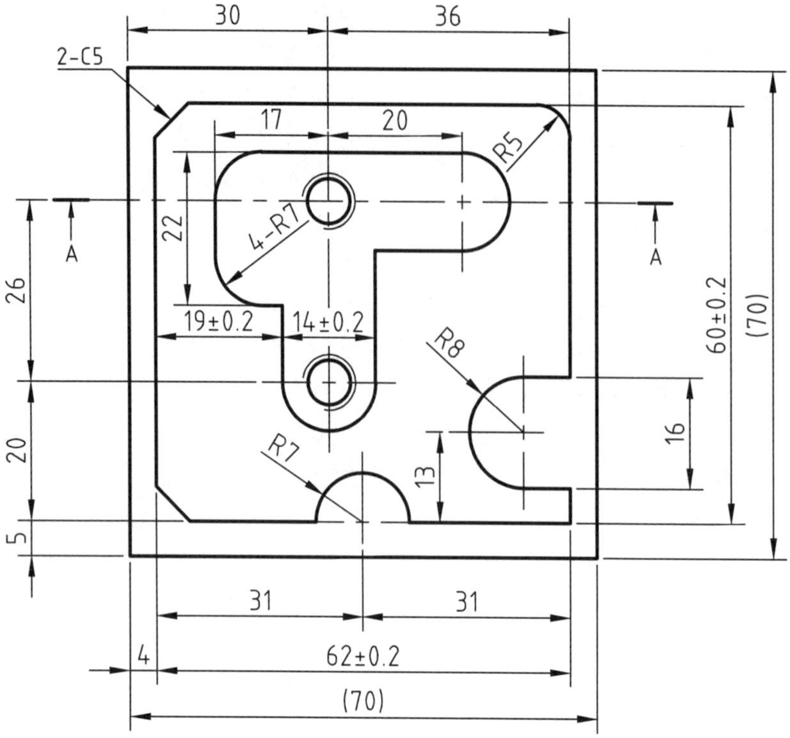

30
36
2-C5
17
20
R5
22
4-R7
A
A
26
19±0.2
14±0.2
R8
60±0.2
(70)
16
20
R7
13
5
31
31
4
62±0.2
(70)

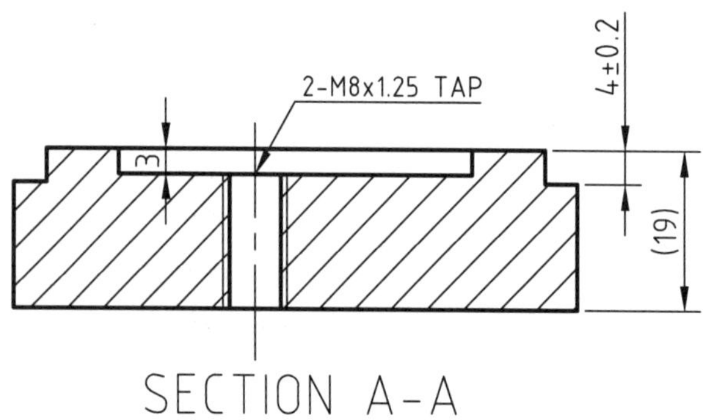

4±0.2
2-M8x1.25 TAP
3
(19)
SECTION A-A

```
O2022 ;
G40 G49 G80 ;
T02 M06 ;
G90 G54 G00 X30. Y25. ;
G43 Z200. H02 S800 M03 ;
G81 G98 Z-2. R3. F100 M08 ;
Y51. ;
G00 G49 G80 Z200. M09 ;
T03 M06 ;
G90 G54 G00 X30. Y25. ;
G43 Z200. H03 S800 M03 ;
G83 G98 Z-24. R3. F100 Q4. M08 ;
Y51. ;
G00 G49 G80 Z200. M09 ;
T05 M06 ;
G90 G54 G00 X30. Y25. ;
G43 Z200. H05 S200 M03 ;
G84 G98 Z-24. R3. F250 M08 ;
Y51. ;
G00 G49 G80 Z200. M09 ;
T04 M06 ;
G90 G54 G00 X-10. Y-10. ;
G43 Z200. H04 S1200 M03 ;
Z10. ;
G01 Z-4. F100 M08 ;
G41 X4. D04 ;
Y60. ;
X9. Y65. ;
X61. ;
G02 X66. Y60. R5. ;
G01 Y26. ;
X58. ;
G03 Y10. R8. ;
G01 X66. ;
Y5. ;
X42. ;
G03 X28. R7. ;
G01 X9. ;
X4. Y10. ;
Y70. ;
G00 Z50. M09 ;
G40 X30. Y25. ;
Z10. ;
G01 Z-3. F100 M08 ;
G41 X37. D04 ;
Y44. ;
X50. ;
G03 Y58. R7. ;
G01 X20. ;
G03 X13. Y51. R7. ;
G01 Y43. ;
G03 X20. Y36. R7. ;
G01 X23. ;
Y25. ;
G03 X30. Y32. R-7. ;
G40 G01 Y48. ;
X25. ;
G00 G49 Z200. M09 ;
M05 ;
M02 ;
```

[프로그래밍 실습 23]

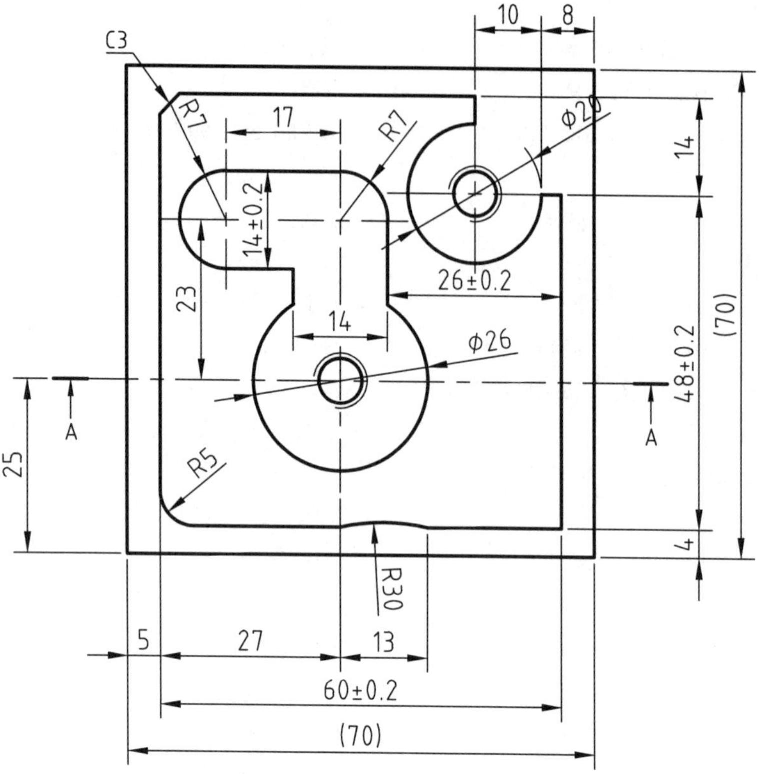

C3
10
8
R7
17
R7
Φ20
14
14±0.2
23
26±0.2
14
Φ26
48±0.2
(70)
25
A
A
R5
4
R30
5
27
13
60±0.2
(70)

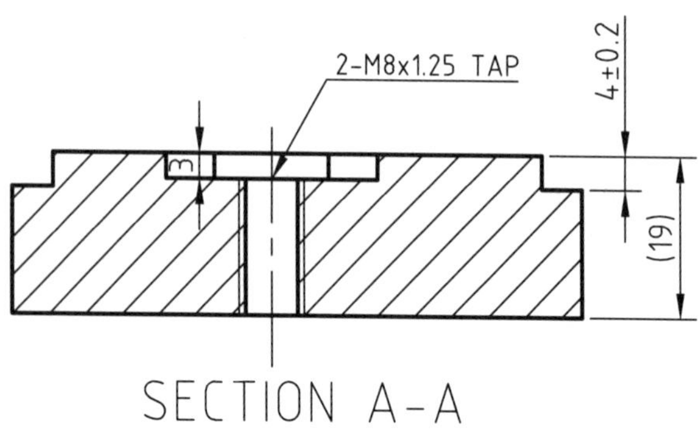

2-M8x1.25 TAP
4±0.2
3
(19)
SECTION A-A

```
O2023 ;
G40 G49 G80 ;
T02 M06 ;
G90 G54 G00 X32. Y25. ;
G43 Z200. H02 S800 M03 ;
G81 G98 Z-2. R3. F100 M08 ;
X52. Y52. ;
G00 G49 G80 Z200. M09 ;
T03 M06 ;
G90 G54 G00 X32. Y25. ;
G43 Z200. H03 S800 M03 ;
G83 G98 Z-24. R3. F100 Q4. M08 ;
X52. Y52. ;
G00 G49 G80 Z200. M09 ;
T05 M06 ;
G90 G54 G00 X32. Y25. ;
G43 Z200. H05 S200 M03 ;
G84 G98 Z-24. R3. F250 M08 ;
X52. Y52. ;
G00 G49 G80 Z200. M09 ;

T04 M06 ;
G90 G54 G00 X-10. Y-10. ;
G43 Z200. H04 S1200 M03 ;
Z10. ;
G01 Z-4. F100 M08 ;
G41 X5. D04 ;
Y63. ;
X8. Y66. ;
X52. ;
Y62. ;
G03 X62. Y52. R-10. ;
G01 X65. ;
Y4. ;
X45. ;
G03 X32. R30. ;
G01 X10. ;
G02 X5. Y9. R5. ;
G01 Y75. ;
G40 X62. ;
Y65. ;
X70. ;
Y70. ;
G00 Z50. M09 ;
X32. Y25. ;
Z10. ;
G01 Z-3. F100 M08 ;
G41 X39. D04 ;
Y48. ;
G03 X32. Y55. R7. ;
G01 X15. ;
G03 Y41. R7. ;
G01 X25. ;
Y25. ;
G40 X32. ;
Y33. ;
G03 J-8. ;
G00 G49 Z200. M09 ;
M05 ;
M02 ;
```

[프로그래밍 실습 24]

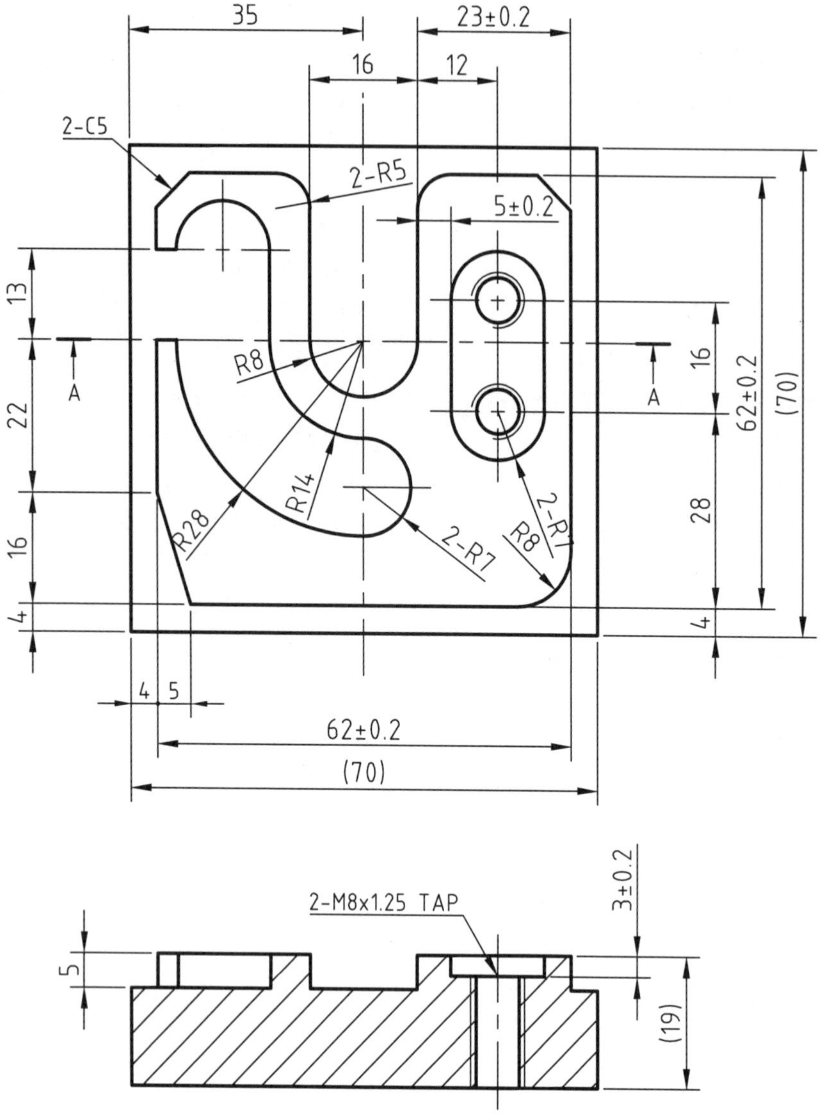

SECTION A-A

```
O2024 ;
G40 G49 G80 ;
T02 M06 ;
G90 G54 G00 X55. Y32. ;
G43 Z200. H02 S800 M03 ;
G81 G98 Z-2. R3. F100 M08 ;
Y48. ;
G00 G49 G80 Z200. M09 ;
T03 M06 ;
G90 G54 G00 X55. Y32. ;
G43 Z200. H03 S800 M03 ;
G83 G98 Z-24. R3. F100 Q4. M08 ;
Y48. ;
G00 G49 G80 Z200. M09 ;
T05 M06 ;
G90 G54 G00 X55. Y32. ;
G43 Z200. H05 S200 M03 ;
G84 G98 Z-24. R3. F250 M08 ;
Y48. ;
G00 G49 G80 Z200. M09 ;
T04 M06 ;
G90 G54 G00 X-10. Y-10. ;
G43 Z200. H04 S1200 M03 ;
Z10. ;
G01 Z-5. F100 M08 ;
G41 X4. D04 ;
Y42. ;
X7. ;
G03 X35. Y14. R28. ;
G03 Y28. R7. ;
G02 X21. Y42. R14. ;
G01 Y55. ;
G03 X7. R7. ;
G01 X4. ;
Y61. ;
X9. Y66. ;
X22. ;
G02 X27. Y61. R5. ;
G01 Y42. ;
G03 X43. R8. ;
G01 Y61. ;
G02 X48. Y66. R5. ;
G01 X61. ;
X66. Y61. ;
Y12. ;
G02 X58. Y4. R8. ;
G01 X9. ;
X4. Y20. ;
Y66. ;
X37. ;
G00 Z50. M09 ;
G40 X55. Y32. ;
Z10. ;
G01 Z-3. F100 M08 ;
G41 X62. D04 ;
Y48. ;
G03 X48. R7. ;
G01 Y32. ;
G03 X55. Y39. R-7. ;
G00 G49 Z200. M09 ;
M05 ;
M02 ;
```

[프로그래밍 실습 25]

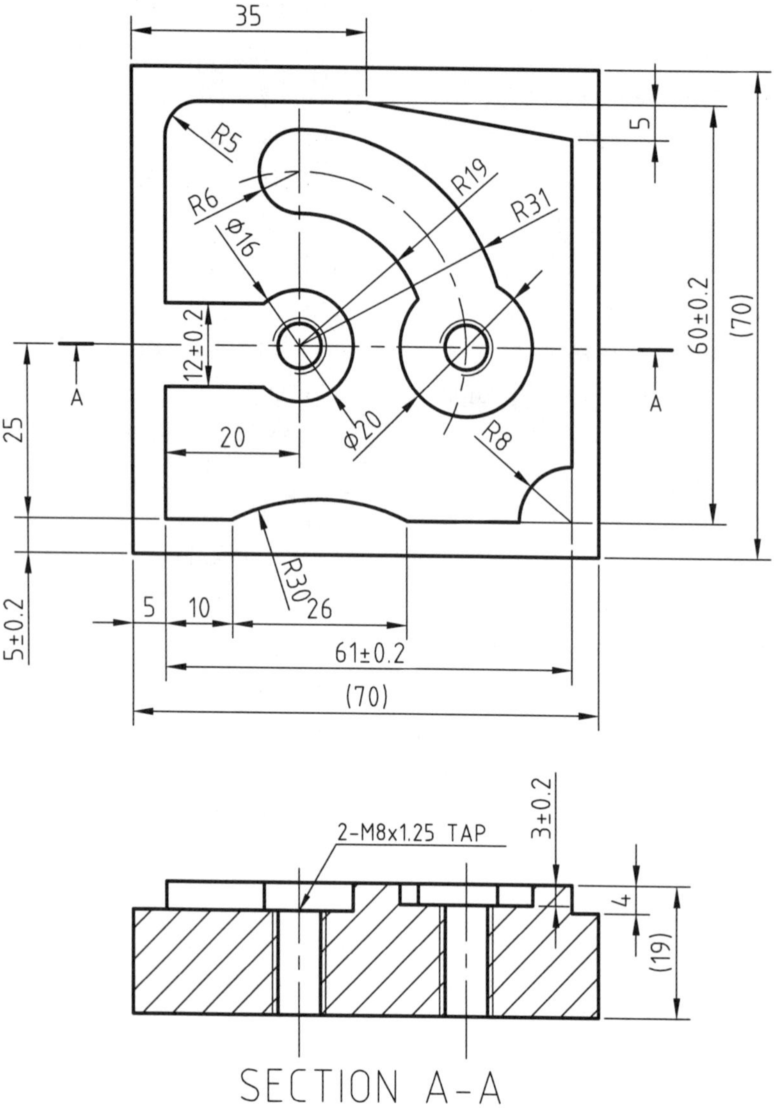
35
5
R5
R6
R19
R31
Φ16
12±0.2
60±0.2
(70)
A
A
25
20
Φ20
R8
R30
26
5
10
5±0.2
61±0.2
(70)
3±0.2
2-M8x1.25 TAP
4
(19)
SECTION A-A

```
O2025 ;
G40 G49 G80 ;
T02 M06 ;
G90 G54 G00 X25. Y30. ;
G43 Z200. H02 S800 M03 ;
G81 G98 Z-2. R3. F100 M08 ;
X50. ;
G00 G49 G80 Z200. M09 ;
T03 M06 ;
G90 G54 G00 X25. Y30. ;
G43 Z200. H03 S800 M03 ;
G83 G98 Z-24. R3. F100 Q4. M08 ;
X50. ;
G00 G49 G80 Z200. M09 ;
T05 M06 ;
G90 G54 G00 X25. Y30. ;
G43 Z200. H05 S200 M03 ;
G84 G98 Z-24. R3. F250 M08 ;
X50. ;
G00 G49 G80 Z200. M09 ;
T04 M06 ;
G90 G54 G00 X-10. Y-10. ;
G43 Z200. H04 S1200 M03 ;
Z10. ;
G01 Z-4. F100 M08 ;
G41 X5. D04 ;
Y65. ;
X66. ;
Y5. ;
X5. ;
Y24. ;
X25. ;
Y36. ;
X5. ;
Y60. ;
G02 X10. Y65. R5. ;
G01 X35. ;
X66. Y60. ;
Y13. ;
G03 X58. Y5. R8. ;
G01 X41. ;
G03 X15. R30. ;
G01 X5. ;
Y30. ;
G40 X25. ;
X22. ;
G03 I3. ;
G00 Z50. M09 ;
X50. Y30. ;
Z10. ;
G01 Z-3. F100 M08 ;
G41 X56. D04 ;
G03 X25. Y61. R31. ;
G03 Y49. R6. ;
G02 X44. Y30. R19. ;
G01 G40 X50. ;
Y35. ;
G03 J-5. ;
G00 G49 Z200. M09 ;
M05 ;
M02 ;
```

[도면 1]

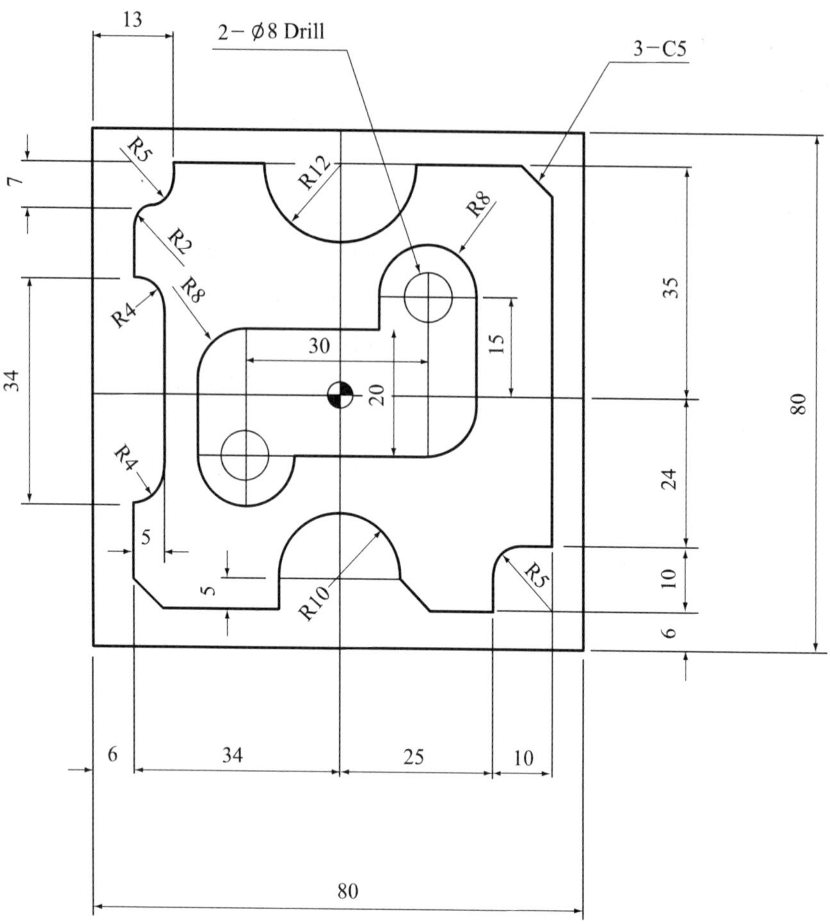
13
2− ∅8 Drill
3−C5
R5
R12
R8
R2
R8
R4
R4
R5
R10
7
34
5
5
30
15
20
35
24
10
6
80
6
34
25
10
80

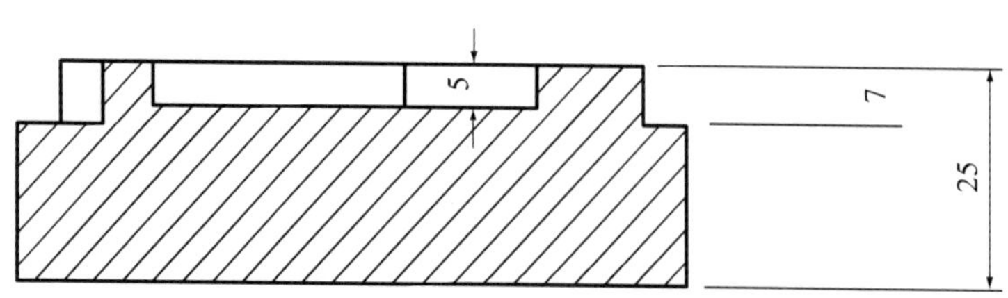
5
7
25

[도면 2]

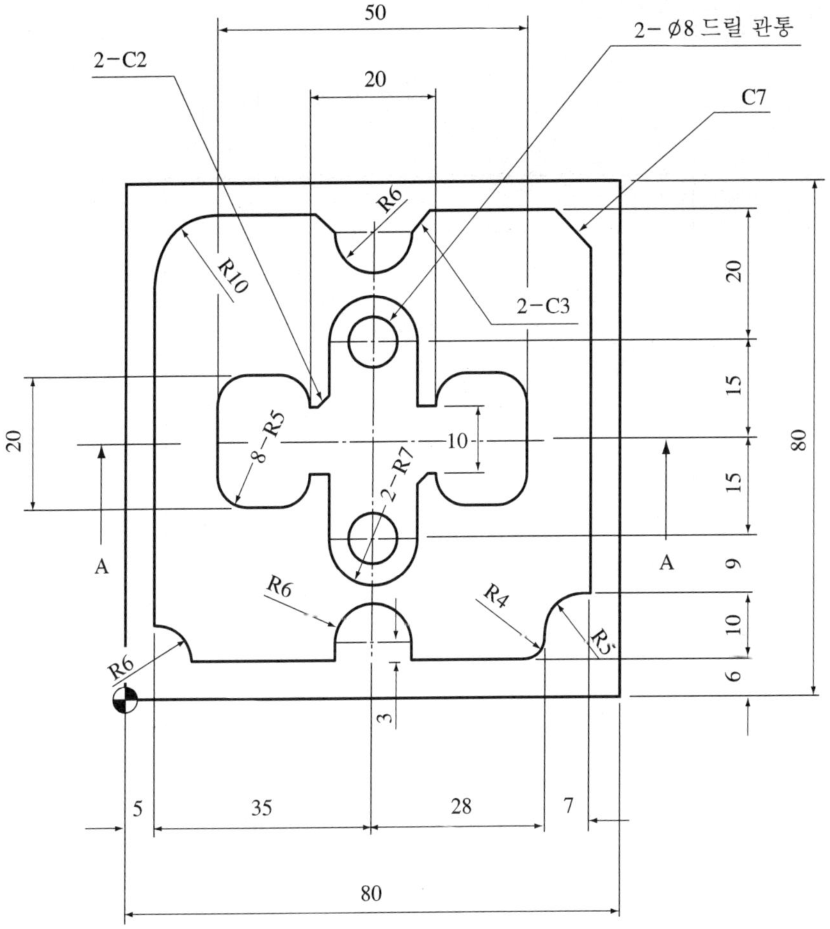

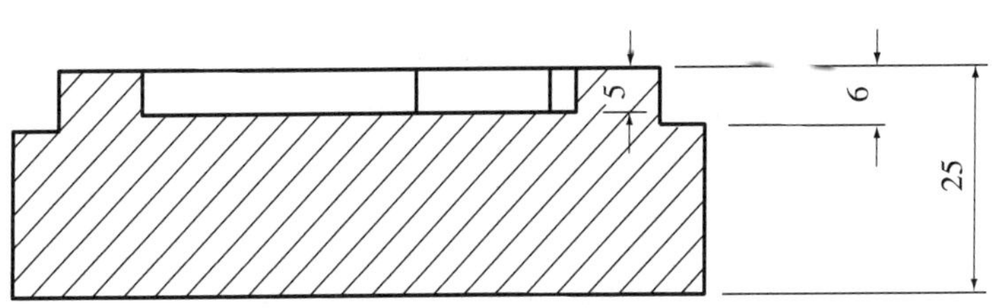

Sectoin A-A

[도면 3]

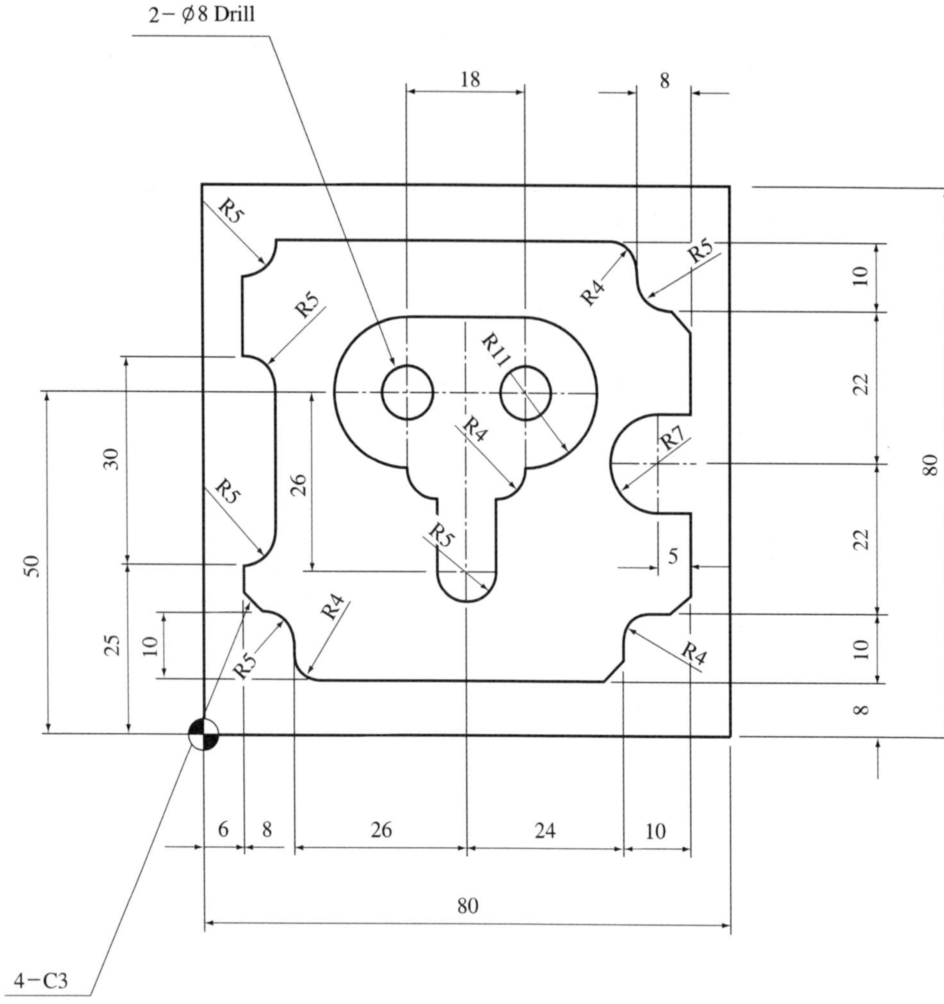
2− ∅8 Drill
18
8
R5
R5
R4
R5
R11
10
22
R7
R4
80
30
50
26
R5
R5
22
5
25
10
R4
R5
10
R4
8
6
8
26
24
10
80
4−C3

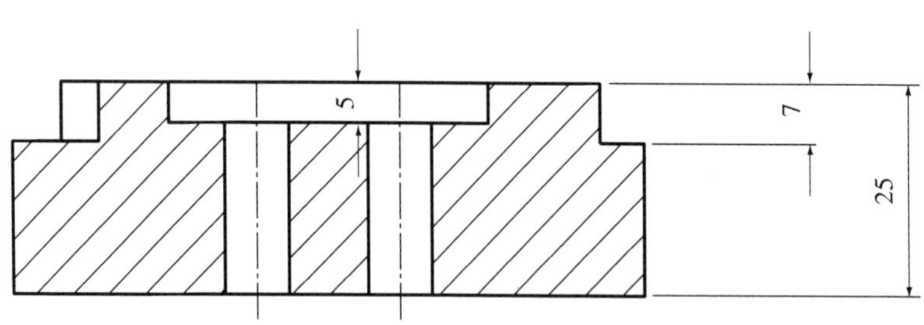
5
7
25

Section

[도면 4]

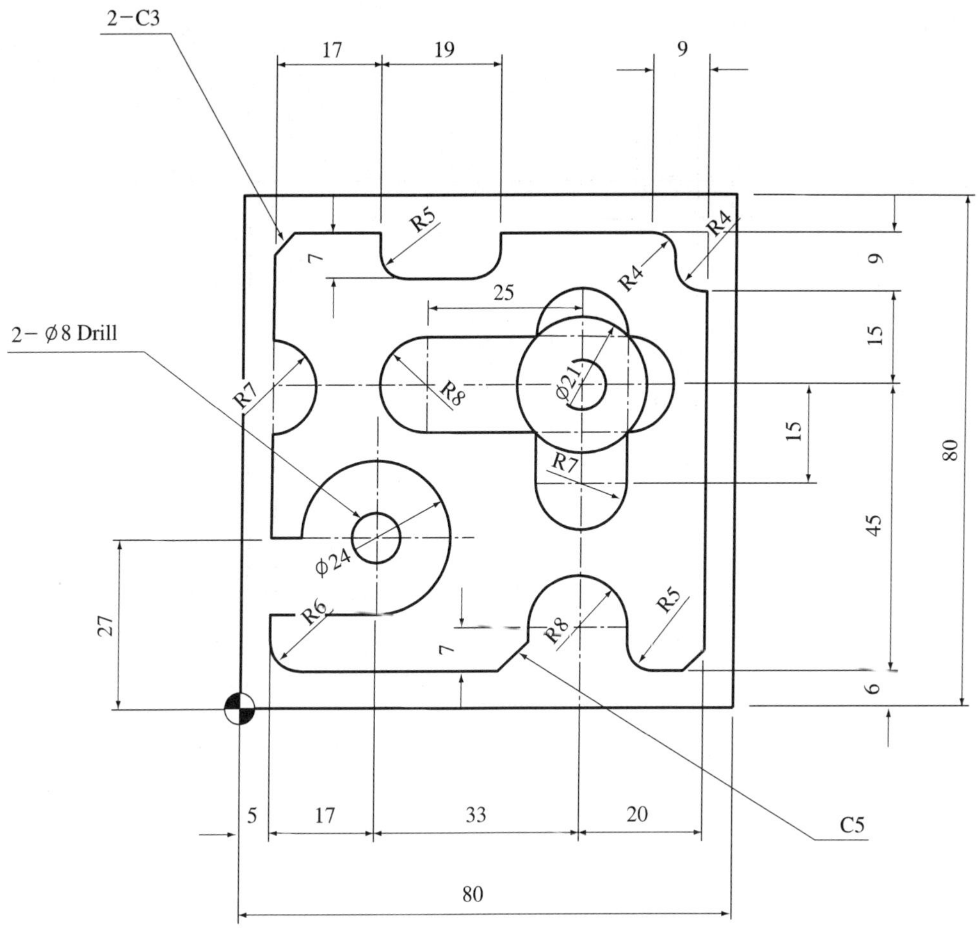
2-C3
17
19
9
R5
7
R4
R4
9
25
15
2- ∅8 Drill
R8
∅21
R7
15
R7
80
45
∅24
27
R6
R8
R5
7
6
C5
5
17
33
20
80

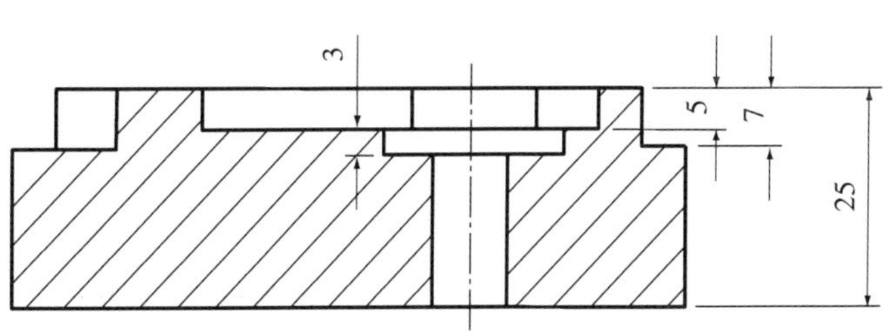
3
5
7
25

Section

[도면 5]

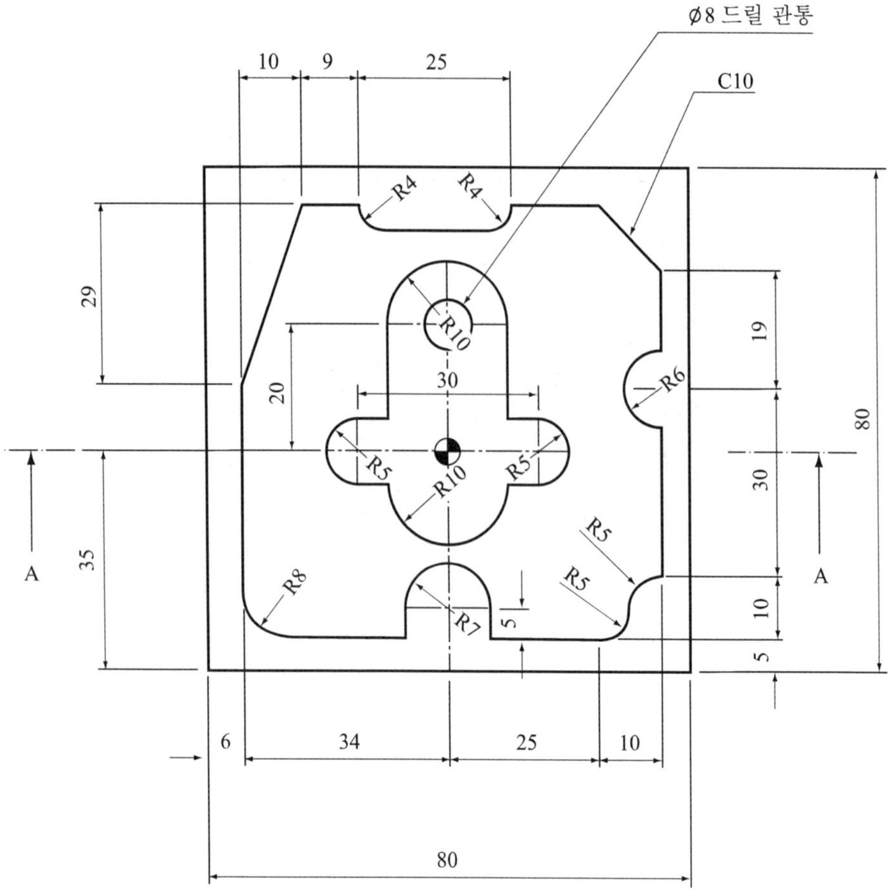

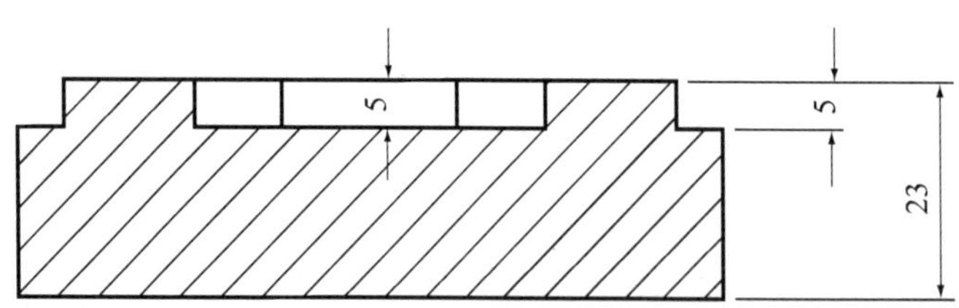

Section A−A

Part 4
부 록

Chapter 1
머시닝센터 조작

1-1. 머시닝센터 조작판

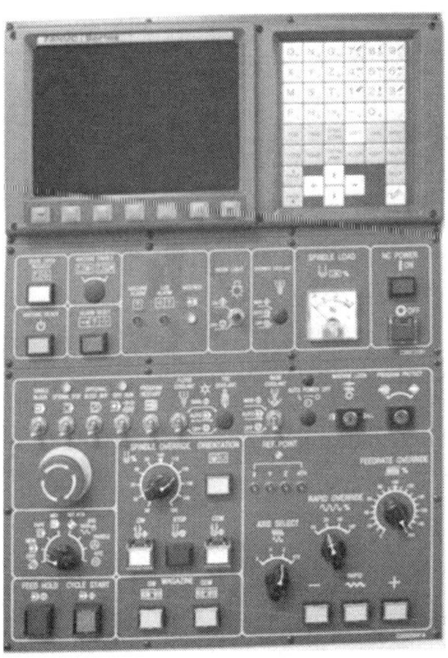

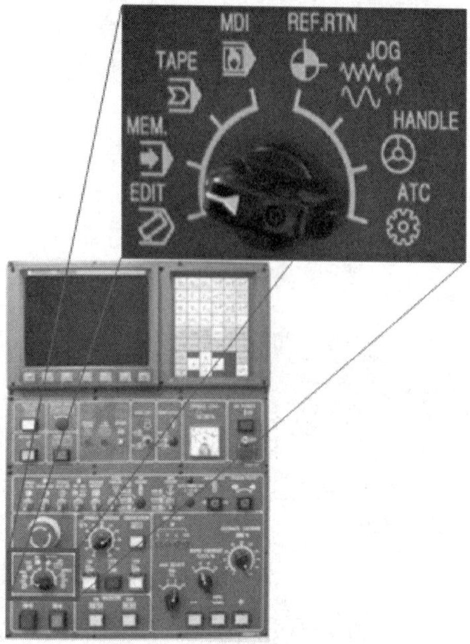

① EDIT : 프로그램의 신규작성 및 Memory에 등록된 프로그램을 수정, 삽입, 삭제 한다.

② MEM : Memory에 등록된 프로그램을 자동 운전한다.

③ TAPE : DNC 운전한다.

④ MDI : Manual Data Input, 프로그램을 작성하지 않고 기계를 동작한다. 다음에 따라서 MDI 모드를 설정한다.

- MDI 버튼과 키보드에 의해서 수동으로 프로그램 입력
- MDI 운전
- 파라메타 설정과 그 외 설정(PC timer, etc.)
- 데이터 서보 내 프로그램 입·출력

⑤ REF.ZTN : 공구를 기계 원점으로 수동으로 복귀한다.

- 모드 선택 버튼을 원점 복귀 모드로 둔다.
- 희망하는 축을 선택한다.
- 급 이송 Override 버튼을 희망하는 위치에 놓는다.

• 제4축을 이송하는 경우는 뒤에 서술하는 4th AXIS CLAMP/4축 클램프 버튼이 OFF로 되어 있는 것을 확인한다.

• 원점 복귀 시는 축이 원점보다 50 mm 이상 떨어져 있는 것을 확인한다. 만약 원점 위치에 근접해 있을 경우는 "-" 버튼을 눌러 떨어지게 한다.

본 기계의 원점위치는 전축 모두 "+" 방향이다. JOG RAPID "+" 버튼을 0.5초 누른다. 이후 손을 떼도 축은 원점 복귀가 완료할 때까지 이송한다.

1. 동원점 복귀 모드에서의 이송속도는 급속 이송속도의 Rapid Override 25%로 설정
2. 원점 복귀 상태가 되지 않았을 경우에는 각축 원점 복귀를 수동으로 실행한다. 버튼을 ZERO RETURN 모드로 설정한다. 수동원점 복귀를 이 위치에서 조작한다.

⑥ JOG : 공구이송을 연속적으로 외부 이송속도 조절스위치의 속도로 이송한다. 다음에 따라서 JOG 모드로 설정한다.

• 모드 선택 버튼을 JOG로 한다.
• 수동 이송속도 선택 스위치로 희망하는 이송속도를 선택한디.
• 제4축을 이송하는 경우는 뒤에 서술하는 4th AXIS CLAMP/4축 클램프 버튼이 OFF로 되어 있는 것을 확인한다.
• 희망하는 축을 선택하고 + 또는 - 버튼을 누른다.

이 버튼을 누르고 있을 때만 축은 이송한다.

⑦ HANDLE : Manual Pulse Generator, 조작판의 핸들을 이용하여 축을 이동한다. 모드 선택 버튼을 HANDLE로 한다. 축/AXIS 선택 스위치로 희망하는 축을 선택한디. 배율 선택 스위치로 희망하는 1눈금당의 이동량을 선택한다.

• 모드 선택 버튼을 HANDLE로 한디.
• 축/AXIS 선택 스위치로 축을 선택한다.
• 배율 선택 스위치로 희망하는 1눈금당의 이동량을 선택한다.

ⓐ 미리 입력의 경우

· X1 ; 0.001 mm/p(1회전 0.1 mm)

· X10 ; 0.01 mm/p(1회전 1 mm)

· X100 ; 0.1 mm/p(1회전 10 mm)

ⓑ 인치 입력의 경우

- X1 ; 0.0001 inch/p(1회전 0.01 inch)
- X10 ; 0.001 inch/p(1회전 0.1 inch)
- X100 ; 0.01 inch/p(1회전 1 inch)

⑧ ATC : Automatic Tool Change, 공구 교체한다.

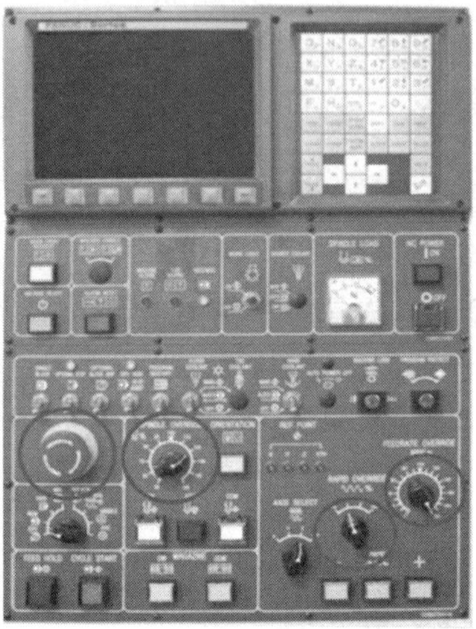

⑨ 비상정지 버튼 : Emergency Stop Button
돌발적인 충돌이나 위급한 상황에서 작동→Main 전원의 차단한다.

- 기계의 제어 전원이 차단되어 NC 장치는 비상정지가 걸린다.
- 이 때문에 주축, 절삭유 등은 정지하고 이송도 정지한다.
- NC 장치의 READY(준비 완료 신호)가 OFF 되고 [EMERGENCY STOP]이 표시된다.

해제방법은 다음과 같다.

- 이 푸시버튼 스위치는 LOCK 타입이므로 우회전시키면 원상 복귀된다.
- NC를 리셋한다. 리셋을 하지 않으면 [EMERGENCY STOP] 표시가 지워지지 않고

전원 재투입할 수 없다.

• 다시 전원을 투입한다.

• 전축 모두 원점 복귀를 한다. 원점 복귀를 하지 않으면 기계 위치가 틀려질 수 있다.

⑩ 이송속도 조절 : Feed Override 수동속도 조절

자동, 반자동 모드에서 지령된 이송속도를 외부에서 변화시키는 기능이다.

⑪ 주축속도 조절 : Spindle Override

모드의 위치에 관계없이 주축의 회전속도(RPM)를 외부에서 변화시키는 기능이다.

• 모드 선택에 불구하고 지정된 주축 회전속도에 대해서 50~120%의 범위에서 10%마다의 OVERRIDE를 걸 수가 있다.

• 탭핑 사이클 중의 주축속도는 S코드와 같고 적용되지 않는다(즉, 탭핑 사이클 중에는 S/P OVERRIDE가 무효가 됨).

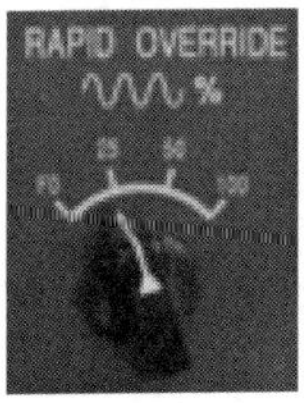

⑫ 급송속도 조절 : Rapid Override

자동, 반자동, 급속이송 모드에서 급속위치결정속도를 외부에서 변화시켜 주는 기능이다.

급속 이송속도에 Override를 걸기 위한 버튼이다. 이 속도에 대응해 F0/25/50/100%의 Override를 걸 수 있다. 이 Override버튼을 수동 급속 이송과 자동 급속 이송에 유효하다.

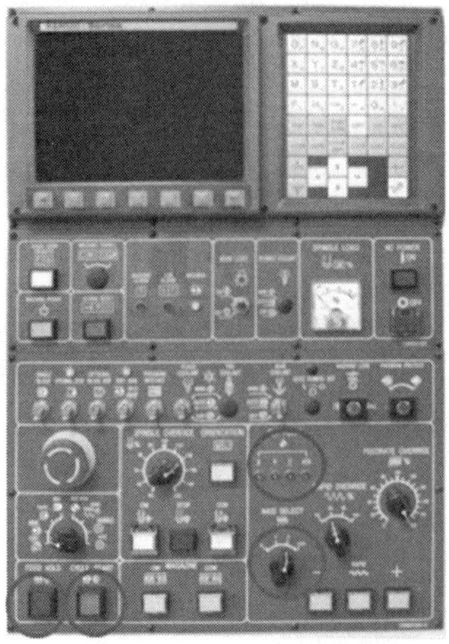

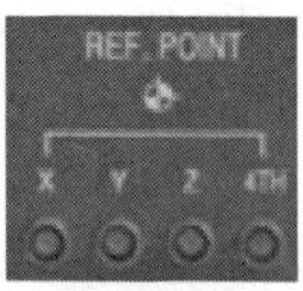

⑬ 원점 복귀 : REF Point

선택한 축의 원점 복귀가 이루어지면 해당 램프가 점등된다.

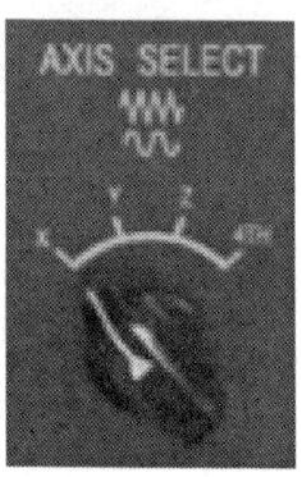

⑭ 축 선택 : Axis Select

수동 모드에서 이동할 스핀들의 축을 선택한다.

이 스위치는 수동 동작 중에 수동으로 축을 움직이고자 할 때 관련된다.

- X : X축 선택
- Y : Y축 선택
- Z : Z축 선택
- 4 : 4축 선택, 4축은 부가 축(C축)

⑮ Cycle start : 사이클 Start

자동, 반자동, DNC 모드에서 프로그램을 실행한다.

⑯ 자동정지 : Feed Hold

Cycle start의 실행으로 진행 중인 프로그램을 정지하고 Cycle start 버튼을 누르면 현재위치에서 가공이 재개된다.

자동운전을 일시정지시키기 위한 버튼이다. 자동운전 중 이 버튼을 누르면 각축 이송이 감속 후 정지한다. 단, 실행 중의 보조적기능(M.S.T)은 계속된다. 이때 Feed Hold 램프가 점등하고 Cycle start 램프가 꺼진다. Feed Hold 중 모드 선택 버튼을 전환, 수동 조작을 행할 수 있다. 재스타트는 모드를 원래의 자동운전 모드로 돌리고 Cycle start 버튼을 누른다.

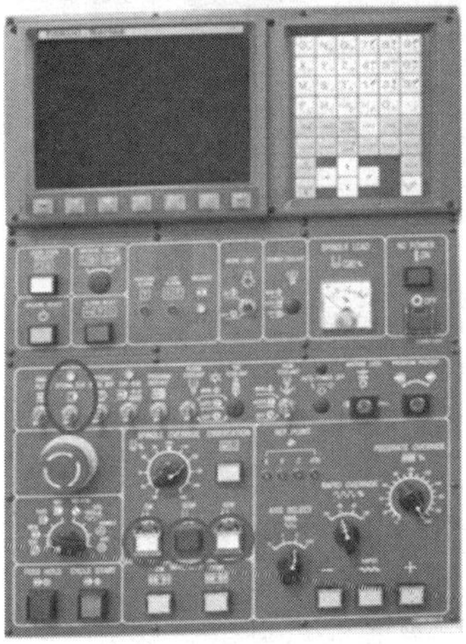

⑰ Optional Stop

프로그램에서 지령된 M01을 선택적으로 실행되게 한다. 조작판의 M01 스위치가 ON일 때 정지하고 OFF일 때는 M01을 실행해도 기능이 없는 것으로 간주하고 다음블록 실행한다.

⑱ 주축기동 : Spindle CW Rotate

수동조작(핸들, 수동, 급송, 원점)에서 마지막에 지령된 조건으로 스핀들을 시계 방향 회전시킨다.

⑲ 주축정지 : Spindle Stop

Mode에 관계없이 회전중인 주축(Spindle)은 정지한다.

⑳ 주축기동 : Spindle CCW Rotate

수동조작(핸들, 수동, 급송, 원점)에서 마지막에 지령된 조건으로 스핀들을 반시계방향으로 회전시킨다.

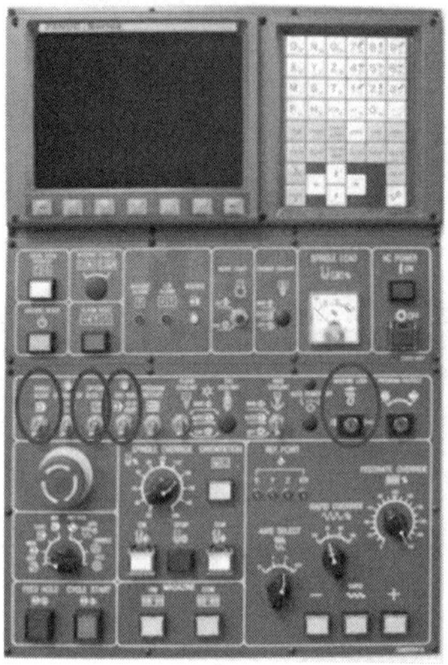

㉑ Single Block

Cycle start의 작동으로 프로그램이 연속적으로 실행하지만 싱글 블록이 ON되면 1블록씩 실행한다.

자동운전 중 프로그램을 1블록씩 실행시키기 위한 버튼이다.

- 자동운전 중 이 버튼을 ON으로 하면 실행 중인 블록 종료 후 정지된다.
- Cycle start 버튼을 누르면 다음 블록을 실행한다.
- 싱글블록 버튼을 OFF하고 Cycle start 버튼을 누르면 원래의 연속 운전으로 되돌아간다.
- 싱글블록 정지 중에 모드를 전환, MDI 조작과 수동운전을 행할 수 있다.
  G28, G29, G30의 중간점에서도 싱글블록에 의해 정지한다.
  고정 사이클에 대한 싱글블록은 사이클이 끝나는 곳에서 걸린다. 싱글 블록 램프가 점등된다.

㉒ Optional Block Skip

스위치가 ON되면 프로그램에 지령된 "/"(슬래시)에서 " ;"(EOB)까지 선택적으로 건너뛰고 OFF일때는 "/"(슬래시)가 없는 것으로 간주하고 블록을 실행한다.

이 버튼을 ON하면 M00과 동일한 기능을 보인다. 즉, M01을 읽으면 M01과 동일한 프로그램으로 된 지령을 포함해서 이것까지 지령을 수행한 후 기계의 이송, 주축의 회전, 절삭유 펌프 등을 정지한다.

자동운전은 사이클 스타트 버튼을 누르면 재개된다. 이 버튼이 OFF로 되어 있을 때 이 코드는 무시된다.

- ON – M01 유효
- OFF – M01 무효

㉓ Dry Run

프로그램에 지령된 이송속도를 무시하고 조작판 이송속도의 조절속도로 이송한다.

자동운전 중 이 버튼을 ON하면 프로그램을 지정된 이송속도를 무시하고 수동절삭 이송속도로 설정된 이송속도가 된다. 급 이송에도 유효하다.

자동 파라메타 설정으로 속도를 조절할 수 있다.

자동 고정 탭핑 사이클(G74, G84 등) 중에는 이 버튼을 OFF로 해야만 한다. 이 버튼이 ON으로 되어 있다면 주축 회선수와 절사 이송속도가 다르게 되어 불량의 원인이 된다. 즉, 주축과 서보계의 동기제어가 되지 않는다.

㉔ Machine Lock

축이동을 하지 않게 하는 기능으로 프로그램 Test, A/S 시 사용한다.

머시인 록을 유효로 해두면 자동, 수동운전을 선택하지 않아도 NC내부 처리만으로 행해질 뿐 실제 기계는 움직이지 않는다.

주의 자동운전 개시 중에 머시인 록 시키면 바로 유효하다.

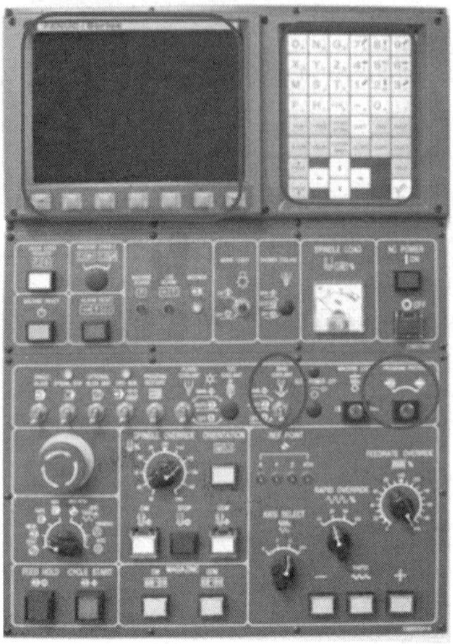

㉕ CRT or LCD 화면

CNCdml 상태 또는 관련 정보를 시각적으로 확인할 수 있다.

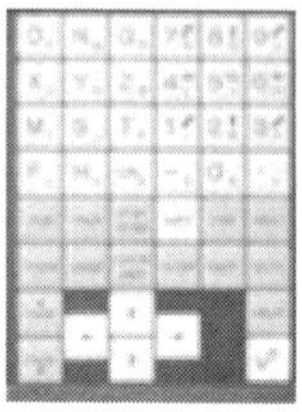

㉖ 키패드(Key Pad)

알파벳, 숫자 및 입력/삭제 등으로 구성되어 프로그램의 입력, 수정, 삭제 등의 정보를 입력 수정, 삭제한다.

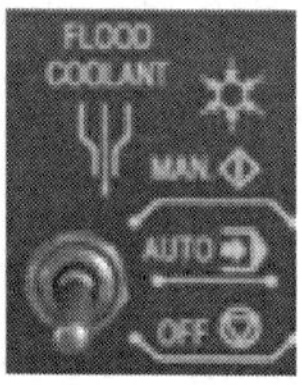

㉗ 절삭유 Manual, Auto, OFF(Flood Coolant ON/ OFF)

절삭유의 작동을 제어한다. 프로그램에서 지령된(M08, M09)보다 우선이다.

㉘ Program Protect Key

Key OFF 상태에서 프로그램의 편집(수정, 삽입, 삭제)이나 파라미터(Prameter)를 변경할 수 없다.

㉙ NC Power ON

머시닝센티의 조작판 전원을 ON한다.

- 주 조작반의 ON버튼을 누른다.
- 1010 알람이 표시된다.
- 주 조작반의 [EMERGENCY STOP] 푸시버튼 스위치를 해제한다.

㉚ NC Power OFF

머시닝센터의 조작판 전원을 OFF한다.

- 이 버튼을 누르기 위해 기계 및 NC 전원을 차단하거나, 제어 관계의 기기를 보호하기 위해 아래의 요령으로 전원을 차단한다.

• 비상정지 푸시버튼 스위치를 누른다(서보 OFF, OIL CON OFF, NC 제어 전원 OFF 등).

• 6분간 대기 후 "POWER OFF" 버튼을 누른다.

㉛ MACHINE REDDY

머시닝센터의 조작판 전원을 ON하고 공작기계를 운용 준비를 한다. NC나 서보에 이상이 없고 각 축의 원점 복귀가 완료된 후 AUTO MODE에서만 점등된다.

㉜ SPINDILE LOAD

절삭 중 주축에 걸리는 부하를 표지한다.

1-2. 머시닝센터 조작

(1) 준비작업

① 전장박스 옆의 Main 전원 스위치 ON → 조작반 비상정지 버튼 해제(OFF) → 조작반 전원 ON → [Ready]를 누른다.

② 모드선택에서 핸들운전 → 조작판을 눌러 MANUAL ABS가 ON되어 있는지 확인한다.

• 자동운전 중 수동 이동량을 공작물 좌표계에 가산하는지 하지 않는지를 결정한다.

• 이 스위치가 ON되면 공작물 좌표계에 이동량을 가산하지 않는다.

• 초보자의 경우 항상 ON 상태가 안전하다.

③ 모드선택→원점복귀를 선택

[+Z](Z 축)를 먼저 복귀하고 [+X](X축), [+Y](Y축) 을 눌러서 원점복귀시킨다.

- 원점 복귀 시 X, Y, Z축이 각각 원점으로부터 100 mm 이상 떨어진 위치에서 복귀시켜야 알람이 발생하지 않는다.
- 원점복귀 후 기계 원점에서 X, Y, Z축을 움직일 때는 반드시 – 방향으로 움직여야 한다.
- + 방향으로 움직여 알람이 발생하였을 경우에는 펄스레인지를 0.01로 한 후 행정 오버 스위치를 누른 상태에서 – 방향을 정확히 확인한 후에 알람이 발생한 축을 천천히 이동시킨다.

④ 준비된 공작물의 치수를 확인 후 바이스 왼쪽 끝 부분에 견고하게 고정한다.

⑤ 전원공급전의 주의사항

ⓐ 강전반과 조작반의 도어 등이 정상적으로 닫혀 있는지 확인한다.

ⓑ 기계 및 이동 부분에 장해물 또는 방해물은 없는지 확인한다.

ⓒ 기계의 Cover류 및 제어장치부의 모든 상태가 규정된 위치에 올바르게 정리정돈되어 있는지 확인한다.

ⓓ 전원을 공급할 때는 메인 스위치, 조작반상의 Power ON 스위치 등의 순서로 조작한다.

⑥ 작업 전 주의사항

ⓐ 윤활유탱크에 윤활유가 충분한지, 윤활유의 공급이 정상인지 확인한다.

ⓑ 윤활유와 습동유 그리고 절삭유와 그리스의 보충 및 교환 시기를 확인한다.

ⓒ 공기압이 정상인지 확인한다.(Air Filter에 5 kg/㎠ 이상)

ⓓ 전원을 공급하여 기계의 운전을 실행하기 전에는 반드시 기계 원점복귀를 실시한다.

ⓔ Tool Holder를 교체하면 충분하게 체결되었는지 확인한다.

(2) Z값 설정(게이지라인 기준)

① 모드선택에서 [HANDLE] → 주축의 공구를 TOOL UNCLAMP 버튼으로 분리한다.

② 100 mm 하이트 프리세트를 공작물 상면에 올려놓고 셋팅점 0점을 확인한다.

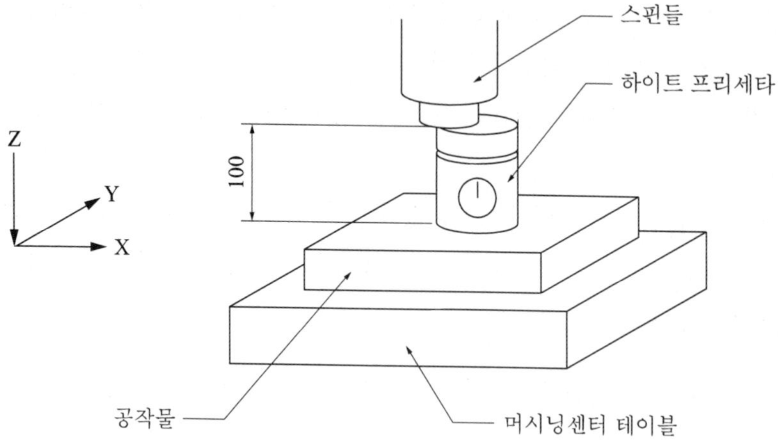

③ 하이트 프리세트 상면에 주축 끝을 접촉시킬 때는 충돌방지를 위해 펄스레인지 0.1로 10 mm 위치까지 이동 후 0.01로 변경하여 천천히 접촉시킨다.

④ 모드선택→핸들운전→Z축을 선택, 주축 끝을 하이트 프리세트 상면으로 이동시켜 0점까지 맞춘다.

⑤ 위치선택(F1)→기계좌표를 선택하여 Z값을 기록한다. 그리고 위치선택→상대좌표 Z0(F6) 실행하여 상대좌표 Z0 확인한다.

⑥ 기계좌표값 = Z좌표값 + 100 (하이트 프리세트 높이값)

(3) 공구길이 보정

① 모드선택에서 [MDI] → T04 M06 ; → [Input] → [Cycle start]

② S1000 M03 ; → [Input] → [Cycle start]

③ 모드선택에서 핸들운전 → [POS] → 상대좌표로 전환한다. 상대좌표 Z값 0 확인한다.

④ 선택모드를 핸들운전으로 공구를 장착 탈착시킬 수 있을 만큼 Z축을 +방향으로 약 300 mm 정도 이동시킨다.

⑤ 공구가 분리되어 있는 경우 선택모드를 핸들운전 → Tool Unclamp (공구풀림) 버튼을 눌러 측정할 4번 공구를 주축에 장착한다.

모드선택에서 [MDI] → T04 M06 ; → [Input] → [Cycle start]

⑥ 핸들운전으로 Z축을 -방향으로 이동시켜 공구의 끝을 하이트 프리세트 0점에 맞춘 다음 상대좌표 Z값을 기록한다(4번 공구 길이 값).

⑦ Check Mode를 ON시킨 후 Tool Unclamp (공구풀림) 버튼을 눌러 공구를 장착 또는 탈착하거나 모드선택에서 [MDI] → T04 M06 ; → [Input] → [Cycle start] 방법으로 3, 2, 1 번 공구를 선택하여 ④의 방법으로 길이를 구한 다음 기록한다.

(4) 공구장착 방법

① 프로그램에서 사용한 공구번호와 Tool Magagine (메가진) 번호를 동일하게 차례로 공구를 장착시킨다.

② 주축을 Z축 공구 교환 위치로 이동시킨다.

③ 모드선택 → [MDI] → T01 M06 ; → [Input] → [Cycle start] : 1번 공구 교환

④ 주축에 이미 장착되어 있는 공구를 다시 불러오면 알람이 발생하지만 조작판의 Reset를 눌러 해제한다.

⑤ 모드선텍→핸들운전→조작판→Check Mode를 ON시킨 후 Tool Unclamp (공구풀림)버튼을 눌러 1번 공구 장착한다.

⑥ [MDI] → T02 M06 ; → [Input] → [Cycle start] (2번 공구 교환)

⑦ 모드선택에서 [HANDLE] → 주축의 공구를 TOOL UNCLAMP (공구풀림)버튼을 눌러 2번 공구를 장착한다.

(5) X, Y축 좌표값 설정

① X, Y의 기계좌표값 공작물 프로그램 원점에서 기계 원점까지의 거리를 구한다.

② G92 X__Y__Z__공작물좌표계 설정은 - 값으로 입력한다.

③ 터치센서(∅10) 또는 엔드밀(∅8, ∅10, ∅12)을 주축에 장착한다.

④ 모드선택→핸들운전→조작판→Check Mode를 ON시킨 후 Tool Unclamp (공구풀림)버튼을 눌러 Touch Point (터치포인트 10 mm)를 주축에 장착한다.

⑤ 모드선택에서 [HANDLE] → 주축을 공작물 근처까지 천천히 이동시킨다.

⑥ 모드선택에서 [MDI] → S1000 M03 ; → [Input] → [Cycle start] (터치센서 이용 시 S50으로 한다.)

⑦ 핸들운전으로 X축을 움직이면서 터치포인트 또는 엔드밀을 공작물의 왼쪽 측면(Z축)에 접촉할 때까지 이송시킨다.

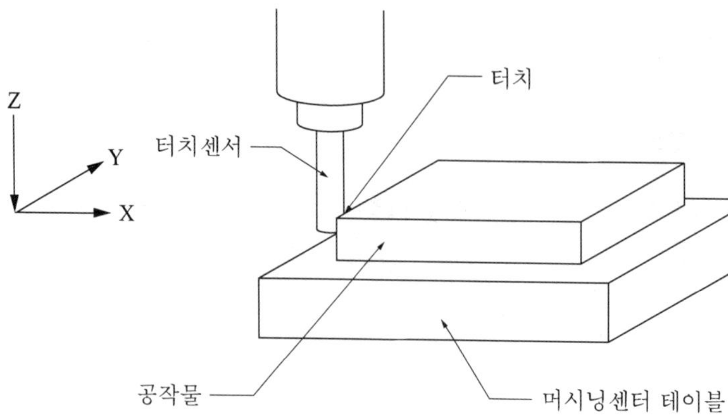

⑧ 터치포인트를 접촉시킬 때는 펄스레인지를 0.1, 0.01, 0.001 순으로 변경하면서 접촉해야 안전하다.

⑨ 접촉이 되었으면 위치선택(F1)→기계좌표 X값을 읽어 기록한다.

⑩ 기계좌표 X값 = X좌표값 − 터치센서 또는 사용한 엔드밀의 반경값으로 적용한다.

⑪ 예를 들어 화면의 기계좌표값이 342.130이고 공구경의 직경이 12 mm일 때의 기계원점까지의 거리 −336.132(342.132 − 6 = 336.132)를 입력한다.

⑫ 핸들운전으로 Y축을 움직이면서 터치센서 또는 엔드밀을 공작물의 앞쪽 단면에 접촉할 때까지 이동시킨다.

⑬ 터치포인트를 접촉시킬 때는 펄스레인지를 0.1, 0.01, 0.001 순으로 변경하면서 접촉해야 안전하다.

⑭ 위치선택(F1)→기계좌표 Y값을 읽어 기록한다.

⑮ 기계좌표 Y값 = Y좌표값 − 터치센서 또는 사용한 엔드밀의 반경값으로 구한다.

⑯ 모드선택에서 [MDI] → M05 ; → [Input] → [Cycle start] Or 주축정지 버튼 이용 주축 정지한다.

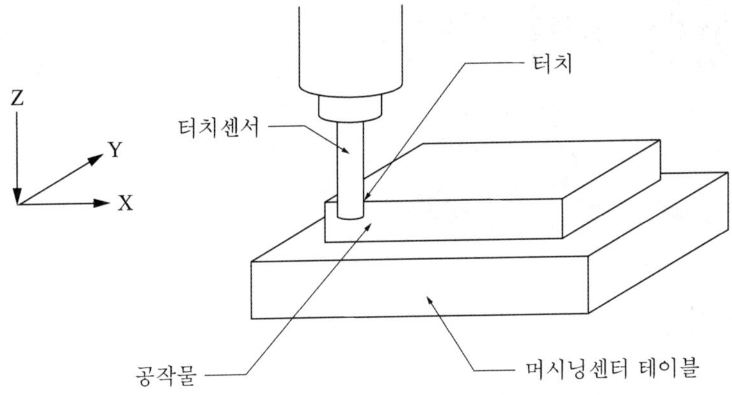

⑰ 지금까지 구한 X, Y, Z축의 기계좌표값을 Main Program의 G92 X__Y__Z__ 에 –값으로 입력 또는 G54에 입력한다.

(6) 공구보정 값 입력

① [Offset Setting]을 누르고 해당 공구번호에 공구 반경값을 (D)의 DATA에 입력시킨다.

② 사용할 공구의 길이값(H)을 입력한다. 화면→보정을 선택하고 방향 Key (←,→,↑,↓)를 이용하여 H001, H002, H003, H004에 차례로 입력한다.

③ 주축의 끝을 기준으로 하였으므로 반드시 +값으로 입력해야 하며 입력된 값을 꼭 확인한다.

④ 반드시 반경값으로 입력하고 입력된 값이 정확한지 확인한다.

(7) P/G 검색 및 수정

① 모드선택에서 [EDIT] → [일람] → O___(프로그램 번호 입력) → 방향키 ↓를 눌러 프로그램을 연다.

② 프로그램에 이상이 발견되었을 때 수정 후 프로그램 선두로 다시 커서를 보낸다.

③ 자동실행 중 Spindle Stop을 누른 경우 원점복귀를 시키지 않아도 되나 반드시 프로그램 선두에 커서를 이동 후 Cycle start 한다.

Chapter 2

CNC 선반 조작

2-1. 핸들 운전

① 핸들운전 설정

ⓐ 모드를 핸들로 설정한다.

ⓑ 이동 축을 Z로 설정한다.

ⓒ 이동량은 1을 선택하면 1/000 mm(0.001 mm)단위로 이동하고, 10을 선택하면 10/000 mm(0.01 mm)단위로 이동하고, 100을 선택하면 100/000 mm(0.1 mm)단위로 이동한다.

② 핸들을 "–" 방향으로 돌린다. 기계가 원점에 있을 때 "+"로 돌리면 알람이 발생한다.

③ 알람이 발생 시 조치

ⓐ 조작판의 RESET(
) 버튼을 눌러 알람을 해제한다.

ⓑ 핸들로 축을 "–"방향으로 돌린다.

④ 알람 발생 후 다시 움직일 때 현재의 위치 좌표가 나타나지 않으면 키보드 판넬에서 POS( ) 버튼을 누르면 다시 나타난다. 기계 좌표값이 나타나지 않으면 화면 아래의 "전부"를 누른다.

2-2. 반자동(MDI)운전

① MDI( ) 버튼을 누른다.

② 키보드 판넬의 PROG( )버튼을 누른다.

③ 모니터 화면에서 G97 S500 M03 EOB( ) INSERT( )

④ "START"버튼을 누른다.

2-3. 공구 교환 및 보정값 설정

기준공구(1번 외경 황삭)를 불러낸다.

① MDI( ) → PROG( )을 누른다.

② T0100 EOB( ) INSERT( ) → "START"을 누른다.

③ 핸들 모드로 외경을 절삭한다.

④ 절삭 후 POS( ) → "상대" → "U" → "ORIGIN"을 누르면 화면상의 U 좌표값이 0으로 바뀐다.

⑤ 핸들 모드로 단면을 절삭한다. 단면을 절삭하고 "W" → "ORIGIN" 누른다.

⑥ 키보드 판넬에서 OFF/SET( ) 버튼을 누른다.

⑦ 화면 아랫부분의 메뉴 선택 버튼에서 "보정"을 누른다.

⑧ 메뉴 선택 버튼에서 "형상"을 누른다.

⑨ 번호 01의 X축으로 방향키를 눌러서 커서를 이동시키고 "0" → "입력" → Z축으로 옮기고 "0" → "입력"

⑩ 공구를 3번으로 바꾼다.

ⓐ MDI( ) → PROG( )을 누른다.

ⓑ G00 X150. Z150. EOB( ) INSERT( ) "START" 버튼을 누른다.

ⓒ T0300 EOB( ) INSERT( ) "START" 버튼을 누른다.

⑪ 공작물의 외경에 미세하게 접촉하고 OFF/SET( ) → "공구보정/형상" 화면에서 번호 03의 X축에 커서를 옮겨놓고 입력 창에 "X" → "C. 입력"버튼을 누른다.

⑫ 공작물의 단면을 미세하게 접촉하고 같은 방법으로 Z 축에 커서 옮겨놓고 "Z" → "C. 입력"

2-4. 좌표계 설정

① 핸들 모드에서 바이트 끝이 공작물 근처로 이동한다.

② MDI 모드에서 주축을 회전시킨다.

G97 S500 M03 EOB( ) INSERT( ) → "START"

③ 주축이 회전하면 핸들로 공작물의 외경을 절삭한다.

④ 절삭하고 X축은 이동하지 않고 Z축만 공작물에서 일정거리 이동하고 주축을 정지한다.

⑤ 공작물의 지름을 정확하게 측정한다(예 : 측정값이 49.52).

⑥ MDI 모드에서 측정값을 G50 X____으로 입력한다.

"G50 X48.52 EOB( ) INSERT( )" → "START"

⑦ 단면을 절삭하고 이 값을 Z0.0으로 입력한다.

"G50 Z0. EOB( ) INSERT( )" → "START"

2-5. 자동 운전

① 프로그램 내용 검색

EDIT( ) → PROG( ) → "조작" → O____(프로그램 번호) → "↓"

참고 새 프로그램 입력 : O1234(새 프로그램 번호) → INSERT( )

기존 프로그램 삭제 : O1234(기존 프로그램 번호) → DELETE( )

② MDI 모드에서 기준공구(1번 외경 황삭)로 바꾼다.

③ 핸들 모드로 외경을 가공하고 POS( ) → "상대" → "W" → "ORIGIN"을 누르면 화면상의 W 좌표값이 0으로 바뀐다.

④ 단면 가공을 하고 POS( ) → "상대" → "U" → "ORIGIN"을 누르면 화면상의 U 좌표값이 0으로 바뀐다.

⑤ OFF/SET( ) → "보정" → "형상"을 누른다.

⑥ 번호 01의 X축으로 커서를 옮겨놓고 "0" → "입력", Z축으로 옮기고 "0" → "입력" 버튼을 눌러 0으로 셋팅한다.

⑦ MDI 모드로 공구를 3번으로 바꾼다.

ⓐ 바이트를 공작물 외경에 접촉시키고 OFF/SET( ) → "공구보정/형상" 화면에서 번호 03의 X축에 커서를 옮겨놓고 입력 창에 "X" → "C. 입력" 버튼을 누른다.

ⓑ 바이트를 공작물 단면을 맞추고 같은 방법으로 Z 축에 커서 옮겨놓고 "Z" → "C. 입력"

⑧ U0, Z0로 공구를 옮긴 후 이 점을 기준으로 공작물 좌표계를 설정한다.

ⓐ 공작눌 지름을 측정한다.(예 : 공작물의 외경이 49.52)

ⓑ MDI→ PROG → G50 X49.52. Z0. ;

⑨ "MACHINE LOCK", "SINGLE BLOCK" 버튼 → "START"

참고 MACHINE LOCK을 실행해도 주축회전과 공구 교환은 실행된다. 또한 공구 교환 중 공구와 공작물이 충돌하지 않는 위치로 바이트를 이동하고 실행한다.

⑩ 이상 없으면 MACHINE LOCK을 해제하고 싱글블록으로 실행한다.

⑪ 이상 없으면 SINGLE BLOCK도 해제하고 천천히 실행한다.

참고 "MACHINE LOCK"은 "SELECT"와 동시에 눌러야 한다.

2-6. 좌표계 설정(G50)

① MDI 모드로 X, Z축을 척 방향으로 이동해서 기계의 정상 작동을 확인한다.

② 공구대를 원점복귀를 시킨다

ⓐ "선택" → "원점복귀" → "8(↑)"을 눌러 X축의 원점복귀가 완전히 끝난 다음 "6(→)"을 눌러 Z축을 원점복귀시킨다.

참고 축의 원점복귀가 끝나기 전에 Z축을 원점복귀시키면 Alarm 발생한다.

③ 가공할 소재를 Chuck에 고정("선택" → "핸들운전")

④ 기준공구 선택

"선택" → "반자동" → "T 0 1 0 0" → "↵ (또는 EOB)" → "Cycle start"

⑤ 주축을 800rpm으로 정회전시킨다.

"선택" → "반자동" → "G97 S800 M03" → "↵ (또는 EOB)" → "Cycle start"

⑥ 외경 및 길이를 가공한다.

"선택" → "핸들운전"에서 바이트를 X축 또는 Z축을 선택하여 일감의 가까운 곳으로 위치시킨 다음

ⓐ Z축을 선택하여 일감의 외경을 조금 가공한 후 "위치선택(F2)" → "상대좌표" → "상대 Offset" → "U 0"(상대좌표 U0가 된다.)

ⓑ X축을 선택하여 일감의 길이를 조금 가공한 후 "상대offset" → "W 0"(상대좌표 W0가 된다.)

ⓒ 일감을 측정한다(만약 외경은 ∅59.3이며 길이는 가공해야 할 치수가 0.8 mm 라면).

⑦ 좌표계를 설정한다.

"선택" → "핸들운전" 누르고 공구의 위치를 U0, W0의 위치로 이동한 후 "G50 X59.3 Z0.8" → " ↵ (또는 EOB)" → "Cycle start"(이때 기계는 움직이지 않고 절대 좌표계만 바뀐다. 또 가공할 길이 치수가 1 mm 이상이면 수동으로 길이를 가공하여 1 mm 미만으로 남긴다.)

⑧ 공구대의 위치를 제2원점 위치로 이동

"G00 X150. Z100." → " ↵ (또는 EOB)" → "Cycle start" 한다.

⑨ 제2원점의 기계좌표값 메모(만약 기계좌표가 X-97.670, Z-107.530이라면)

⑩ PARMETER 제2원점에 입력

"화면" → "설정" → 번호 "1241" → "X-97670, Z-107530"(소수점 없이 입력)

⑪ 공작물 가공

"선택" → "자동운전" → 커서를 프로그램의 첫 번째 블록으로 이동 → "single block" → "Cycle start"

2-7. 좌표계 설정(G50)과 공구 보정 방법

① "선택" → "핸들운전" → X, Z축을 선택하여 척 방향으로 천천히 이동시킨다.

② "선택" → "원점복귀" → "8(↑)"을 눌러 X축의 원점복귀가 완전히 끝난 다음 "6(→)"을 눌러 Z축을 원점복귀시킨다.

③ "선택" → "반자동"에서 "T 0 1 0 0" → " ↵ (또는 EOB)" → "Cycle start"

④ "선택" → "반자동" → "G97 S800 M03" → " ↵ (또는 EOB)" → "Cycle start"(주축이 800 rpm으로 정회전한다.)

⑤ "선택" → "핸들운전" → X축 또는 Z축을 선택하여 공작물의 가까운 곳으로 이동한다.

ⓐ Z축을 선택하여 일감을 조금 가공한 후 상대좌표를 선택하고 "상대 Offset" → "U0"(상대좌표 U0가 된다.)

ⓑ 기계좌표값과 일감의 직경을 정확히 측정하여 +한 값을 프로그램 G50 X____에 + 값으로 입력한다.

ⓒ X축을 선택하여 일감을 조금 가공한 후 상대좌표를 선택하고 "상대 Offset"→ "W0"(상대좌표 W0가 된다.)

ⓓ 일감의 길이를 측정하여 남은 길이를 W - 방향으로 이동 후 다시 상대 Offset → W0 → 취소 후 단면을 재가공한다.

ⓔ 기계 좌표값을 프로그램 G50 Z____에 + 값으로 입력한다. (주축을 정지시키고자 할 때는 주축정지 button을 누른다.)

⑥ "선택" → "반자동" → "T 0 2 0 0" → " ↵ (또는 EOB)" → "Cycle start"(보정하려는 공구 2번을 선택한다.)

⑦ "선택" → "반자동" → "G97 S800 M03" → " ↵ (또는 EOB)" → "Cycle start"(주축이

800 rpm으로 정회전한다.)

⑧ “선택” → “핸들운전”에서

ⓐ X축을 선택하여 기준공구로 가공한 공작물 외경에 접촉시키고 “화면” → “보정” → “상대”에서 커서를 2번에 위치시킨 후 “U ↵ (또는 EOB)” 하면 기준공구와 2번 공구와의 차이가 X값에 입력된다.

ⓑ Z축을 선택하여 기준공구로 가공한 공작물 끝단에 접촉시키고 “화면” → “보정” → “상대”에서 커서를 2번에 위치시킨 후 “W ↵ (또는 EOB)” 하면 기준공구와 2번 공구와의 차이가 Z값에 입력된다.

⑨ 동일한 방법으로 다른 공구들도 보정한다.

3-1. 각종 공구 규격 선정법

(1) 선삭용 인서트(Insert)

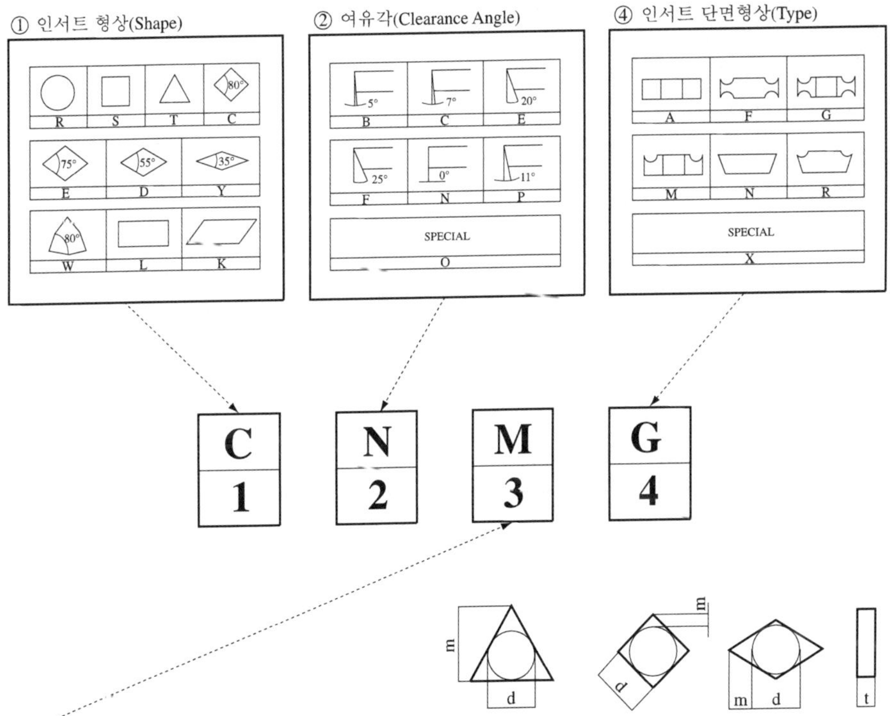

③ 공차(Tolerance) mm

등 급	m	t	d
A	± 0.005	± 0.025	± 0.025
C	± 0.013	± 0.025	± 0.025
H	± 0.013	± 0.025	± 0.013
E	± 0.025	± 0.025	± 0.025
G	± 0.025	± 0.13	± 0.025
J	± 0.005	± 0.025	± 0.05– ± 0.13
K	± 0.013	± 0.025	± 0.05– ± 0.13
L	± 0.025	± 0.025	± 0.05– ± 0.13
M	± 0.08 – ± 0.18	± 0.13	± 0.05– ± 0.13
U	± 0.13 – ± 0.38	± 0.13	± 0.08– ± 0.25

(R, S, C, D, V, W형 TIP 형상은 다음의 표를 참조할 것)

d	m				d	
	M급		U급		J, K, L, M급	U급
	TIP형상	TIP형상	TIP형상	TIP형상	TIP형상	TIP형상
5.0	±0.05				±0.05	
5.56					±0.05	
6.0					±0.05	
6.35	±0.08			±0.13	±0.05	±0.08
7.94	±0.08				±0.05	
8.0					±0.05	
9.525	±0.08	±0.11	±0.15	±0.13	±0.05	±0.08
10					±0.05	
12					±0.08	
12.7	±0.13	±0.15		±0.20	±0.08	±0.13
15.875	±0.15			±0.27	±0.10	±0.18
16					±0.10	
19.05	±0.15			±0.27	±0.10	±0.18
20					±0.10	
25	±0.18				±0.13	
25.4	±0.18			±0.38	±0.13	±0.25
31.75				±0.38	±0.13	
32					±0.13	

⑤ 내접원 크기(IC Size) mm

내접원 직경	통상기호	소형기호
3.969	—	5
4.762	—	6
6.35	2	—
9.525	3	—
12.700	4	—
15.875	5	—
19.050	6	—
25.400	8	—

⑥ 두께(Thickness) mm

두께	통상기호	소형기호
1.59	—	2
2.38	—	3
3.18	2	4
4.76	3	
6.35	4	
7.94	5	—
9.53	6	—

⑦ 노즈반경(Nose Radius) mm

NOSE RADIUS	소형기호
0	0
0.2	0
0.4	1
0.8	2
1.2	3
1.6	4
2.0	5
2.4	6

ASA CODE

4	3	1	
5	6	7	
5	6	7	8
12	04	04	

⑤ 절삭날 길이(Cutting Edge Lenght) mm

d	R	S	T	C	D	V	W
3.97			06				
5.0							
5.56	05		09				03
6.0							
6.35	06		11	06			04
7.94							05
8.0	08						
9.525	09	09	16	09	11	16	06
10	10						
12	12						
12.7	12	12	22	12	15	22	08
15.875	15	15	27	16	19		
16	16						
19.05	19	19					
20	20						
25	25	25	33	19			
25.4	25						
31.75	31						
32	32						

⑤ 두께 mm
(Thinckness)

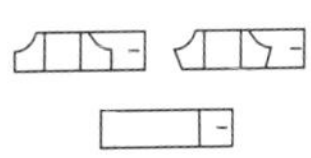

01t = 1.59　05t = 5.56
02t = 2.38　06t = 6.35
03t = 3.18　07t = 7.94
T3t = 3.97　09t = 9.52
04t = 4.76

⑦ 노즈반경 mm
(Nose Radius)

COr = SHARP

02r = 0.2　15r = 1.5
04r = 0.4　16r = 1.6
05r = 0.5　24r = 2.4
08r = 0.8　32r = 3.2
10r = 1.0　40r = 4.0
12r = 1.2

⑧ 칩브레이커 형상
(Chip Breaker Shape)

기호	용 도
33	경(輕)절삭용
44	중(中)사상절삭용
55	중(中)황절삭용
KA	경(輕)절삭용
AC	경(輕)중(中)절삭용
KE	중(中)절삭용
C	중(中)황절삭용
MH	중(中)－중(重)절삭용
KH	중(重)절삭용
A	경(輕)절삭용
KC	중(中)절삭용
KM	중(中)절삭용
H	중(重)절삭용

(2) 밀링용 인서트

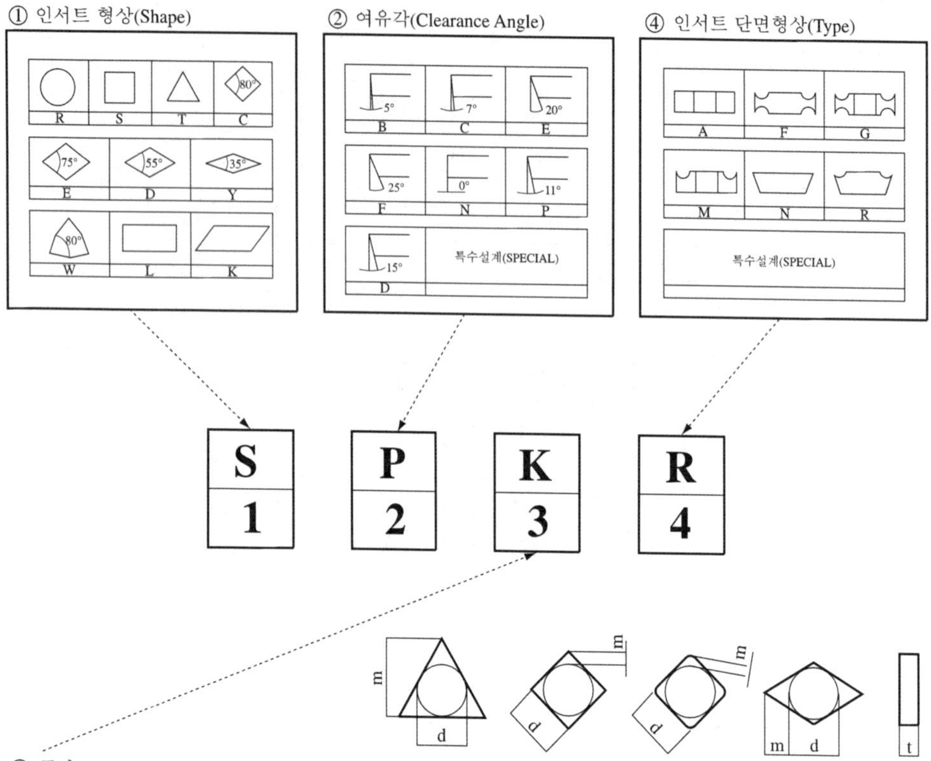

③ 공차(Tolerance) mm

등 급	m	t	d
A	± 0.005	± 0.025	± 0.025
C	± 0.013	± 0.025	± 0.025
H	± 0.013	± 0.025	± 0.013
E	± 0.025	± 0.025	± 0.025
G	± 0.025	± 0.13	± 0.025
J	± 0.005	± 0.025	± 0.05− ± 0.13
K	± 0.013	± 0.025	± 0.05− ± 0.13
L	± 0.025	± 0.025	± 0.05− ± 0.13
M	± 0.08 − ± 0.18	± 0.13	± 0.05− ± 0.13
U	± 0.13 − ± 0.38	± 0.13	± 0.08− ± 0.25

(R, S, C, D, V, W형 TIP 형상은 다음의 표를 참조할 것)

⑥ 두께 mm
(Thinckness)

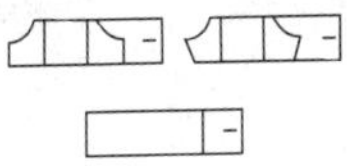

01t = 1.59	05t = 5.56
02t = 2.38	06t = 6.35
03t = 3.18	07t = 7.94
T3t = 3.97	09t = 9.52
04t = 4.76	

⑦ 노즈반경 mm
(Nose Radius)

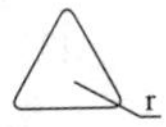

COr = SHARP

02r = 0.2	15r = 1.5
04r = 0.4	16r = 1.6
05r = 0.5	24r = 2.4
08r = 0.8	32r = 3.2
10r = 1.0	40r = 4.0
12r = 1.2	

⑧ 인선처리
(Cutting Edge)

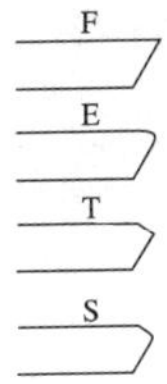

⑨ 승수
(Version)

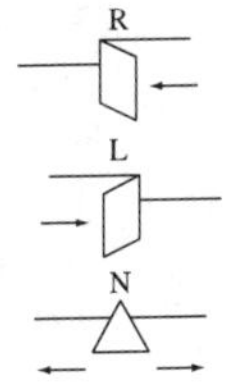

12	03	08 / ED	T	R
5	6	7	8	9

NEW

KT

KOREA TUNGSTEM

⑤ 절삭날 길이(Cutting Edge Lenght) mm

d	R	S	T	C	D	V	W
3.97			06				
5.0							
5.56	05		09				03
6.0							
6.35	06		11	06			04
7.94							05
8.0	08						
9.525	09	09	16	09	11	16	06
10	10						
12	12						
12.7	12	12	22	12	15	22	08
15.875	15	15	27	16	19		
16	16						
19.05	19	19					
20	20						
25	25	25	33	19			
25.4	25						
31.75	31						
32	32						

(R, S, C, D, V, W형 TIP 형상은 다음의 표를 참조할 것)

⑦ 평행 랜드각도, 평행랜드의 여유각

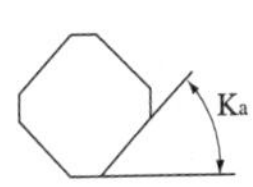

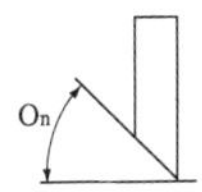

Ka	On
A – 45°	A – 3°
D – 60°	B – 5°
E – 75°	C – 7°
F – 85°	D – 15°
P – 90°	E – 20°
	G – 30°
	N – 0°
	P – 11°

ZZ – 특수설계(SPECIAL)

d	m				d	
	M급		U급		J, K, L, M급	U급
	TIP형상 S, T, C, W	TIP형상 D	TIP형상 V	TIP형상 S, T	TIP형상 S, T, C, W, R	TIP형상 S, T
5.0					±0.05	
5.56	±0.05				±0.05	
6.0					±0.05	
6.35	±0.08			±0.13	±0.05	±0.08
7.94	±0.08				±0.05	
8.0					±0.05	
9.525	±0.08	±0.11	±0.15	±0.13	±0.05	±0.08
10					±0.05	
12					±0.08	
12.7	±0.13	±0.15		±0.20	±0.08	±0.13
15.875	±0.15			±0.27	±0.10	±0.18
16					±0.10	
19.05	±0.15			±0.27	±0.10	±0.18
20					±0.10	
25	±0.18				±0.13	
25.4	±0.18			±0.38	±0.13	±0.25
31.75				±0.38	±0.13	
32					±0.13	

(3) 외경 선삭용 공구 홀더

• 규격 선정법 •

① 클램핑 (Clamping System)　② 인서트 형상 (Insetr Shape)　③ 인서트 여유각 (Insetr Clearance Angle)

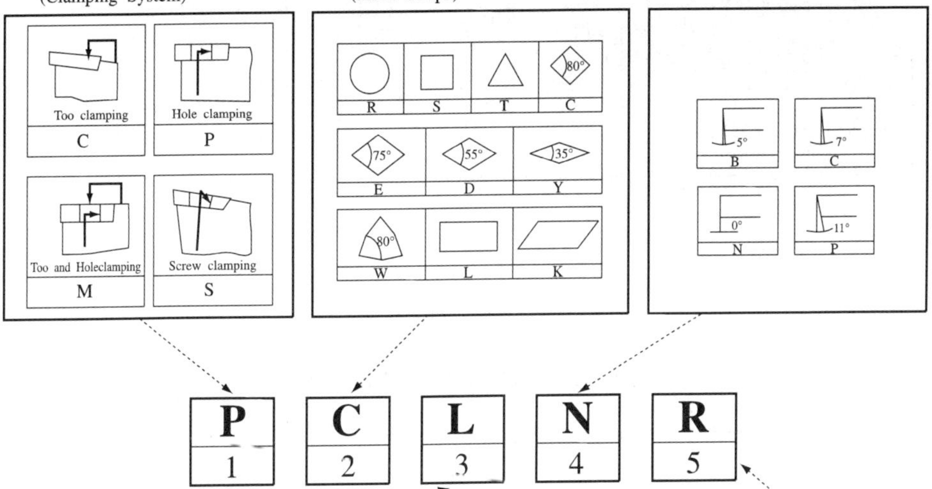

④ 스타일(Style)

Symbol	Shope	Offset	Symbol	Shope	Offset	Symbol	Shope	Offset
A	90°	without	H	55°	with	S	45°	with
			J	75°	with	T	50°	with
B	75°	without	K	75°	with	U	95°	with
C	90°	without	L	95°	with	V	72.5°	without
D	45°	without	M	50°	without	W	50°	with
E	60°	without	N	65°	without	X	SP'L	without
F	90°	with	P	62.5°	without	Y	80°	without
G	90°	with	Q	45°	with	Z	95°	with
			R	75°	with			with

⑤ 승수(Version)

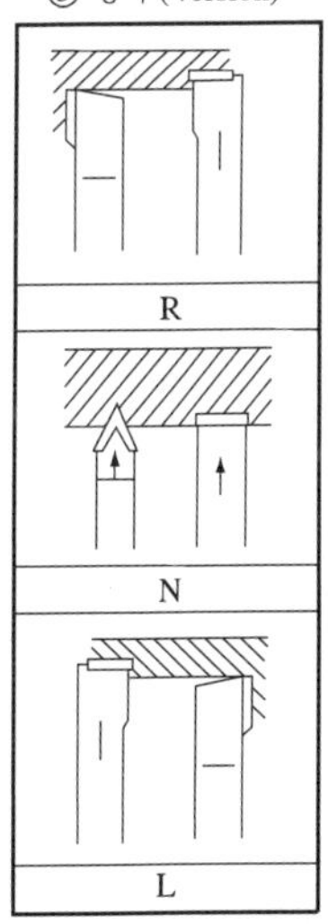

NOTE : NO MARK – I.S.O.　*MARK – KT STANDARD

⑧, ⑨ 생크폭(Width)

Intergers to be proceeded by O
e,g. : b = 8mm indicaated by 08

⑪, ⑫ 절삭날 길이 (Cutting Edge Legnth)

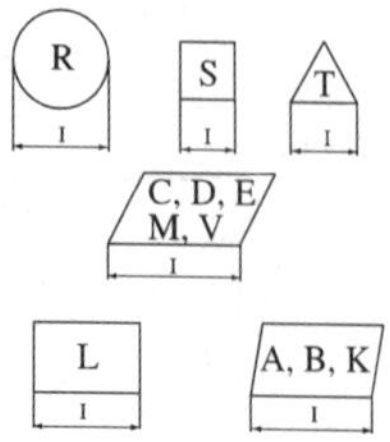

⑬ Qualfied Tool

Q
F
B

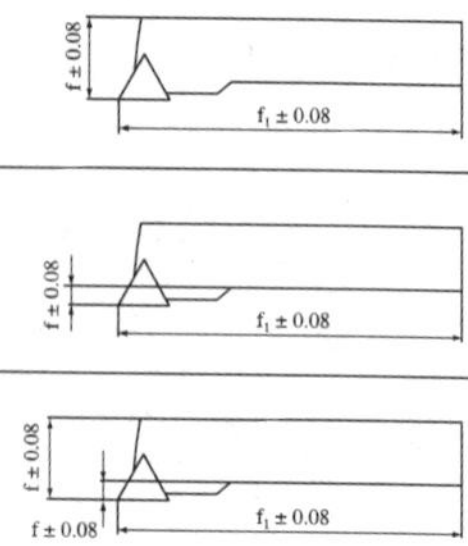

25		25		M	12			
6	7	8	9	10	11	12	13	14

⑥, ⑦ 생크높이(Height)

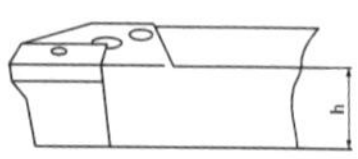

Intergers to be proceeded by O
e,g. : b = 8mm indicaated by 08

⑩ 길이(Tool Lenght)

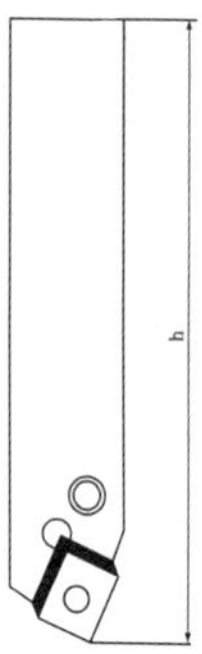

11mm	SYMBOL	11mm	SYMBOL
Standard		150	M
32	A	160	N
40	B	170	P
50	C	180	Q
60	D	200	R
70	D	250	S
80	F	300	T
90	G	350	U
100	H	400	V
110	J	450	W
125	K	500	Y
140	L	SPECIAL	Z

NOTE ! Letter symbol in 10th position can be replaced by a dash for standard lengh tools

⑭ Manufactures Type Designation

When required a supplementary code can be added if the manufacturer wants to provide additional information

(4) 내경 선삭용 공구 홀더

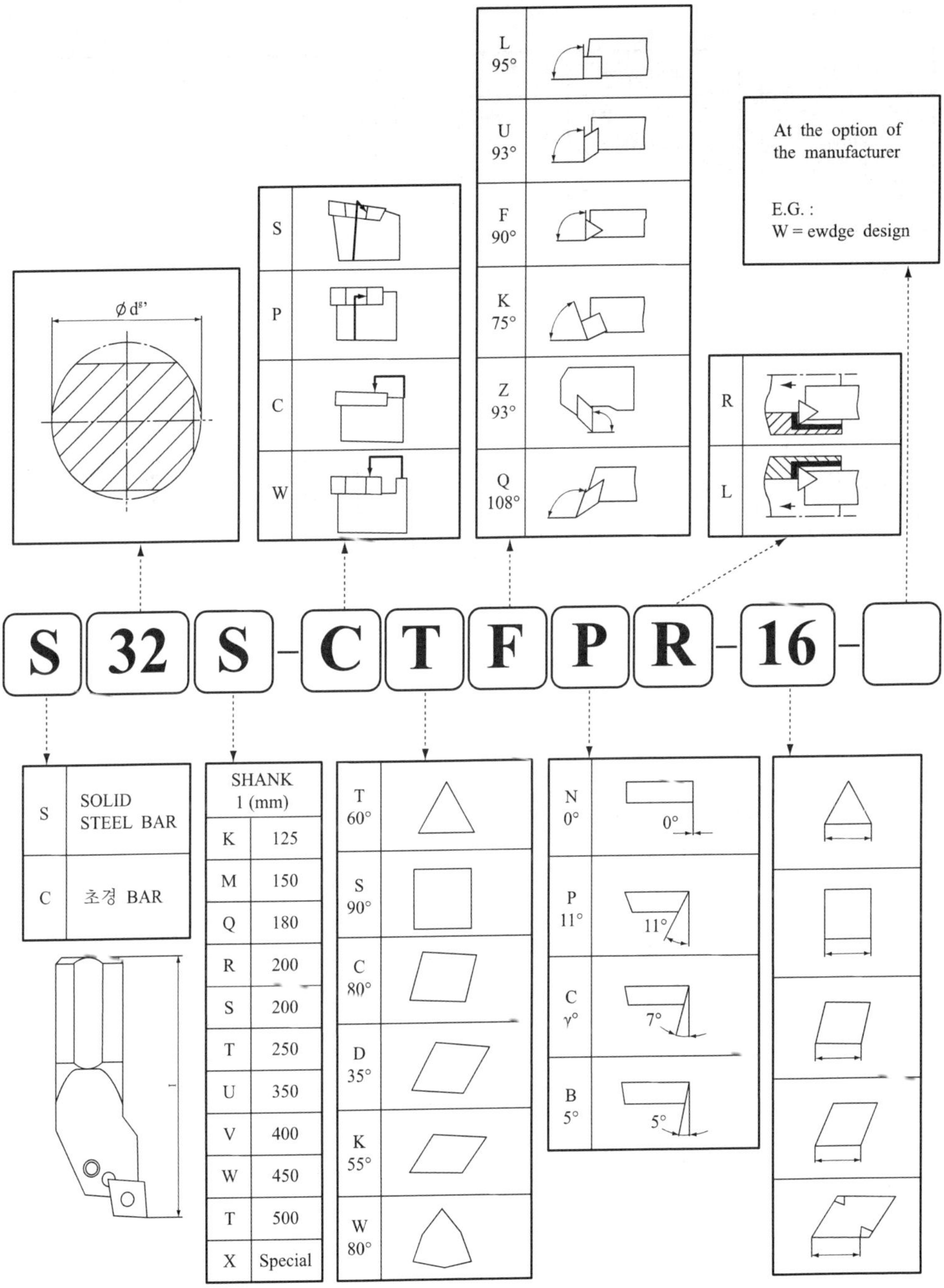

S
32
S
C
T
F
P
R
16
ϕ dg7
S
P
C
W
L 95°
U 93°
F 90°
K 75°
Z 93°
Q 108°
R
L
At the option of the manufacturer
E.G. :
W = ewdge design
S SOLID STEEL BAR
C 초경 BAR
l
SHANK l (mm)
K 125
M 150
Q 180
R 200
S 200
T 250
U 350
V 400
W 450
T 500
X Special
T 60°
S 90°
C 80°
D 35°
K 55°
W 80°
N 0°
0°
P 11°
11°
C γ°
7°
B 5°
5°

(5) 밀링 커터(Milling Cutter)

• 규격 선정법 •

M	5	45	S	E	06	R	—	12	B
1	2	3	4	5	6	7		8	9

① Picth
- C : COARSE
- M : MEDIUM
- F : FINE

② Cutter Type
- 4 : SUPER MILL
- 5 : HIGH MILL

③ 리드 각
- 00 : 0°
- 15 : 15°
- 30 : 30°
- 45 : 45°

④ 인서트 형상
- S : 정사각형
- L : 직사각형
- T : 정삼각형

⑨ 분할 방법
- 등분할 : 무기호
- 부등분할 : B

⑤ 경사각
- N : 0°
- P : 11°
- D : 15°
- E : 20°

⑥ Cutting DIA
- 02 : Ø50
- 02.5 : Ø63
- 03 : Ø80
- 04 : Ø100
- 05 : Ø125
- 06 : Ø160
- 08 : Ø200
- 10 : Ø250
- 12 : Ø315

⑦ Cutting 방향
- R : RIGHT
- L : LEFT

⑧ Insert Size
- 16 :
- 22 :
- 12 :
- 15 :

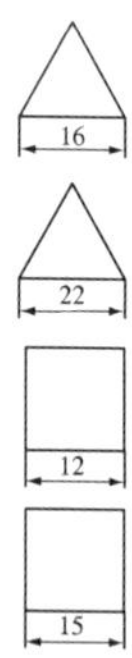

3-2. 각종 공구의 용도

(1) 선삭용 바이트

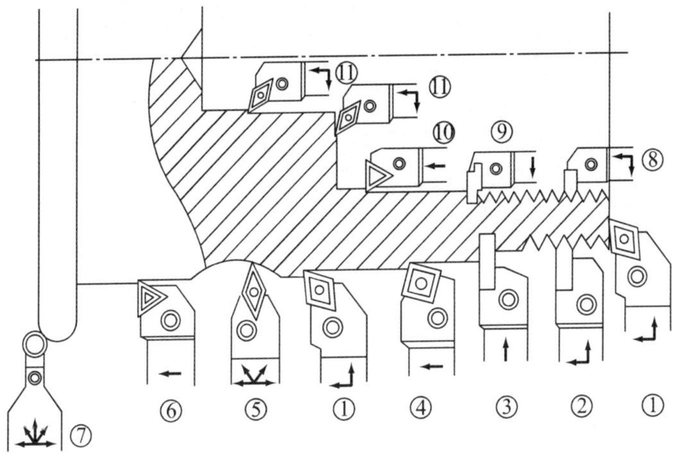

번호	공구 홀더	가공용도					인서트 팁 규격
		일반	모방	단면	나사	홈	
①	PCLNR□□□□_○○	☆		☆			CNMA, CNMG
②	TH□□□□RE				☆		속42M
③	GVGX□□□□RE					☆	GWXGR63_
④	PSBNR□□□□_○○	☆					SNMA, SNMG
⑤	SWBN□□□□_○○	☆	☆				VBMN_
⑥	STGCR□□□□_○○	☆					TCMT_
⑦	PRDCN□□□□_○○		☆				RCMX_
⑧	S□□M-THSNR				☆(내)		TH16NR_
⑨	S□□(Q)-GVCGXR					☆(내)	GVGIR_
⑩	S□□(S)-STFCR○○	☆(내)		☆(내)			TCMT_
⑪	S□□(T)-PCLNR○○	☆(내)		☆(내)			CNMA, CNMG

(2) 머시닝센터(밀링)용 공구

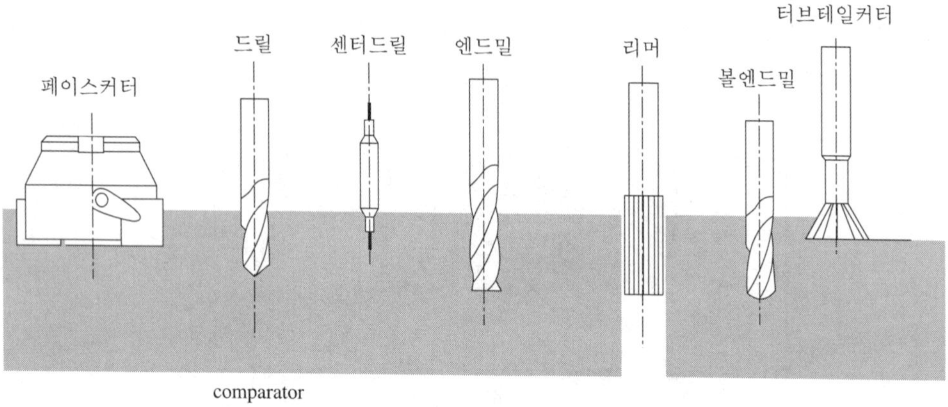

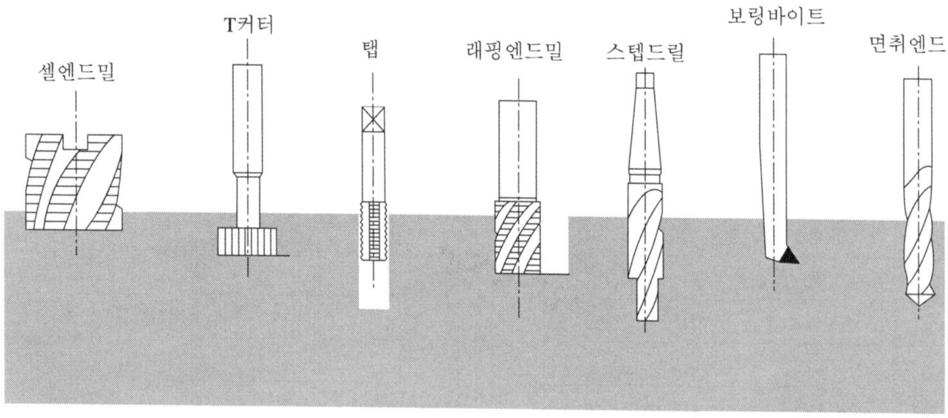

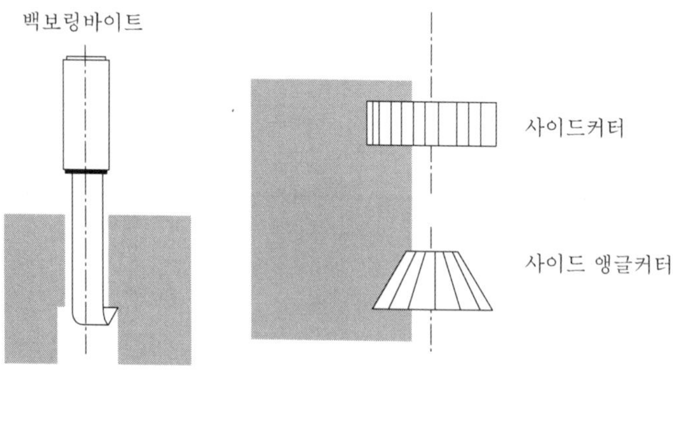

(3) 초경합금의 사용 선택기준

대분류	공구기호	경도(HRD) 항절력(kg/mm^2)	공작물 재질	절삭방식	작업조건
P	P10	91.5 150	강, 주강	선삭, 총형절삭, 나사절삭, 사상밀링절삭	• 중·고속에서 소·중 절삭면적일 때 • 작업조건이 비교적 좋은 경우
	P20	91.0 165	강, 주강, 가단주철 (연속형 칩)	선삭, 총형절삭, 밀링, 평절삭	• 중속에서 중 절삭면적일 때 • 가장 일반적인 작업일 때
	P30	89.5 175	강, 주강, 가단주철 (연속형 칩)	선삭, 밀링절삭, 평절삭	• 저·중속으로 중·대 절삭면적일 때 • 작업조건이 그다지 좋지 않을 때
M	M10	91.5 140	강, 주강, 주철	선삭, 밀링	• 중속에서 중 절삭면적일 때 • 작업조건이 그다지 좋지 않을 때
	M20	90.5 170	강, 주강, 주철	선삭, 밀링	• 중속에서 중 절삭면적일 때 • 작업조건이 그다지 좋지 않을 때
			고망간 강, 오스테나이트 강, 특수주철	선삭, 밀링	• 중속에서 중 절삭면적일 때 • 작업조건이 그다지 좋지 않을 때
	M40	88.5 220	강, 주강, 주철, 고망간 강, 오스테나이트 강, 특수주철, 내열합금	선삭, 밀링, 평절삭, 절단	• 중속에서 중·대 절삭면적일 때 • M20보다 작업조건이 나쁠 경우
K	K01	92.5 140	주철	정밀선삭, 정밀보링삭, 사상밀링절삭	• 고속에서 소 절삭면적일 때 • 진동이 없는 작업조건일 때
			고경도 주철, 소입 강	선삭	• 극저속에서 소 절삭면적일 때 • 진동이 없는 작업조건일 때
			흑연, 도자기, 고 SI-AL		• 진동이 없는 작업조건일 때
	K10	92.0 140	주철(HB 200 이상), 가단주철(비연속형 칩)	선삭, 밀링, 보링삭, 브로치삭, 리머사상삭	• 중속에서 소·중 절삭면적일 때 • 계열 중 비교적 일반작업일 때 • 비교적 진동이 없는 작업조건일 때
		92.0 140	소입 강	선삭	• 저속에서 소 절삭면적일 때 • 비교적 진동이 없는 작업조건일 때
			SI-AL 합금, 고경도동, 유리도기, 경질고무, 합성수지		• 비교적 진동이 없는 작업조건일 때
	K20	90.0 160	주철(HB200 이하)	선삭, 밀링, 평절삭, 리머사상삭, 브로치삭	• 중속에서 중·대 절삭면적일 때 • K계열 중 일반작업일 때 • 큰 인성을 요구하는 조건일 때
	K30	89.0 210	저항장력강, 저경도, 주철, 동, 알루미늄	선삭, 밀링, 평절삭, 총형절삭	• 저속에서 대 절삭면적일 때 • 그다지 좋지 않은 작업조건일 때

Chapter 4

공구 손상과 대책

4-1. 공구 손상의 종류

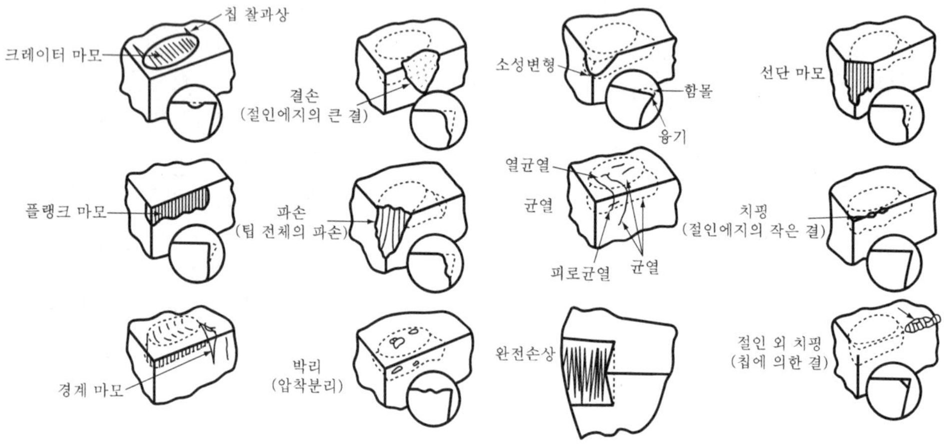

종 류		내 용
마모	여유면 마모 (플랭크 마모)	공구 여유면과 공작물의 접촉으로 생기는 대표적인 마모
	경사면 마모 (크레이터 마모)	칩과 공구 경사면과의 마찰에서 경사면이 오목하게 된 마모
	경계 마모	공작물과 공구의 접촉 경계부(측면 절삭 날과 앞날)에 발생함
	선단 마모	절삭 날 선단 부분에 보이는 기계적 또는 열적 마모
치핑(chipping)		기계적, 열적 충격이나 칩의 압축 및 용착, 자성으로 생긴 작은 결손
결손		절삭 날에 발생하는 큰 결손
파손		팁 전체의 파괴
절손		드릴, 엔드밀 등과 같은 긴 공구의 부러짐
박리(플데이컵)		공구의 경사면이나 여유 면에 생기는 조개껍질 모양으로 떨어진 손상
소성 변형		과중한 절삭력으로 인선부가 함몰되거나 솟아오르는 현상
균열	열 균열	주로 경사면에서 인선에 직각으로 발생하다가 후에 평행으로 생김
	피로 균열	단속절삭 시 수반되는 충격 등 기계적 왕복 응력으로 발생되는 균열
완전 손상		마모가 진행되어 인선의 대부분이 떨어져 나가 절삭 불능인 상태

4-2. 공구 손상의 원인과 대책

<table>
<tr><th rowspan="2">공구 손상 및 트러블</th><th rowspan="2">원 인</th><th colspan="3">대 책</th></tr>
<tr><th>절삭 조건</th><th>공구 형상</th><th>인서트 재종</th></tr>
<tr><td>여유면 마모</td><td>• 절삭조건 부적합
• 공구재종 부적합</td><td>• 절삭속도 낮게
• 이송속도 높게
• 절삭유 사용</td><td>• 여유각 크게
• 경사각 크게
• 인선반경 크게</td><td>• 내마모성 높은 재료선정</td></tr>
<tr><td>경사면 마모</td><td>• 절삭조건 부적합
• 공구재종 부적합</td><td>• 절삭속도 낮게
• 이송속도 낮게
• 절삭유 사용
• 절삭 깊이 작게</td><td>• 경사각 크게</td><td>• 내열성, 내마모성 높은 재료 선정</td></tr>
<tr><td>치핑</td><td>• 절삭조건 부적합
• 세팅 부정확
• 진동 발생
• 구성인선 발생</td><td>• 절삭속도 높게
• 이송속도 낮게</td><td>• 인선반경 크게
• 경사각 크게
• 호닝 크게</td><td>• 인성이 높은 재종 선성</td></tr>
<tr><td>결손, 파손</td><td>• 치핑 성장
• 공구재종 부적합
• 이송량 과다</td><td>• 이송량 낮게
• 절입 깊이 작게</td><td>• 호닝 크게</td><td>• 인성이 높은 재료 선성</td></tr>
<tr><td>열균열</td><td>• 절삭조건 부적합
• 공구재종 부적합</td><td>• 절삭속도 낮게
• 이송량 낮게
• 절입량 낮게</td><td></td><td>• 특히 고인성 재종 선정</td></tr>
<tr><td>가공면 거칠기 불량</td><td>• 절삭조건 부적합
• 공구형상 부적합
• 마모된 팁 사용
• 부적합한 절삭유</td><td>• 절삭속도 낮게
• 이송량 낮게
• 적절한 절삭유 사용</td><td>• 여유각 작게
• 경사각 크게
• 인선반경 크게
• 황절인각 크게
• 전절인각 크게</td><td></td></tr>
<tr><td>떨림 발생</td><td>• 기계동력 부적합
• 오버행 과대
• 절삭조건 부적합
• 인선반경 과대</td><td>• 절삭속도 적절하게
• 이송량 높게
• 절입량 낮게</td><td>• 오버행 작게
• 인선반경 작게</td><td></td></tr>
<tr><td>버(BUR) 발생</td><td>• 기계동력 부적합
• 오버행 과대
• 절삭조건 부적합
• 인선반경 과대</td><td>• 절삭속도 적절하게
• 이송량 크게
• 절입량 작게</td><td>• 인선반경 작게</td><td></td></tr>
<tr><td>소성 변형</td><td>• 절삭조건 부적합</td><td>• 절삭속도 낮게
• 이송량 높게
• 절입량 낮게</td><td>• 오버행 작게
• 인선반경 작게
• 여유각 작게
• 호닝 작게</td><td>• 내마모성 큰 재종 선택</td></tr>
</table>

Chapter 5
공구 수명의 판정

5-1. 날 끝 마모량을 표시하는 V_B, K_T

공구 수명의 판정에는 여유면 마모(플랭크 마모, Flank Wear)의 폭과 경사면 마모(크레이터 마모, Crater Wear)의 깊이가 기준이 된다.

여유면 마모를 일반적으로 V_B라 한다. 이것은 독일어의 Verschlei bmarkbreite(마모흔적의 폭)에서 유래되었다고 한다. V_B는 인선 중심부분과 경계부분의 마모의 평균값을 나타낸다. 경사면 마모를 K_T라고 한다. 이 기호도 역시 독일어 Kolktiefe에서 딴 것으로 크레이터(오목)의 깊이를 표시한다. 달 표면의 오목한 분화구를 크레이터라 하는데, 크레이터 마모는 바이트 경사면을 칩이 흘러가면서 기계적인 마찰과 높은 열로 인하여 공구재료가 긁히고 융착되어 생긴 요철을 말하는 것이다.

크레이터 마모는 크레이터의 중심 위치 K_M, 크레이터의 폭 K_B도 관찰하지만, 공구수명과 관계가 깊은 것이 K_T이다. 크레이터가 깊어지면 크레이터의 홈이 절삭 날에 근접하여 결국에는 인선부가 탈락하게 되는 것이다.

5-2. 공구 수명 판정기준

(1) KS B 0813(JIS B 4011)

여유면 마모 폭	V_B = 0.2 mm	정밀경 절삭, 비철합금 등의 다듬질 절삭
	V_B = 0.4 mm	특수강 등의 절삭
	V_B = 0.7 mm	주철, 강 등의 일반 절삭
	V_B = 1~1.25 mm	보통 주철 등의 거친 절삭
경사면 마모 깊이 K_T		통상 0.05~0.1 mm

(2) ISO

완전 손상	고속도강
여유면 마모 폭 V_B = 0.3 mm	균일한 마모가 발생하는 초경, 세라믹 공구
여유면 마모 폭 $V_{B\max}$ = 0.5 mm	불균일한 마모가 발생하는 경우
경사면 마모 깊이 K_T = 0.06+0.3 $f$mm (f : mm/rev)	초경합금 공구
표면 거칠기에 의한 파정 1, 1.6, 2.5, 4, 6.3 μmRa	표면 거칠기가 중요한 경우

Chapter 6
주요 절삭 공식

6-1. 선삭 가공

① 절삭속도

$$V=\frac{\pi\times D\times N}{1000}(\text{m/min})$$

- V : 절삭속도(m/min)
- D : 공작물 외경(mm)
- N : 주축 회전수(rpm)
- π : 원주율(3.14)

② 이송

$$f=\frac{F}{N}(\text{mm/rev})$$

- f : 1회전당 이송(mm/rev)
- F : 1분당 이송(mm/min)
- N : 주축 회전수(rpm)

③ 절삭시간

$$t=\frac{l}{t\times f}(\text{min})$$

$T=t\times n(\text{min})$ → 보다 정확히 시간은 급송이송, 공구 교환시간 등이 합산되어져야 한다.

- t : 1패스당 절삭시간(min)
- T : 전체 절삭시간(min)
- l : 가공 길이(mm)
- N : 회전수(rpm)
- f : 이송(mm/rev)
- n : 반복 절삭횟수

④ 소요동력

$$W=\frac{K_s\times V\times d\times f}{60\times 120\times \eta}(\text{kw})$$

$$H=\frac{W}{0.75}$$

- W : 소요동력(kw)
- H : 소요마력(Hp)
- V : 절삭속도(m/min)
- d : 절삭 깊이(m/m)
- f : 이송(mm/rev)
- η : 기계효율
- K_s : 비 절삭저항(kg/mm^2)

⑤ 가공면 조도(표면 거칠기)

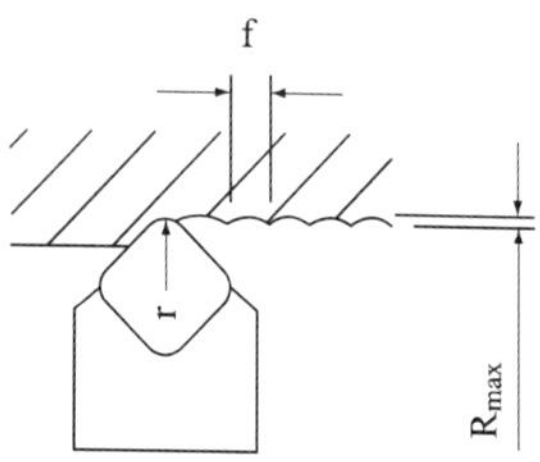

ⓐ 이론조도

$$R_{max}=\frac{f^2}{8\gamma}\times 1{,}000\mu$$

ⓑ 실제 조도

강 : $R_{max}\times(1.5\sim3)$

주철 : $R_{max}\times(3\sim5)$

- R_{max} : 최대조도높이(μ)
- f : 1회전당 이송(mm/rev)
- γ : 공구인선반경(mm)

각종 공작물의 이송속도에 따른 비 절삭저항(K_s)

재료별	인장강도 (kg/mm^2) 또는 경도	이송속도 별 비 절삭저항 K_s(kg/mm^2)				
		0.1 mm/rev	0.2 mm/rev	0.3 mm/rev	0.4 mm/rev	0.5 mm/rev
저탄소강	52	361	310	272	250	228
중탄소강	62	308	270	257	245	230
회주철	H_B 200	211	180	160	140	133
AL합금	-	100(주조), 140(압연)				

6-2. 밀링 드릴링 가공

밀링	① 절삭속도 $f_z = \dfrac{F}{Z \cdot N}$(mm/sec)	• V : 절삭속도(m/min) • D : 공작물 외경(mm) • N : 주축 회전수(rpm) • π : 원주율(3.14)
	② 이송 $f_z = \dfrac{F}{Z \cdot N}$(mm/sec) $F = f_z \times Z \times N$(mm/sec)	• f_z : 1날당 이송(mm/rev) • F : 1분당 이송(mm/min) • N : 주축 회전수(rpm) • Z : 절삭날수
	③ 소요동력 $W = \dfrac{Q \times K_s}{60 \times 102 \times \eta}$(kw) $Q = \dfrac{L \times F \times d}{1000}$(cm^2/min) $H = \dfrac{W}{0.75}$	• W : 소요동력(kw) • H : 소요마력(Hp) • Q : 칩 배출량(cm^3/min) • L : 절삭 폭(mm) • F : 1분당 이송(mm/min) • d : 절삭 깊이(mm) • η : 기계효율 • K_s : 비 절삭저항(kg/mm^2)
	④ 절삭시간 $t = \dfrac{F}{l} \times 60$(sec)	• t : 1패스당 절삭시간(min) • F : 분당 이송(mm/min) • l : 가공 길이(mm)
드릴	① 절삭속도 $V = \dfrac{\pi \times D \times N}{1000}$(m/min)	• V : 절삭속도(m/min) • D : 공작물 외경(mm) • N : 주축 회전수(rpm) • π : 원주율(3.14)
	② 이송 $f = \dfrac{F}{N}$(mm/rev)	• f : 1회전당 이송(mm/rev) • F : 1분당 이송(mm/min) • N : 주축 회전수(rpm)
	③ 절삭시간 $t = \dfrac{F}{l} \times 60$(sec)	• t : 절삭시간(sec) • F : 분당 이송(mm/min) • l : 구멍깊이(mm)

Chapter 7
추천 절삭 조건

여기에 소개되는 각 공구별 절삭 조건은 여러 공구 제조 회사의 안내서 및 자료로 작성되었으며, 생산성 위주여서 초보자 교육 단계에서 적용하기에는 주의가 필요하다.

7-1. 선삭 가공 절삭속도

초경합금 인서트 팁 기준(단위 : m/min)

공작물 재질 (KS 규격)	경도		정삭 가공 황삭 가공			공구재질
			이송속도 0.05~0.3 mm/rev	이송속도 0.2~0.6 mm/rev	이송속도 0.5 mm/rev 이상	
			절삭 깊이 0.5 mm 이하	절삭b 깊이 0.5~3 mm	절삭 깊이 3~5 mm	
탄소강 구조용강 (SM_C)	저 중 고		200~250 150~200 50~150	150~200 120~150 40~120	100~150 80~120 60~100	P10 P20, P30
합금강 (SCr, SCM, SNC, SNCM 등)	저 중 고		180~220 140~200 110~160	140~180 110~140 80~110	100~150 80~120 60~100	P10 P20, P30
고인장강 스프링강 (SPS) 베어링강 (STB)	저 중 고		150~200 120~150 90~120	100~150 90~120 70~90	80~120 60~100 40~70	P10 P20
주강	저 중 고		150~200 120~150 90~120	100~150 90~120 70~90	80~120 60~100 40~70	P10 P20, P30
회주철 (GC_)	저 고		120~180 80~120	80~140 60~120	60~100 40~80	K20
스테인레스	오스테나이트(STS3-)	-	100~120	80~100	30~60	M10, M20
	마르텐사이트 페라이트 계 (STS4-)	저 고	120~180 100~150	80~120 60~100	50~80 30~70	P10, P20 M10, M20
구리	-		400~600	300~500	150~400	K10, K01
황동, 청동	저 고		300~500 250~400	250~400 150~300	200~300 100~200	K10
알루미늄	-		700~1600	-	500~1000	K01
합성수지	-		150~250	-	100~200	K10, K20

7-2. 엔드밀 가공 절삭 조건

(1) 초경합금 엔드밀의 경우

종류	엔드밀 외경 (mm)	보통강. 합금강		스테인래스강. 티타늄합금		일반주철. 특수주철		알루미늄		동 및 비철합금	
		회전수 (rpm)	이송 (mm/min)	회전수 (rpm)	이송 (mm/min)	회전수 (rpm)	이송 (mm/min)	회전수 (rpm)	이송 (mm/min)	회전수 (rpm)	이송 (mm/min)
2날 엔드밀·홈파기	3	2600~3700	60~90	5300	65	4200	150	11000	320	8000	240
	4	2000~2800	60~90	4000	65	3200	150	8000	320	6000	240
	6	1000~1800	60~90	2600	65	2100	180	5300	340	4000	260
	8	1000~1400	60~90	2000	65	1600	190	4000	340	3000	260
	10	800~1100	60~90	1600	65	1300	200	3200	340	2400	260
	12	660~900	60~90	1300	65	1000	210	2600	340	2000	260
	14	570~800	60~90	1100	65	900	220	2300	340	1700	260
	16	500~700	75~100	1000	75	800	225	2000	340	1500	260
	20	400~550	75~100	800	70	640	240	1600	340	1200	260
	25	320~450	75~100	640	80	500	260	1300	340	1000	260
4날 엔드밀·측면가공	3	2600~3700	180~270	5300	200	4200	450	11000	960	9000	720
	4	2000~2800	180~270	4000	200	3200	450	8000	960	6000	720
	6	1300~1800	180~270	2600	200	2100	540	5300	1020	4000	780
	8	1000~1400	180~270	2000	200	1600	570	4000	1020	3000	780
	10	800~1100	180~270	1600	200	1300	600	3200	1020	2400	780
	12	660~900	180~270	1300	200	1000	630	2600	1020	2000	780
	14	570~800	180~270	1100	200	900	660	2300	1020	1700	780
	16	2600~3700	220~300	1000	225	800	680	2000	1020	1500	780
	20	2000~2800	220~300	800	240	640	720	1600	1020	1200	780
	25	1300~1800	220~300	640	240	500	780	1300	1020	1000	780

(2) 고속도강 엔드밀의 경우

엔드밀 직경 (mm)	황삭 가공(2날)						정삭 가공(4날)					
	탄소강		주물		알루미늄		탄소강		주물		알루미늄	
	회전수 (rpm)	이송 (mm/min)	회전수 (rpm)	이송 (mm/min)	회전수 (rpm)	이송 (mm/min)	회전수 (rpm)	이송 (mm/min)	회전수 (rpm)	이송 (mm/min)	회전수 (rpm)	이송 (mm/min)
4	1830	110	2390	239	5570	445	1990	159	2710	216	7160	859
6	1220	98	1590	190	3710	371	1330	160	1800	216	4770	572
8	920	92	1190	166	2790	334	990	158	1350	216	3580	429
10	730	88	950	152	2230	312	800	138	1080	216	2860	343
12	610	73	800	144	1860	297	660	132	900	180	2390	382
14	520	73	680	136	1590	286	570	114	770	154	2050	328
16	460	64	600	120	1390	278	500	100	680	136	1790	286
20	370	52	480	96	1110	220	400	96	540	130	1430	286
30	240	34	320	64	740	148	270	65	360	86	950	190

(3) 드릴 가공절삭조건

드릴 직경 (mm)	초경합금드릴						고속도강 드릴					
	탄소강		주물		알루미늄		탄소강		주물		알루미늄	
	회전수 (rpm)	이송 (mm/min)	회전수 (rpm)	이송 (mm/min)	회전수 (rpm)	이송 (mm/min)	회전수 (rpm)	이송 (mm/min)	회전수 (rpm)	이송 (mm/min)	회전수 (rpm)	이송 (mm/min)
3	–	–	–	–	–	–	2240	134	1120	34	6300	478
5	2900	435	2000	300	16000	1600	1400	154	710	36	4000	440
8	2100	315	1600	240	12000	1200	900	144	450	36	2500	400
12	1500	225	1100	165	8000	800	560	123	280	31	1600	352
16	1100	220	800	160	5700	1140	450	117	224	29	1250	325
20	1000	200	625	125	4500	900	355	107	180	27	1000	300
25	800	160	550	110	3700	740	280	95	140	24	800	272
30	700	140	460	92	3100	620	224	85	112	22	600	239

찾아보기

CNC 가공법

2015년 3월 5일 1판 1쇄 인쇄
2015년 3월 10일 1판 1쇄 발행

저 자 ◎ **윤여권 · 조대희**
발행자 ◎ **조승식**
발행처 ◎ (주) 도서출판 **북스힐**
서울시 강북구 한천로 153길 17
등 록 ◎ 제 22-457 호

TEL (02) 994-0071(代)
FAX (02) 994-0073
E-MAIL bookswin@unitel.co.kr
www.bookshill.com

값 18,000원

ISBN 978-89-5526-946-8